“十三五”国家重点出版物出版规划项目

海 洋 生 态 文 明 建 设 丛 书

上海海域海洋倾废对生态环境影响及对策措施研究

胡险峰　张昊飞　程金平　编著

海洋出版社

2018年·北京

图书在版编目（CIP）数据

上海海域海洋倾废对生态环境影响及对策措施研究/胡险峰，张昊飞，程金平编著．—北京：海洋出版社，2018.6

ISBN 978-7-5210-0133-4

Ⅰ.①上…　Ⅱ.①胡…②张…③程…　Ⅲ.①海洋倾废-影响-海洋环境-生态环境-研究-上海　Ⅳ.①X145

中国版本图书馆 CIP 数据核字（2018）第 218249 号

责任编辑：苏　勤

责任印制：赵麟苏

海洋出版社　出版发行

http://www.oceanpress.com.cn

北京市海淀区大慧寺路 8 号　邮编：100081

北京朝阳印刷厂有限责任公司印刷　新华书店北京发行所经销

2018 年 9 月第 1 版　2018 年 9 月第 1 次印刷

开本：889mm×1194mm　1/16　印张：14

字数：280 千字　定价：118.00 元

发行部：62132549　邮购部：68038093　总编室：62114335

编写委员会

主　编： 胡险峰　张昊飞　程金平

编　委： 蒋真毅　杨　涛　许　鹏

韩德明　莫　磊　吴　旸

马煜宁　周　勇　徐　豪

陈筱佳　王鹤霖　龚婉卿

前 言

人类向海洋倾废已有上百年的历史。早期的海洋倾废活动开始于欧洲工业革命之后，由于欧美国家工业和海上贸易的发展，人们开始向海洋倾倒城市垃圾和港口疏浚物质。早期的倾废活动所倾倒的废弃物比较单一，主要是城市垃圾和港口疏浚物。第二次世界大战以后，随着全球工业化进程的推进，世界工业生产的迅速发展和人类活动产生的废弃物剧增，海洋倾废的数量和种类也不断增多。然而海洋自身净化的能力是有限的，如果毫无节制、无规划地利用海洋净化废弃物，对海洋倾废活动不加以限制，海洋就会变成人类生活垃圾和工业垃圾的处理厂，海洋生态系统就会遭到极大的破坏。

从 1972 年《防止倾倒废物污染海洋公约》起，国际上逐渐关注各类倾倒废物对海洋环境的污染和防治问题；1996 年缔约国通过了《〈防止倾倒废物和其他物质污染海洋的公约〉1996 年议定书》（以下简称《议定书》），至 2006 年，世界上已有 26 个国家成为议定书的缔约国。海洋倾废标准不断呈现严格化的趋势，今后的发展趋势将是更加的严格化。

新中国成立后，我国海洋倾废仍以沿海航道、港口的疏浚物为主，随着航道港口的建设，疏浚倾倒量逐步增多。自我国实施《海洋倾废管理条例》以来，海洋倾废活动摆脱了之前无序的局面，逐步走上法制化轨道，这与我国近年来工业化水平逐步提高有关。虽然我国每年倾倒量在总体上呈持续走高的态势，但是也应该看到倾倒许可证的审核更加严格，倾倒区选划更显合理，对海洋监测监察执法力度也在不断增强。

近 5 年来，上海市作为国际航运中心，其港口、码头、航道等疏浚的倾倒需求越来越大，年平均倾倒量为 5 800 万 m^3，其中 2013 年的倾倒量为 7 074 万 m^3，占全国年倾倒量的 44%。大量的疏浚物倾倒入海，对上海海域的海洋环境带来了潜在的风险，尤其是对倾倒区周边的海洋功能区、海洋环境敏感区带来了潜在风险，同时也对上海海域的倾废管理提出较大挑战。

国内外学者对疏浚物倾倒入海后造成的环境影响进行了较为广泛的研究，但研究大多集中于单个倾倒区倾倒时产生的环境影响以及倾倒区使用现状与管理对策等方面，对多个倾倒区同时倾倒产生影响进行叠加分析的研究较少。此外，我国疏浚物的相关技术标准存在诸多不足，例如分类及评价标准中缺乏对难降解性有机物等物质的分类评价；评价标准方法中缺乏对多个样品的综合评价等，这些不足制约着上海海域疏浚物倾倒的高效管理建设。国内外学者对海洋倾废的研究主要集中在倾倒区使用现状与管理对策、海区和地方海洋倾废管理、海洋倾废对海洋环境影响等方面，而对疏浚物采样及综合评价方法标准的完善、疏浚物在不同倾倒区同时倾倒的叠加环境影响以及疏浚物在不同倾倒区之间的分配等方面的研究还显不足。

因此，在上海市海洋局的支持下，项目组开展了“海洋倾废对上海海域生态环境影响及对策措施研究”的专题研究，集成项目有关研究成果，形成本专著。本专著以海洋倾废对海域生态环境的叠加影响研究为主线，将全书分为海洋倾废对海域生态环境叠加影响的研究现状（第1章）、上海市疏浚物及海域生态环境（第2章）、海洋倾废对海域生态环境的叠加影响研究（第3章）、恢复吴淞口北倾倒区对青草沙水源敏感区影响的评价研究（第4章）、上海市疏浚物采样与检测以及评价技术研究（第5章）、海洋倾废管理对策措施研究（第6章），最后进行总结与展望（第7章）。本书编著者分别如下：由胡险峰、张昊飞、程金平主编；第1章由胡险峰、程金平、韩德明、杨涛、许鹏、莫磊、吴旸编写；第2章由程金平、韩德明、杨涛编写；第3章由程金平、韩德明、马煜宁、周勇、徐豪、陈筱佳、王鹤霖编写；第4章由许鹏、张昊飞、杨涛编写；第5章由杨涛、张昊飞、龚婉卿、许鹏编写；第6章由胡险峰、蒋真毅、莫磊、吴旸编写；第7章由胡险峰、张昊飞、程金平编写。全书由张昊飞、杨涛统稿。

本专著出版得到了上海市海洋局科研项目“海洋倾废对上海海域生态环境影响及对策措施研究”（编号2015-03）项目的资助。同时，在成书过程中，得到了许多领导和专家的大力支持与帮助，他们是：国家海洋局东海分局徐韧教授、叶属峰教授、程祥圣教授、项有堂教授；上海市海洋局胡传廉处长、崔海灵副处长、徐建成处长；上海市环境科学学院林卫青教授；中国气象局上海台风研究所李永平研究员；上海海洋大学何培民教授；上海市海洋环境监测中心李丕学高级工程师，以及胡挺、刘汉奇、蔡芃、刘星等。在出版过程中，得到了海洋出版社苏勤编辑以及审稿专家的大力协助。在此，作者对他们的无私贡献表示衷心感谢。

由于本专著研究时间及编写时间短促，著者水平有限，书中难免有错误存在，敬请各位领导与专家批评指正。

作者

2017 年 1 月　于上海

目 次

第1章 项目概况

1.1 研究背景

人类向海洋倾废已有上百年的历史。早期的海洋倾废活动开始于欧洲工业革命之后，由于欧美国家工业和海上贸易的发展，人们开始向海洋倾倒城市垃圾和港口疏浚物。美国于1875年开始向海洋倾倒疏浚物，此后英国、日本、韩国、法国等沿海国的倾倒活动也相继出现，并且倾倒规模也越来越大。我国在1883年，清政府开始将长江与黄浦江交汇处的疏浚物倾倒于吴淞口外，此后青岛、天津、广州、烟台等港口相继将疏浚物倾倒于港口外海域。

向海洋倾倒疏浚物，由于疏浚物的下沉作用以及沉降至海底造成海底沉积物的扰动，会出现倾倒区域水体含有高浓度的悬沙。这些含有高浓度的泥沙经过水动力作用进行扩散和迁移，影响范围将逐渐扩大，同时，导致海底地形有一定程度的增厚变化。疏浚物中可溶性物质将会溶解释放到水体中，引起倾倒区域内物理、化学及生物等方面环境质量的改变。随着海洋水体的变化及海洋生物的运动，倾废活动不仅影响到倾倒区域内的生态环境，而且这些影响将逐渐波及临近海域。

本课题组在前期的“上海市海洋主要废弃物分类及综合利用研究”和“上海市典型倾倒区入海废弃物总量控制与管理研究”项目研究中，主要得到以下结论：①上海长江口邻近海域范围内疏浚物检测的各项污染因子浓度较低，主要为清洁疏浚物；② 在单个倾倒区中倾倒疏浚物，倾倒约2 h后，水体中悬浮物浓度低于四类海水水质标准值；倾倒引起的底床增厚基本涉及了整个倾倒区，底床增厚影响较小，丰水期引起的最大增厚值最小。

通过前期的项目研究发现：国内外学者对疏浚物倾倒入海后造成的环境影响进行了较为广泛的研究，但研究大多集中于单个倾倒区倾倒时产生的环境影响以及倾倒区使用现状与管理对策等方面，对多个倾倒区同时倾倒产生影响进行叠加分析的研究较少。此外，我国疏浚物的相关技术标准存在诸多不足，例如分类及评价标准中缺乏对难降解性有机物等物质的分类评价，评价标准方法中缺乏对多个样品的综合评价等，这些不足制约着上海海域疏浚物倾倒的高效管理建设。

1.2 国内外研究现状

1.2.1 海洋倾废对海域生态环境叠加影响的研究现状

1.2.1.1 国外研究现状

从海洋倾废的历史、现状及发展来看，疏浚物的海洋倾倒是一条极具前景的出路，也一直是海洋倾废的重点。疏浚物大部分是天然沉积物，约有10%的疏浚物由于人类的活动而受到污染，疏浚物受污染程度不同其对环境的影响也不同。疏浚物倾倒入海对倾倒区造成的环境影响包括暂时性影响和长期性影响两方面。暂时性影响包括海水悬浮物、浑浊度的增加，海水质量的下降及污染物的迁移、扩散，造成的影响一般为暂时性的，但是可能会危害某些经济鱼类，造成短期内重大经济损失。疏浚物倾倒的长期影响包括海底地形的变化、底部沉积物特性局部发生变化、邻近地区沉积速率的增加以及由此引起的对生物的影响，长期影响一般要等几年甚至十几年才能观察到。

近年来，国外许多学者对疏浚物倾倒后倾倒区内的生态环境变化进行了大量的调查研究。Harrison 早于1967年就报道了 Chespeak 湾倾倒区在疏浚物倾倒一个月后底栖生物平均数量减少了71%，但18个月后生物数量和种类多样性就恢复到与周围海域一样的水平。Flint 对1979—1992年间依利湖疏浚物倾倒区的生态环境变化进行了研究，结果发现由于浮游生物的快速繁殖及其较高的生物扩散能力，水体中生物个体总数有较大增加，且该倾倒区的生物恢复时间约为1年。Van Dolah 在1984年通过对美国卡罗莱纳州南部倾倒区的研究发现，疏浚物的倾倒对底栖动物的影响较小。美国农业渔业研究所（ILVO）根据其对北海 Belgian 海域5个疏浚物倾倒区进行长达24年的监测资料，研究了疏浚物对倾倒区海域的生态环境影响，发现各倾倒区与对照区相比，生物受疏浚物中 POPs 和重金属污染毒性效应不显著，只有一个倾倒区内大型底栖生物的数量有明显减少，并且倾倒区内倾倒不同量的疏浚物对环境的影响程度不同。2005 年，Simonini 对位于意大利亚得里亚海北部的 Emilia-Romagna 海域的 4 个倾倒区内，在倾倒疏浚物 6 个月、8 个月、2 年和 4 年后分别对倾倒区海域大型底栖性生物的影响进行研究，结果发现疏浚物的倾倒没有影响该倾倒区底泥的粒径分布及 TOC 的百分比，也未发现大型底栖生物种群结构有所变化。随后，Bolam 等对英格兰和威尔士沿海 18 个倾倒区进行了潮间和潮下潮位时期的研究，发现 18 个倾倒区所受到的生态影响均不同，通过对各倾倒区海底地形水文特征等信息进行分析，作者指出疏浚物的倾倒应当综合考虑倾倒区具体的水文学特征以及疏浚物倾倒过程（方式、持续时间、数量、频率和疏浚物种类）。Cruz-Motta 等研究了疏浚物的倾倒对澳大利亚昆士兰北部热带软底层海域的生态环境影响，指出由于疏浚物的倾倒致使该倾倒区浮游微生物种类和数量减少。总之，国外的研究主要为单个倾倒区海域范围内疏浚物的倾倒造成的疏浚物沉积对航道以及海洋生物的影响。

1.2.1.2 国内研究现状

我国也对疏浚物倾倒后倾倒区的生态环境变化进行了调查和研究。有学者通过设计水槽实验用相机连续拍照记录疏浚物云团在沉降过程中不同时刻的位置和形状的方式，模拟了底开门驳船倾倒疏浚物的沉降扩散过程，并基于该研究建立了疏浚物迁移扩散数值模型。有学者对连云港海域疏浚物倾倒造成的环境影响开展研究，发现疏浚物扩散过程中会造成海水悬浮沙量增加，从而引起水体浑浊度的增高；但同时由于疏浚物中黏粒和胶体物质具有吸附海水中重金属和有机物等污染物质的能力，疏浚物的倾倒也会有利于水质和生态环境的改善。部分学者对珠江口疏浚物倾倒区附近的大型底栖生物进行了调查，对比分析了倾倒区内外大型底栖生物种的类数、丰度、生物量、优势种和种类等多样性指数的差异，研究结果表明海洋倾倒可能使倾倒区内大型底栖生物种类、丰度、生物量和种类多样性降低，但对海区优势种的影响较小。国家海洋有关管理部门通过在苍南东南海域进行海上倾倒实验，发现疏浚物粒径特征值为倾倒区水体悬浮物粒径特征值的 1.3~2.7 倍，由于倾倒而形成的云团在 15~30 min 后漂离倾倒点，30~ 60 min 后云团基本消失，造成的水体悬浮物浓度增加影响在顺流方向 1.5 km 左右基本结束。还有学者对日照 30 万吨级原油码头倾倒区进行了海洋环境影响研究，采用泥沙扩散迁移三维数学模型分别对同一倾倒区单船倾倒悬浮泥沙的运动轨迹进行了模拟，研究指出在落潮与涨潮时悬浮泥沙浓度为 10 mg/L 时离倾倒中心点最大距离分别为 4.23 km、3.1 km。有学者讨论了围隔海水中初级生产力的变化及其与主要有害物质释放、营养盐溶出和悬浮物质增加引起的光照度变化之间的关系，认为：在疏浚物的浓度为 1 500 g/L 的情况下，尽管其中某些有害物质和营养盐有不同程度的释放，但对初级生产力不产生明显影响。部分学者采用室内模拟实验研究了不同粒径和不同浓度悬浮清洁疏浚物对 2 种常见海洋微藻生长的影响，结果表明不同浓度清洁疏浚物均显著影响海洋微藻生长；在相同粒径范围内，其对微藻生长的抑制作用随浓度升高而增加；随悬浮清洁疏浚物粒径的减小，海洋微藻的细胞密度呈下降趋势。有学者根据 2002 年的青岛倾倒区海域表层疏浚物中重金属监测数据，对其重金属潜在生态风险性进行了评价，结果表明该海域重金属综合污染程度和潜在生态风险性均较低，倾倒区外南部海域有 Cu 和 Cd 污染的迹象。还有学者报道了厦门西海域拟疏浚沉积物中的重金属含量水平及分布，指出厦门西海域拟疏浚沉积物重金属含量不很高（RI<150)，属于轻微生态危害。部分研究者于 2014 年 3 月对连云港倾倒区及附近海域 17 个站位的水质和 11 个站位的沉积物以及海洋生物进行了调查采样，结果表明沉积物中重金属含量的分布特征为倾倒区>倾倒外围区>养殖区，疏浚物为倾倒区重金属的重要污染源，且在扩散作用下对倾倒外围区海域有一定影响。有学者对厦门西海域拟疏浚物中的 PCBs 含量及分布特征进行了调查，结果表明厦门西海域拟疏浚物中 PCBs 为 0. 17~30. 3 ng/g，生态风险评价结果显示厦门西海域拟疏浚物中 PCBs 的环境毒性相对较低。还有学者以海洋疏浚物为材料，进行生物毒性快速检测技术实验研究。通过研究发光细菌毒性检测法和数字基因表达谱测序方法，建立了以发光细菌毒性半数效应浓度为依据的疏浚物毒性分级技术并从分子水平迅速确定污染疏浚物的潜在生物毒性效应，补充完善了当前倾废物生物检验方法。本课题组利用生态风险指数法对黄浦江、长江口、内河航道疏浚物中 Hg、Cd、Cu、Pb、As、Cr 和 Zn 等重金属进行风险评价，探讨了上海海域典型疏浚物中重金属的生态风险。研究结果表明：7 种重金属的潜在生态风险系数均属轻微生态危害；各采样区域重金属的潜在生态风险系数均小于危害临界值，属轻微生态危害；内河航道、长江口和黄浦江码头前沿的潜在生态风险系数分别为 81. 4、57. 7 和 52. 5，均属于轻微生态危害。国内学者关于疏浚物倾倒对海域的生态环境影响的研究大多为北海以及南海相关海域，东海海域则较集中于连云港、温州等海域，而对于上海海域的相关研究则相对较少。

综上可见，国内外关于疏浚物对倾倒区海域造成的生态环境影响的研究主要集中于单一倾倒区的影响，疏浚物倾倒后悬浮物入海引起的环境变化以及疏浚物造成的海底地形的影响，而对多个倾倒区同时倾倒疏浚物产生的生态环境叠加影响较少，以及造成的叠加影响对敏感目标的研究均较少。由于各个倾倒区疏浚物的组成、数量、理化特性、有毒物质含量和倾倒方式不同，各个倾倒区的水文气象、地质、生态环境不同，海洋疏浚物在各个倾倒区海域内造成的生态环境影响往往也不相同。

1.2.2 疏浚物采样与评价技术的研究现状

1.2.2.1 疏浚物样品的采集研究现状

疏浚物样品的采集是否科学合理直接影响着其评价结果，在这个研究评价过程中发挥着重要作用。美国的环保部（EPA）和陆军工程兵团（ACE）、加拿大的环境部长理事会（CCME）、日本环境省等国外环境保护和研究机构，为确保疏浚物样品采集的科学合理性，进行了大量的基础研究工作，对疏浚物的采样做出了系统性的研究。疏浚物采样标准主要包括采样前（制定采样计划、准备相关设备）、采样过程中以及采样后（样品的储存）等步骤。

采样前。制定采样计划，应当基于疏浚区的地质结构、沉积物粒度分布、水动力状况、疏浚物的工程类型以及附近是否存在污染源、环境敏感区等信息的基础上，选取尽可能反映疏浚物的真实情况并具有代表性的采样站位。若所选取的站位地质结构相对呈均匀分布，则应采取网格均匀布点；若疏浚区附近存在污染源，则应随着污染浓度梯度由高向低方向，由密渐疏地设计采样站位；若进行二次采样时，应以污染（或沾污）站位作为中心点，在中心点的四周布设一定数量的站位。采样站位的数量应以能满足对海洋倾倒疏浚物进行分类定性和评价的需要，以覆盖整个疏浚区域为宜。在疏浚物采样前，应当准备好定位设备、采样记录表、采样器、样品容器。一般以抓斗式采样器采集表层沉积物样品；以箱式采样器或重力采样管采集疏浚物柱状样。而对于样品容器，用高密度塑料袋或用上述材质制成的其他容器作为生物样品的储存容器，用高密度塑料袋或瓶子或硼硅酸盐玻璃容器装金属和有机碳；用有铝箔内衬盖子的琥珀色玻璃容器和不锈钢广口容器盛放有机化合物。

采样过程中。应该注意最大限度地避免疏浚物与皮肤接触；当疏浚物样品上面的水要清洁或不过分浑浊、沉积物水界面要完整无损，相对平坦；采柱状样时，长度应在采样规定的范围内；抓斗式采样器应完全合拢。

采样后。处理的样品应减少至最低量，并且取出后尽快处理，以避免影响沉积物中地球化学和生物化学过程的温度和氧气状况发生变化；分样时应避免与采样器的面接触；保护样品在甲板上时不被污染；分析挥发性化合物（如 PAHs），样品应完全装满容器，不留空气空间；在船上用冷藏设备（4℃），在当地陆上用冷藏箱或电冰箱，或装满冰或冰块的绝缘容器暂时储藏现场样品。

国内的疏浚物采样技术研究起步较晚，是在我国海洋沉积物采样技术的基础上发展起来的，制定了一套通用的疏浚物采样、运输及存储、分析方法，并制定了相应的技术标准规范，即《海洋倾倒物质评价规范　疏浚物》（GB30980—2014）。这套技术规范对疏浚物的采样计划（疏浚工程背景材料收集、采样站位设计、采样站位数量）、样品采集（采样设备、样品采集方法、采样数量）、样品运输和样品存储、样品分析方法等方面均做出了详细规定。

采样计划。通过收集和掌握疏浚工程的背景材料，依据拟疏浚的体积数，确定相应的采样站位个数，并设计采样站位。根据不同的地质结构状况，分别制定不同的采样点分布方式。拟疏浚区的地质结构相对均匀，且不存在明显污染源的前提下，采取网格布点方式，将采样点均匀布置在整个疏浚区域内；拟疏浚区域内或附近海域存在明显的污染源，或现有的调查资料证实在疏浚区内存在着明显的污染物浓度梯度，则应随着污染物浓度梯度由高到低方向，由密渐疏地设计采样站位。无论采用上述何种布站方法，均需在疏浚区附近，且其底质结构与疏浚区相同（或相近）、相对清洁的区域，选择 1~2 个站位作为控制（或参考对照）站。当需二次采样时，应将污染（或沾污）站位作为中心点，在中心点四周布设一定数量的站位，以确定污染（或沾污）范围。

样品采集。疏浚物的样品采集分为表层样品采集和柱状样品采集 2 种方式。采样的方法、方式和采样设备则与现有的海洋沉积物采样方法一致，按照 GB17378. 3 执行。采样数量依据测试或检验项目的不同而定，依据不同的测试内容和检验项目，样品采集的体积在 90~6 000 mL 之间，质量在 100~7 000 g 之间。

样品运输。样品运输应有效地保持沉积物的结构、化学和生物性质维持不变。尽量缩短现场存储时间。样品运输应做到：样品在运输过程中不应冷冻；记录温度偏差；需要做进一步处理的现场采集样品，应在采集后的 24 h 内送至实验室。

样品储存。样品的储存应遵循以下规定：① 储存温度应为 4℃±2℃；② 所有用于生物学检验的样品应冷藏在避光处（避免冷冻），如果没有储存在密封容器中，最长储存时间为 8 周；③ 用于化学检验的沉积物可存储在避光处，装在密封的容器中，并且应在采集 14 d 之内完成分析。如果在 14 d 之内不能完成分析，样品可以在-20℃条件下保存，但保存时间不超过 6 个月。在冷冻过程中，硬质容器中的样品应预留约

2.5 cm的样品膨胀空间（当污染物是挥发性物质时，可用氮气等惰性气体充填容器空余空间）；④ 持续监测样品的存储状况。

1.2.2.2 疏浚物评价研究现状

不同区域中疏浚物的有害物质种类和含量差别很大，不少港口的疏浚区属于重污染区，底栖生物濒临绝迹或只存少数耐污种。受污染的疏浚物向海洋倾倒，疏浚物中化学物质向上覆水的迁移，不仅会改变倾倒区域的沉积物结构，而且对底栖生物产生直接冲击，对生态环境构成威胁。国内外学者对疏浚物样品的评价进行了较为广泛的研究。

欧洲各国建立了基于疏浚物中多种污染物的“执行标准（action levels，ALs）”浓度，每一个浓度标准与一种倾废管理目标或管理行动相对应。荷兰和波兰只设立一个执行浓度标准，其他欧洲国家更普遍地采用两个执行标准对疏浚物进行评价管理。丹麦、瑞典、意大利等国家，则依据当地的疏浚物理化生背景条件值，而不设立全国通用的标准。执行标准中均包含Cd、Cr、Cu、Hg、Ni、Pb、Zn和As等重金属，部分执行标准还包括PCBs和PAHs，而疏浚物中其他有机污染物则较少涉及。美国环保部和美国陆军工程兵团通过毒性效应测试和毒性累积分析等研究，联合设计出了疏浚物不确定性的毒性效应评价方法，以对人类健康或者环境产生的预期外的疏浚物毒性效应进行评价，以减少可能的生态健康风险和不明智决定造成的经济损失。Long和Kennlcutt等通过研究北美海岸和河口沉积物中有机污染物的生态风险，提出用风险评估低值ERL（effects rang-low，生物效应几率<10%）和风险评价中值ERM（effects rang-median，生物效应几率>50%）来指示沉积物的风险程度。一般而言，当所有有机污染物含量小于ERL，生态风险小于25%；当至少一种有机污染物含量高于ERM，则毒性风险大于75%。2000年，美国国家海洋与大气管理局自1991年至1997年间，对太平洋、大西洋和墨西哥湾等相关海域的1543个疏浚物样品进行了评价研究，结果显示大约有7%的疏浚物样品具有毒性，大约有5%的海域受到较为严重的重金属毒性影响，且东北和西南向海湾的疏浚物毒性最强。2004年，Cura等探讨了对比风险评价方法（CRA）在清洁以及污染疏浚物评价中的适用性，指出应当根据管理的目标考虑疏浚物的潜在风险可能发生的概率。Perrodin等对法国北部某运河疏浚物进行采样分析，分别基于浓度效应、微生物毒性与柱状浸出方法对疏浚物生态风险进行了评价，结果显示两种方法的评价结果具有一定的差别，简单的浓度效应的生态风险更大。Pekey等对土耳其东北部马尔马拉海湾底泥中的重金属进行分析评价，研究结果显示该疏浚物受到了重金属的严重污染，每个样品的可能毒性水平（PEL）均超过了美国环保部标准。Achard 等于 2013 年对污染疏浚物中无机物进行了矿物化分析，结果显示该底泥中 As、Hg 和可溶性盐的浓度与欧洲底泥标准值接近，且 Cu 和 As 的浓度与疏浚物中有机质的浓度高度相关。

我国是《伦敦公约》的缔约国之一，我国的倾废制度目前采用许可证制度，只有获取相关海洋主管部门颁发的海洋倾废许可证，疏浚物才允许通过倾倒区在海上处置。我国采用分类评价的方法来描述疏浚物的不同类别，并将评价结果作为疏浚物海洋倾废许可的重要技术依据。目前，我国疏浚物采样与评价主要依据《海洋倾倒物质评价规范　疏浚物》（GB30980—2014）执行，标准规范中提出了疏浚物的样品采集原则和方法、疏浚物理化指标检验方法、疏浚物化学评价限制标准和疏浚物理化性质分类方法等，通过疏浚物理化性质的筛分，确定疏浚物是否允许倾倒入海。

依据现行疏浚物评价标准，疏浚物理化性质的测定项目分为必测项目和选测项目 2 类，所有拟倾倒入海的疏浚物必须检测必测项目，选测项目可依据疏浚区域的污染历史，选择相关项目开展检测。必测项目和选测项目分别如下。

必测项目：疏浚物的粒度、铅、铜、铬、锌、镉、砷、汞、有机碳、硫化物、油类。

选测项目：pH、六六六、DDT、PCBs、总磷、总氮、PHA、TBT 等。

表 1-1 给出了疏浚物分类化学筛分水平标准，依据标准，可将疏浚物分为清洁疏浚物、沾污疏浚物和污染疏浚物三类。

表 1-1　疏浚物分类化学筛分水平

污染物	下限（A）	（下限+上限）/2（B）	上限（C）
铜（$\times10^{-6}$）	50.0	175.0	300.0
铅（$\times10^{-6}$）	75.0	162.5	250.0
锌（$\times10^{-6}$）	200.0	400.0	600.0
镉（$\times10^{-6}$）	0.80	2.90	5.00
铬（$\times10^{-6}$）	80.0	190.0	300.0
砷（$\times10^{-6}$）	20.0	60.0	100.0
汞（$\times10^{-6}$）	0.3	0.6	1.0
有机质（$\times10^{-2}$）	2.0	3.0	4.0

续表 1-1

污染物	下限（A）	（下限+上限）/2（B）	上限（C）
硫化物（$\times10^{-6}$）	300.0	550.0	800.0
PCB（$\times10^{-6}$）	0.02	0.31	0.60
六六六（$\times10^{-6}$）	0.50	1.00	1.50
DDT（$\times10^{-6}$）	0.02	0.06	0.10
油类（$\times10^{-6}$）	500.0	1000	1500

依据表 1-1 给出的各项污染物限值，疏浚物的分类判定方法如下。

（1）清洁疏浚物（Ⅰ类）：疏浚物中所有污染物的含量都小于 A 的；疏浚物中砷、铬、铜、铅、锌、有机质、硫化物、油类其中任何 2 种（或小于 2 种）的含量大于 A，但小于 B，且其小于 4μm 的粒度组分含量≤5%，小于 63 μm 的粒度组分含量≤20%。

（2）沾污疏浚物（Ⅱ类）：镉、汞、六六六、DDT、PCB（总量）的含量大于 A 但小于 C 的；砷、铬、铜、铅、锌、有机质、硫化物、油类任何一种含量大于 B 但小于 C，但其物理化学组分含量超过（1）规定的要求。

（3）污染疏浚物（Ⅲ类）：疏浚物中 1 种或 1 种以上的污染物含量大于 C 的。

通过上述疏浚物的分类评价，确定疏浚物的理化性质，清洁疏浚物可直接倾倒入海。若疏浚物的理化性质检验结果为沾污或污染疏浚物，则须按《海洋倾倒物质评价规范　疏浚物》（GB30980—2014）中的相关内容要求，开展生物学检验，其结果将最终决定疏浚物是否允许海洋倾倒以及海上处置方式，具体判定流程如图 1-1所示。

1.2.2.3　目前我国疏浚物采样与评价工作中存在的主要不足

我国的疏浚物来源复杂，各类港口、码头和航道疏浚工程中产生的废弃物所含污染物种类较多，现有的疏浚物采样、分析和分类评价的技术标准越来越难以满足倾废管理的需求，主要表现在如下 3 个方面。

（1）现有疏浚物采样的相关技术标准不能完全适应实际倾废管理需求。按照现行疏浚物采样技术标准，仅对疏浚物的采样站位和采样方式提出技术方法，在实际工作中，可操作性不强，且采样站位的位置确定缺乏依据，代表性不强，往往造成所采

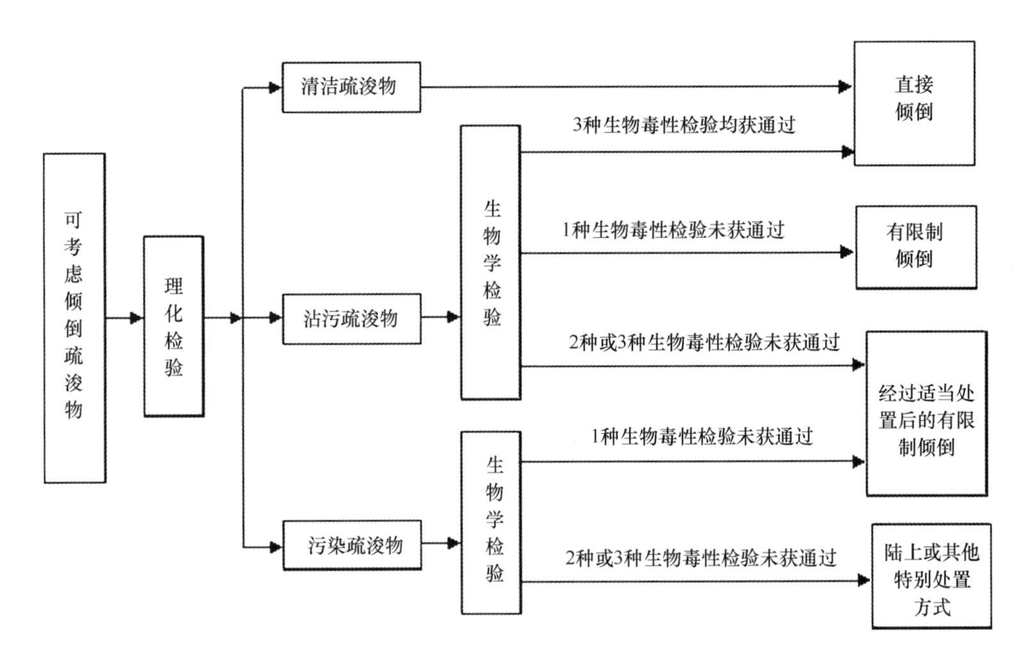

图 1-1　疏浚物海洋倾倒分类和评价程序工作框图

集的疏浚物并不能很好地代表整个疏浚区域的疏浚物实际情况。例如，疏浚物采样站位个数确定依据疏浚量，确定疏浚区域内的采样点个数。而采样点的布设仅在相应标准中确定了的基本原则为“采样站位应尽可能反映疏浚物的真实情况并具有代表性”。当疏浚区的地质结构相对均匀时，采用网格布点方式，均匀布设采样站位；当疏浚区的污染物存在明显的污染物浓度梯度，则应随着污染物浓度梯度高低由疏渐密布设站位，相对清洁区域，选择 1～2 个站位作为参考站位。但目前上海市海洋局批准的倾废许可中，大多数疏浚工程集中在黄浦江和吴淞口附近海域的港口、码头和航道，小部分来自于杭州湾北岸的金山化工区附近码头、航道。这些港口码头的疏浚量小，码头分布松散，地质状况复杂，各区域的底质污染状况差异较大，污染特征不明显。因此，现行技术标准中提出的“网格布点”和“由疏渐密”的布站方式实际难以执行，加上现场采样人员的技术能力限制，采样站位实际的代表性并不高。疏浚物采样工作中，采样站位的个数基本均能符合技术标准的要求，而采样点的布设则相对随意，部分疏浚工程的疏浚物采样点甚至可能不完全分布在疏浚区域内。

（2）疏浚物的分类筛分标准并不适应疏浚物的实际现状。我国部分疏浚码头和港口航道状况复杂，疏浚区域分布松散，且各工程的疏浚量普遍较小，因此疏浚物的理化性质评价结果各不相同。近年来，在实际工作中，往往出现同一个疏浚区域的不同采样点中疏浚物的分类评价结果不一致的现象，多个采样点中个别站位为沾污疏浚物，其余大部分为清洁疏浚物。例如，某疏浚工程位于黄浦江沿岸码头，拟疏浚量为

2.8 万 m^3，按照表 1-2 给出的采样点数确定原则，应采集 6 个疏浚物样品用于分析，样品号分别为 01#、02#、03#、04#、05#和 06#。这些疏浚物样品理化性质分析结果表明，该工程的疏浚区域内，01#、02#、04#、05#和 06#样品均为清洁疏浚物，03#站位的样品中，铜含量为 63.6×10^{-6}，超出相应化学组分的评价限值下限标准，但未超出上限标准，该样品判定为沾污疏浚物。那么从检测结果上看，该区域内的疏浚物样品同时存在清洁和沾污两种状态的疏浚物。依据目前的管理要求，出现超标的疏浚物不被允许倾倒入海，不能获得倾废许可。但由于现行的倾废许可是针对倾废工程的，而并非针对某个疏浚物样品，因此对于这类同时出现多种类型疏浚物的疏浚工程，则难以判定是否应予以批准倾倒入海。

表 1-2 采样站位的数量要求

疏浚总体积（万 m^3）	采样数量（个）
[0，2.5)	1~3
[2.5，10)	5~8
[10，50)	8~12
[50，200)	12~20
[100k，100k+100) *	(12+4k) ~ (16+4k) *

* k 为大于或等于 2 的整数

依据《海洋倾倒物质评价规范 疏浚物》(GB30980—2014)，出现这类现象的疏浚区域属于“复合疏浚物”，这类疏浚物应“确定沾污或污染疏浚物的体积，并按照本标准所规定的方法区别对待，进行相应的处理和处置，不应取各站位的算数平均值作为整个疏浚区域疏浚物类别判定的依据”。但由于疏浚总量普遍较少，采样点数一般多在 5~10 个之间，加上采样点本身的代表性并不好，从而难以判断沾污或污染疏浚物的体积。而另一方面，及时通过计算获得了沾污或污染疏浚物的体积，在实际倾废管理和许可证颁发过程中，根本无法限制倾废企业区别对待这些超标的疏浚物，因此，需要针对同一疏浚区域内出现不同筛分水平结果的疏浚物，制定一套科学合理的疏浚物综合评估方法。

（3）现有的疏浚物筛分标准中，检测指标并不能完全反映我国疏浚物的污染特征。现有的疏浚物筛分标准，仅对重金属（铜、铅、锌、铬、镉、汞、砷）、油类、农残（六六六、DDT、PCBs）硫化物、有机碳、pH 和相关物理性质指标（粒度、含水率、相对密度）的筛分水平做出规定，但对于一些化工码头等污染等级相对较高的疏浚区域，缺乏针对性的检测指标，而这类疏浚物中可能含有的有机污染物往往对海洋环境具有更高的污染风险，针对这类疏浚物，有必要开展疏浚物的有机污染物定性、定量排查，并依据其可能产生的环境危害，确定科学合理的筛分标准，改善现有的疏浚物理化性质筛分标准中存在的缺陷。例如，上海金山疏浚物临时海洋倾倒区（以下简称金山倾倒区）位于杭州湾北岸，金山化工区海域附近。金山倾倒区于 2015 年批准延期使用，位于以 121° 21′02. 0″ E，30°41′ 26. 0″N 为中心，0. 7 km 半径的海域内。金山倾倒区所接纳的疏浚物主要来自于化工企业码头，这些码头疏浚产生的疏浚物中含有的有毒有害物质相对于黄浦江沿岸码头更具有污染风险。依据《海洋倾倒物质评价规范　疏浚物》（GB30980—2014），目前所开展的疏浚物成分检验中并未包括来自于化工企业的污染风险高、不易降解的有机污染物，这些污染物的迁移扩散对环境和人类健康的影响尚不明确，这类疏浚物的倾倒所带来的环境污染风险同样是不容忽视的。金山倾倒区所处位置及附近海洋功能区的分布状况如图 1-2 所示。由图可以看出，金山倾倒区与上海金山城市沙滩毗邻，尽管金山倾倒区的倾倒量相对小，且倾倒时段相对短（按照倾倒区的环保要求，该倾倒区在每年的 4—5 月使用），但其所处位置与滨海旅游度假区几乎相连，且较为靠近金山化工区码头，疏浚物在迁移扩散中产生的污染物溶出，对这些区域的环境风险不容忽视。

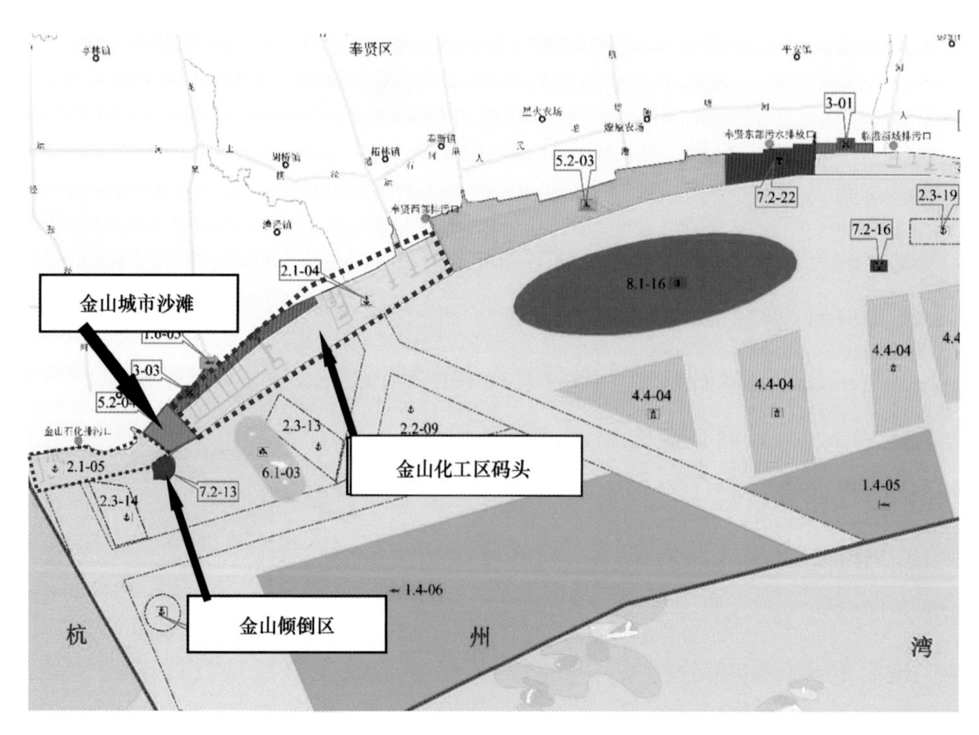

图 1-2　上海金山倾倒区及金山化工区码头分布示意图

1.2.3 海洋倾废管理对策措施的研究现状

1.2.3.1 海洋倾废管理的产生与发展

基于人类的生产、生活活动不断产生大量废弃物，在陆域空间中堆放这些废弃物越来越难以满足需求，而海洋空间是巨大的潜在资源，为废弃物的倾倒提供了理想的场所。人类利用海洋空间资源处置废弃物的海洋倾废活动已有130多年的历史。早期的海洋倾废活动开始于欧洲工业革命之后，由于欧美国家工业和海上贸易发展，开始向海洋倾废城市垃圾和港口疏浚物质。第二次世界大战以后，由于战争产生的大量废弃物和工业发展产生的工业垃圾以及城市生活垃圾的数量剧增，海洋倾废的规模和数量也大大增加。1972年以后至今，这一时期倾倒的废弃物主要是工业生产中产生的大量工业废弃物，海岸工程、海洋工程中产生的废弃物和施工垃圾，还有船舶本身及其在航行中产生的废弃物等。

由于人们对海洋倾废缺乏有效的管理，加上没有相应的法律规制，尤其是有些企业单位缺乏海洋环境保护意识，追求商业利润和贪图方便，把海洋当成垃圾桶，随意向海洋倾倒废弃物。有毒有害物质在没有科学论证和管控的情况下向海洋倾废，对海洋环境和海洋资源造成污染和危害，也给人类生存环境造成了空前的危害。以1972年签订的《伦敦公约》的通过与实施为标志，人类开始对海洋倾废进行管理，并进入了科学有序的管理阶段。

我国的倾废管理历史略晚于国外其他国家。1982年8月23日第五届全国人民代表大会常务委员会第二十四次会议通过并颁布了《中华人民共和国海洋环境保护法》，这是我国海洋倾废管理和监测工作的基石。继《中华人民共和国海洋环境保护法》实施以后，1985年4月1日国务院颁布了《中华人民共和国海洋倾废管理条例》。同年，经全国人大批准，中国政府于同年11月14日加入《伦敦公约》，对防止倾倒废弃物对海洋环境的污染损害作了规定。这意味着我国结束了长期以来海洋倾废无序无度的状况，进入了按严格规程和限度进行海洋倾废的法制化管理阶段。1992年，为贯彻实施《中华人民共和国海洋倾废管理条例》，国家海洋局制定了《中华人民共和国海洋倾废管理实施细则》，2003年国家海洋局又发布《中华人民共和国倾倒区管理暂行规定》，至此，中国海洋倾废进入了法制化管理和监测的新阶段。2010年党的十七届五中全会首次提出“海洋发展战略”思想，把对“海洋的开发、控制和管理”作为今后海洋战略的主要目标。在 2013 年初，新一轮大部制改革扩大了国家海洋局的管理权限，对国家海洋局进行了重组，将中国海监、中国渔政、中国海上公安边防及中国海关缉私四支队伍整合为中国海警队伍，由国家海洋局行使海上维权执法职能，并在国务院设立高层次、高规格的国家海洋事务委员会，委托国家海洋局行使协调职能。至今，中国的海洋倾废管理建立了较为完整的法规体系、海洋管理体制和海洋执法监察队伍、倾废许可证制度和倾倒区选划制度，规范了倾倒区选划和监测技术。

1.2.3.2 海洋倾废管理的目标与任务

我国的海洋倾废管理就是国家海洋局及其派出机构依据相关的法律规定对海洋倾倒区及倾废活动进行选划、设置、监督、监视和执法处罚的规范有序的管理控制活动。海洋倾废管理部门必须明确管理目标和任务，转变管理方式，由粗放式到精细化管理，实行海洋倾倒的废弃物总量控制，有效控制人类的海洋倾废活动。海洋倾废管理目标可概括为：禁止向海洋倾倒有毒有害物质；限制疏浚物倾废量；限制倾倒区倾废物倾废量和使用年限；加大倾倒区倾废的监测和监管力度；严惩不当或违法倾废行为，保持海洋生态系统平衡，保护海洋资源和海洋环境美好、完整，促进海洋事业的发展。

为实现该目标，海洋倾废管理部门应当做好并完成以下 5 个方面的工作任务：第一，进行严格的废弃物分类及审查；第二，按照倾废许可证制度的要求核发许可证；第三，科学合理、生态经济地选划海洋倾倒区；第四，定期定时对海洋倾倒区实行环境监测；第五，对海洋倾废活动进行监督检查，对违法倾废进行处罚。最终将海洋倾废造成的海洋污染降到最低。

1.2.3.3 海洋倾废管理的工作流程

我国海洋倾废管理主要经过海洋倾废物的分类、海洋倾废许可证管理、倾倒区的选划设置、倾倒费的征收管理、倾废作业的跟踪监测与监督 5 个环节的工作。

1）海洋倾废物的分类

海洋倾废是向海洋倾倒废物以减轻陆地环境污染的一种处理方法。从全球来看，疏浚物是海洋废弃物中数量最大的一类，许多国家都用此法处理废物。就我国而言，疏浚物占全部海上处置废弃物的 95%以上。我国海洋倾废管理条例中依据疏浚物的成分及其有害物质的含量水平、对倾倒区环境的影响，将疏浚物分为以下3类。

清洁疏浚物（Ⅰ类）：疏浚物中所有污染物的含量都不超过化学筛分水平的下限为清洁疏浚物；疏浚物中砷、铬、铜、铅、锌、有机碳、硫化物、油类，其中任何2种（或小于2种）的含量超过化学筛分水平的下限，但不超过（上限+下限）/2，且其小于4 μm的粒度组分含量≤5%，小于63 μm的粒度组分含量≤20%，仍可视为清洁疏浚物。对于清洁疏浚物的处置，可由主管部门签发普通倾倒许可证在指定区域倾倒。

沾污疏浚物（Ⅱ类）：疏浚物中镉、汞、六六六、滴滴涕、多氯联苯总量的含量超过化学筛分水平的下限，但不超过化学筛分水平的上限为沾污疏浚物；疏浚物中砷、铬、铜、铅、锌、有机碳、硫化物、油类任何一种的含量均不超过化学筛分水平的上限，但其物理化学组分含量超过清洁疏浚物规定的要求，为沾污疏浚物。沾污疏浚物的处置，必须进行疏浚物水相、固相毒性检验和生物学蓄积检验。在3种生物学检验中只有1种生物检验未获通过的，由主管部门签发特别许可证，在指定海域有限制的倾倒。3种生物学检验中有2种不通过或3种全不通过，此类疏浚物必须经过适当的处理（其处理方法与污染疏浚物相同），经适当处理后，由主管部门签发特别许可证在指定海域进行倾倒。

污染疏浚物（Ⅲ类）：疏浚物中1种或1种以上污染物含量超过化学筛分水平的上限为污染疏浚物。污染疏浚物的处置，水相、固相毒性检验和生物学蓄积检验只有1种未获通过，必须采取适合的处理方法进行，经处理符合倾倒条件的，由主管部门签发特别许可证，在指定海域有限制地倾倒。

2）海洋倾废许可证管理

我国海洋倾废实行许可证制度。海洋倾废许可证制度是海洋倾废管理的核心内容，是海洋倾废管理实行的一项基本制度，也是维护合法的海洋倾废秩序，防止影响和损害海洋环境的重要措施。

许可证由需要向海洋倾倒废弃物的废弃物所有者及疏浚工程单位依法向海洋行政管理部门申请。实施倾废作业单位与废弃物所有者或疏浚工程单位有合同约定的，也可依合同规定向海洋行政管理部门提出申请。许可证制度要求倾废执法部门严格按照法定的条件和程序进行执法管理。对一般的倾废申请，只要申请材料齐全、形式合法、符合规定要求的，遵循行政许可便民原则，可当场回复或签发倾废许可证；对经检测疏浚物不宜倾废的不予签发。倾废许可证分为紧急许可证、特别许可证、普通许可证。紧急许可证由国家海洋局签发或者经国家海洋局批准，由海区主管部门签发。特别许可证、普通许可证由海区主管部门签发。办理废弃物海洋倾倒普通许可证签发的流程如图 1-3 所示。

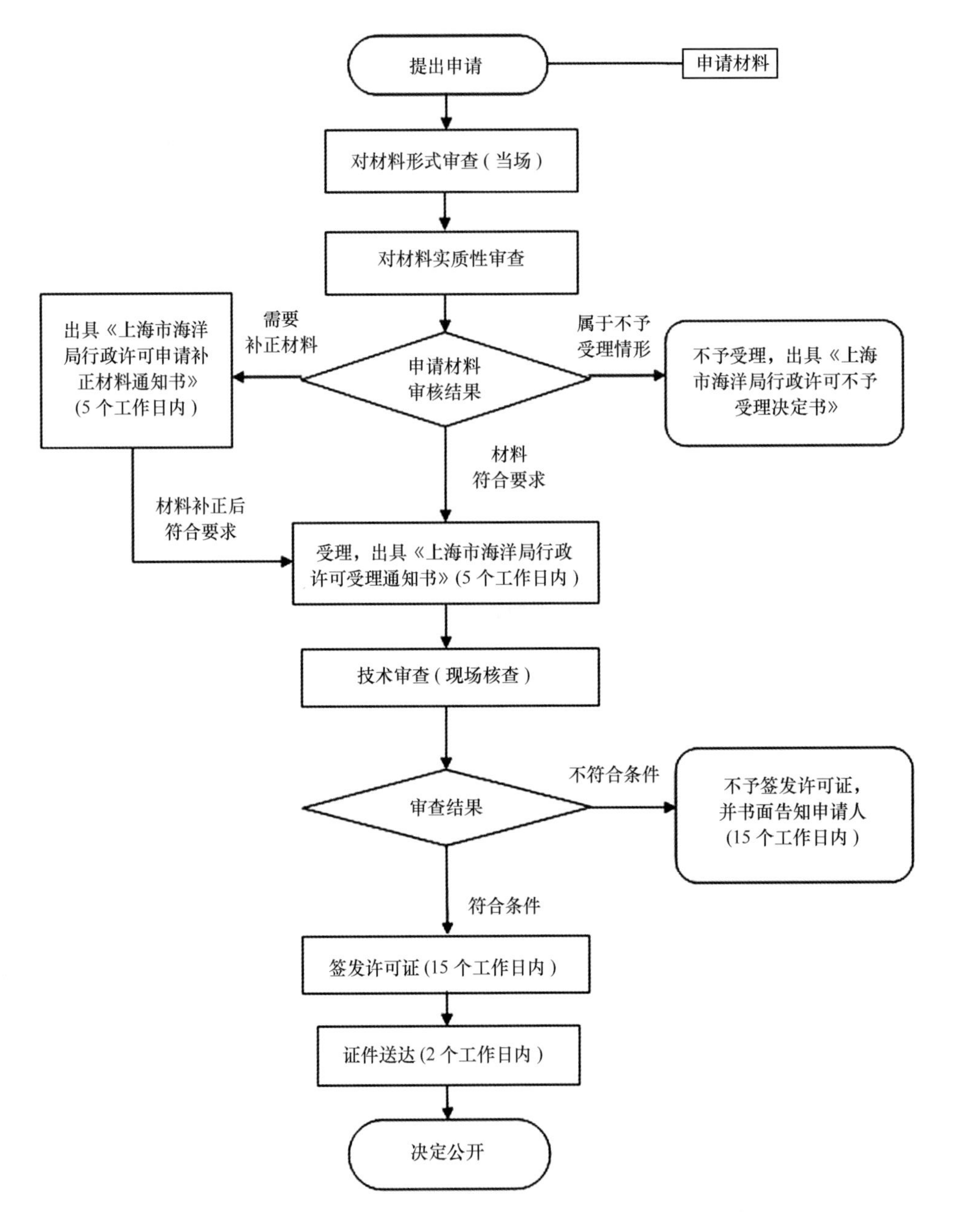

图 1-3　废弃物海洋倾倒普通许可证签发的流程

3）海洋倾倒区选划

海洋倾倒区由海洋主管部门商同有关部门，按科学合理、安全经济的原则划出，报国务院批准。海洋倾倒区分为一类、二类、三类废弃物倾倒区、实验倾倒区和临时倾倒区。一类、二类、三类倾倒区是为处置一类、二类、三类废弃物而选划确定的，其中一类倾倒区是为紧急处置污染废弃物而选划确定的。实验倾倒区是为倾废实验而选划确定的（使用期限不超过2年），如经倾废实验对海洋环境不造成危害和明显影响的，商同有关部门后报国务院批准为正式倾倒区。

海洋倾倒区因类别不同选划的管理部门也不同。一类、二类倾倒区，由国家海洋局组织选划。三类倾倒区、实验倾倒区、临时倾倒区由海区主管部门组织选划。一类、二类、三类倾倒区经商议有关部门后，经国家海洋局报国务院批准，由国家海洋局公布。临时倾倒区由海区主管部门（分局级）审查批准，报国家海洋局备案，使用期满后，立即封闭。

4）倾倒费的征收管理

我国海洋倾废管理对海洋倾废者实行收费管理，在倾倒费征收管理方面实行收支两条线管理。收取海洋倾倒费是促进企业改进生产技术、减少废弃物污染海洋的经济手段，同时收取的费用依据国家的有关规定用于海洋环境污染的防治，从减少污染源和对污染的治理两个方面，保护海洋环境不受各种污染物的影响。中国海洋倾倒费的收费项目和收费标准由国家物价局、财政局和国家海洋局联合制定。我国倾倒费的征收标准因倾倒区与倾废方式及倾倒的废弃物种类的不同而不同。疏浚物倾废量的核定方法由海洋主管部门按疏浚工程水下实际基建开挖量进行核定。

5）对海洋倾倒区的监测与管理

对海洋倾倒区的监测与管理是我国海洋倾废管理的一个重要组成部分。海洋倾倒区经科学选划并经国务院批准正式启用后，为了及时掌握和发现由于倾废活动造成的对海洋环境的影响情况，国家海洋行政主管部门应定期或不定期地对海洋倾倒区进行监测，加强管理，以避免对渔业资源和其他海上活动的有害影响。当发现倾倒区不宜继续倾废或不宜继续倾废某种物质时，主管部门可决定予以封闭，或停止某种物质的海洋倾废，或及时采取有效措施对倾倒区进行污染治理。

我国对海洋倾倒区的监测分为常规监测和专项检测两类。常规监测一般是纳入全国海洋环境监测计划中进行，这种监测适用于正在使用中的所有倾倒区。专项监测是在倾倒区使用的不同时期或特别需要的情况下进行的监测活动，分为倾废初期的跟踪监测和在紧急情况下的应急监测。跟踪监测，一般是有目的地进行物理、化学和生物学的跟踪监测活动，通过跟踪了解废弃物倾废后的初始稀释状态、沉降、飘移、扩散对环境质量和对生物可能产生的有害影响进行评价。应急监测，是在倾倒区环境发生异常时紧急进行的监测活动，这种监测的目的是查清产生环境异常的原因，评价环境变化与倾废的关系，为是否继续使用倾倒区提供科学依据。

1.2.4 国内外学者对倾废管理的相关研究

国外许多学者结合各自的领域特色，从多个角度对海洋倾废管理进行了较为深入而广泛的研究。Gi Hoon Hong 从管理法规的角度，通过对 1972 年建立的《防止倾倒废弃物及其他物质污染海洋的公约》以及随后提出的《伦敦协议》进行研究，提出应将这两种协议合并成一种协议作为 21 世纪世界范围内通行的海洋倾废管理文件。William Gladstone 研究了沙特阿拉伯南部红海中的法拉桑群岛资源以及人类倾废活动对其造成的影响，针对性地提出了加强利害关系人参与保护意识、分区域进行倾倒管理、加强相关策略的研究等海洋倾废管理措施。Wayne 等在对海洋倾废物质的毒性测试和风险评价方案分析研究的基础上，建立了一种能够评价处于时空维度中疏浚物的生态风险的方法应用，将该方法成功地应用在美国某海域中。Manuel Alvarez-Guerra 等在对欧洲各国疏浚物中重金属、有机物以及海洋生物的限制水平进行了综述分析，并采用限制水平对西班牙 Cadiz 海域疏浚物倾倒区管理进行了研究，结果指出制定海域的特定限制水平因子能够为海洋管理提供可靠支持。在管理体制方面，韩国的海洋管理体制与其海洋发展战略目标相适应，并依托海洋水产部对海洋环境进行协调发展保护，在海洋倾废管理工作中取得了较好的效果；美国则建立了基于经济利益、安全保障、海洋资源保护等战略基础上，综合全面考核的海洋倾废管理体制；部分经济不发达国家则对海洋环境倾废的管理相对薄弱。国外关于海洋倾废管理的研究，归结起来主要体现在以下几个方面：制定如《联合国海洋法公约》和《1972 伦敦公约》等废弃物倾倒入海的政策；提出本着有利于使用和管理的原则设置倾倒区；对在海上倾倒废弃物的数量对海洋环境的影响进行了评估，并对弃置的倾废物类型进行了讨论。

国内学者对海洋倾废管理也进行了较为广泛的研究。有学者对我国海洋倾废的历史、倾倒区使用以及现行管理现状进行了相关研究，指出针对当前我国的倾废及管理现状，除需要加强倾废管理外，还应当加强内地与港澳台地区的合作，以利用其高新技术，共同进行疏浚物的综合利用和污染土无害化处理技术研究。有学者从法规、技术的角度对海洋倾废管理进行了较系统的研究，阐述了建立海洋倾废法规、实行倾倒许可证制度、追踪废弃物入海后的行为和归宿、监测与评价倾废对海洋环境的污染损害等措施，是控制、减少危险废弃物倾倒入海引起海洋污染的有效措施。还有学者从海洋环境原有功能认识进一步完善的角度，基于机制设计原理提出了海洋环境的信息文化功能，设计出了海洋环境管理的目标体系并针对性提出了有关策略，对海洋环境管理的有关理论进行了深入探讨。部分学者运用可持续发展理论，构造了海洋经济可持续发展理论模型，为制定海洋开发利用政策提供了充分的理论依据。另有学者从海洋倾废执法的视角，剖析了当前我国倾废管理中存在的主要问题，指出当前我国存在着中央与地方各自为政、职能交叉、执法成本高昂、法律法规不健全等管理问题，通过借鉴国外的先进经验，提出了我国海洋环境管理应当加强和完善倾废法律的立法和修订、加强海洋倾废执法队伍建设以及构建海洋倾废管理协调机制等建议。国家海洋有关管理部门以青岛胶州湾外三类疏浚物海洋倾倒区为例，对海洋倾倒区管理进行了探讨，指出应通过严格执行海洋倾废许可证制度、加强海洋倾倒活动的监视、加强海洋倾倒区的监测与控制倾倒量和倾倒频率 4 个方面强化海洋倾废的管理。

本课题组在 2012 年和 2013 年开展的两个项目中，对上海市海洋倾废的管理进行了研究。在前一个项目中，课题组通过对上海市长江口、黄浦江以及内河航道码头疏浚物的采样分析，将疏浚物分为低级、中级和高级生态危害污染疏浚物，并从管理者角度分别有针对性地提出了资源化利用方案。在后一个项目中，课题组从基于疏浚物造成的海底厚度增加和悬浮物浓度增量的角度，对倾倒区的日允许最大倾倒量进行了研究，并指出该最大倾倒量应根据所处时间段的环境背景值进行酌情增减。研究还指出疏浚物倾倒管理中，应当预先进行倾倒区的环境影响评估、制定倾倒区的管理计划以及完善环境监测系统。

目前，国内外学者对海洋倾废的研究主要集中在倾倒区使用现状与管理对策、海区和地方海洋倾废管理、海洋倾废对海洋环境影响等方面，而对疏浚物采样及综合评价方法标准的完善、疏浚物在不同倾倒区同时倾倒的叠加环境影响以及疏浚物在不同倾倒区之间的分配等方面的研究还显不足。

1.3 研究目的和意义

上海海域内目前有 10 个海洋倾倒区（含吹泥站），分别为国务院批准设立的吴淞口北倾倒区，鸭窝沙北倾倒区，长江口 1#、2#和 3#倾倒区；国家海洋局批准设立的长江口深水航道疏浚工程 C1、C2、C3 和 C4 吹泥站；上海金山疏浚物临时海洋倾倒区。其中，吴淞口北倾倒区于 2013 年暂停使用，上海金山疏浚物临时海洋倾倒区于 2014 年到期关闭，而鸭窝沙北倾倒区受周边海洋开发利用现状和水深条件限制，仅作为应急倾倒区使用。因此，上海海域内实际能用的倾倒区为8个（长江口1#至3#倾倒区、金山疏浚物临时倾倒区和C1至C4吹泥站）。上海海域的海洋功能区复杂，分布密集，与倾倒区的距离较近。上海海域拥有崇明东滩鸟类国家级自然保护区、九段沙湿地国家级自然保护区、长江口中华鲟自然保护区和金山三岛海洋生态自然保护区共4个自然保护区，拥有长江口深水航道、北港航道、南漕航道、长江口锚地4个港口航道区以及华绒螯蟹种苗场和刀鲚、凤鲚等重要经济鱼类的洄游通道和重要渔业资源保护地。

近5年来，上海海域的总倾倒量均较大，年平均倾倒量约为5 800万 m^3，其中2013年为7 074万 m^3，占东海区年倾倒量的72%，占全国年倾倒量的44%。据不完全统计，上海市2013年源自于航道疏浚工程所产生的疏浚物总量约为1亿 m^3，远远超出了长江口现有倾倒区的承受能力。大部分倾倒区入海环境负荷污染物（主要包括泥沙、营养盐、重金属、COD和石油类）的累计增加导致倾倒区海域水质恶化、海洋生态系统失衡等海洋生态环境问题，同时疏浚物的大量倾倒对倾倒区海域底部地形会逐渐造成影响，从而影响航道的正常使用。单一倾倒区的倾废会对上海海域海洋生态环境产生客观的影响，由于潮流潮汐等因素的影响，废弃物在不同倾倒区之间迁移，多个倾倒区同时倾倒疏浚物将产生叠加影响。尤其是相邻的倾倒区在同时倾倒过程中，废弃物中的泥沙颗粒物及化学污染物将相互复合与叠加，其对倾倒区及周边海域将产生复合影响。研究倾倒区群对海洋生态环境的叠加影响，已成为今后在该海域选划和持续使用海洋倾倒区、保护区域海洋生态环境、保证沿海经济和社会可持续发展的当务之急。

上海海域的疏浚物主要来源于各类型港口、码头以及航道疏浚工程，其所含污染物种类较多。而我国现行的疏浚物采样、分析和分类评价的技术标准，难以满足实际倾废管理过程中越来越高的要求。规范标准等相对不足，主要表现在：① 现有疏浚物相关采样技术标准不能完全适应实际倾废管理需求。在实际倾废管理工作中，根据采样点及倾废的不同管理要求，需要按实际情况去分配采样站位并采取科学的采样方式。而这些在规范、标准中未有明确要求，难以规范指导实际工作；② 疏浚物的分类筛分标准并不适应目前上海市疏浚物的实际现状。近年来，在实际工作中，往往出现同一个疏浚区域的不同采样点中疏浚物的分类评价结果不一致的现象，多个采样点中个别站位为沾污疏浚物，其余大部分为清洁疏浚物，采用目前的评价方法，无法评判出现上述状况下对整个疏浚区域疏浚物的综合理化性质。因此，需要针对同一疏浚区域内出现不同筛分水平结果的疏浚物，制定一套科学合理的疏浚物综合评估方法；

③ 现有的疏浚物筛分标准中，检测指标并不能完全反映上海市疏浚物的污染特征。现有的疏浚物筛分标准，仅对重金属（铜、铅、锌、铬、镉、汞、砷）、油类、农残（六六六、DDT）、硫化物、有机碳、pH 和相关物理性质指标（粒度、含水率、相对密度）的筛分水平做出规定，但对于一些化工码头等污染等级相对较高的疏浚区域，缺乏针对性的检测指标，而这类疏浚物中可能含有的有机污染物往往对海洋环境具有更高的污染风险。针对这类疏浚物，有必要开展疏浚物的有机污染物定性、定量排查，并依据其可能产生的环境危害，确定科学合理的筛分标准，改善现有的疏浚物理化性质筛分标准中存在的缺陷。

本书的研究总体目的为在广泛收集资料和补充调查的基础上，对上海海域倾倒区环境现状进行评价，并对疏浚物的来源工程进行梳理和归类，通过研究制定出上海海域的地方性疏浚物分类评价标准、上海市地方特色的疏浚物采样和评价技术标准等相关制度，并建立入海疏浚物总量控制方案，突破和解决现有技术标准中存在的问题，科学有效地提高海洋倾废的管理技术能力，提高海洋倾废审批效能、监督效能和管理效能。

1.4 技术路线

总技术路线见图 1-4。

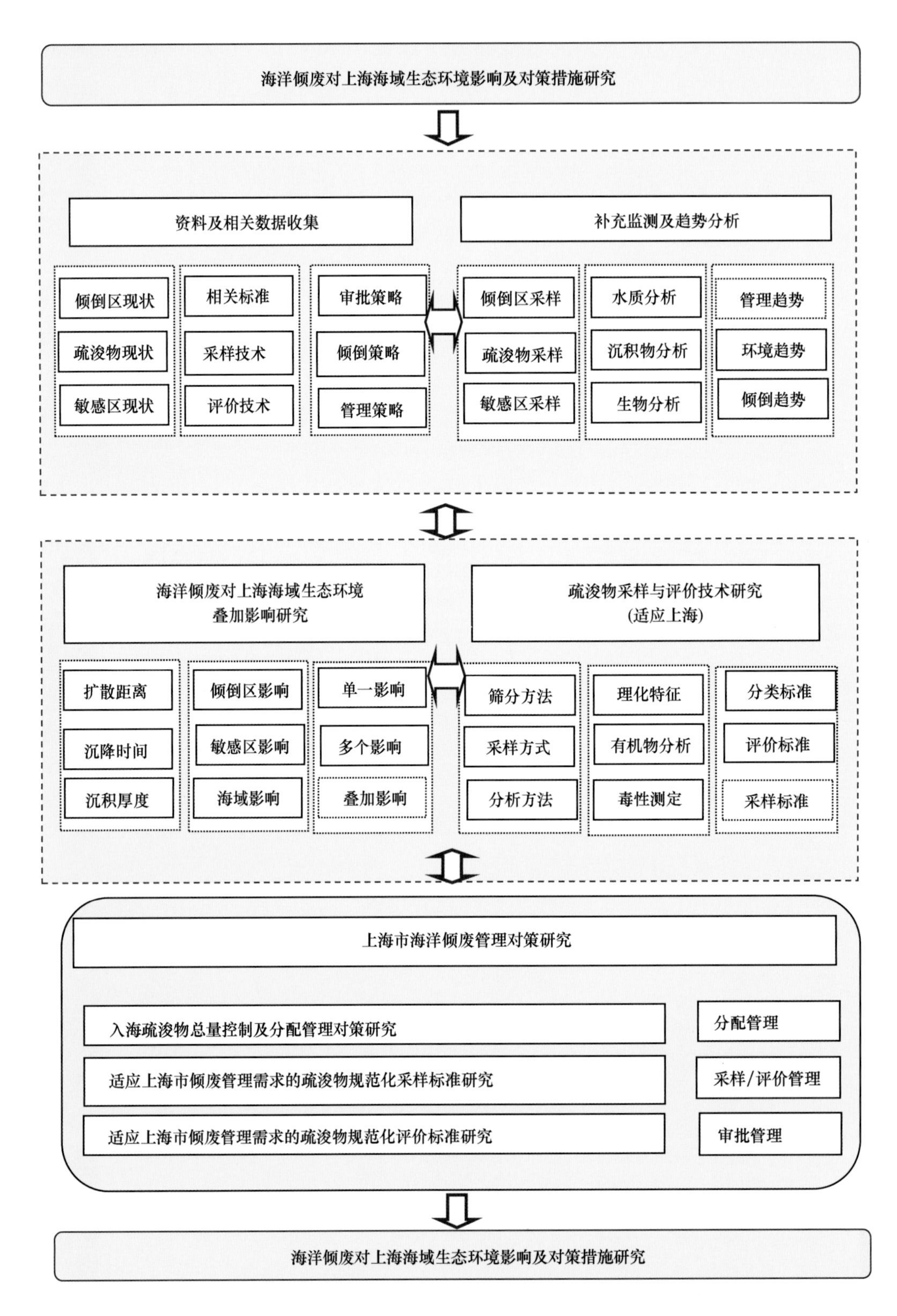
海洋倾废对上海海域生态环境影响及对策措施研究
资料及相关数据收集
补充监测及趋势分析
倾倒区现状
疏浚物现状
敏感区现状
相关标准
采样技术
评价技术
审批策略
倾倒策略
管理策略
倾倒区采样
疏浚物采样
敏感区采样
水质分析
沉积物分析
生物分析
管理趋势
环境趋势
倾倒趋势
海洋倾废对上海海域生态环境
叠加影响研究
疏浚物采样与评价技术研究
(适应上海)
扩散距离
沉降时间
沉积厚度
倾倒区影响
敏感区影响
海域影响
单一影响
多个影响
叠加影响
筛分方法
采样方式
分析方法
理化特征
有机物分析
毒性测定
分类标准
评价标准
采样标准
上海市海洋倾废管理对策研究
入海疏浚物总量控制及分配管理对策研究
适应上海市倾废管理需求的疏浚物规范化采样标准研究
适应上海市倾废管理需求的疏浚物规范化评价标准研究
分配管理
采样/评价管理
审批管理
海洋倾废对上海海域生态环境影响及对策措施研究

图 1-4　总技术路线

第2章 上海市疏浚物及海域生态环境

2.1 上海市疏浚物的来源

上海是我国沿海的黄金海岸和长江黄金水道的“T”型节点，是“长三角”沿海经济区的中心。随着上海市沿江、沿海新港区的建设和新的临海工业兴起，位于长江口和杭州湾北部的上海沿海经济带已初步形成，海洋开发逐步成为21世纪上海发展的重点。目前，上海海洋倾倒疏浚物主要来源于吴淞口码头上下游疏浚区、黄浦江疏浚区、深水航道与码头前沿之间区域的疏浚区、深水航道疏浚区、长江口三期上游延伸段、芦潮港港区、南槽航道附近以及北港航道附近等区域。

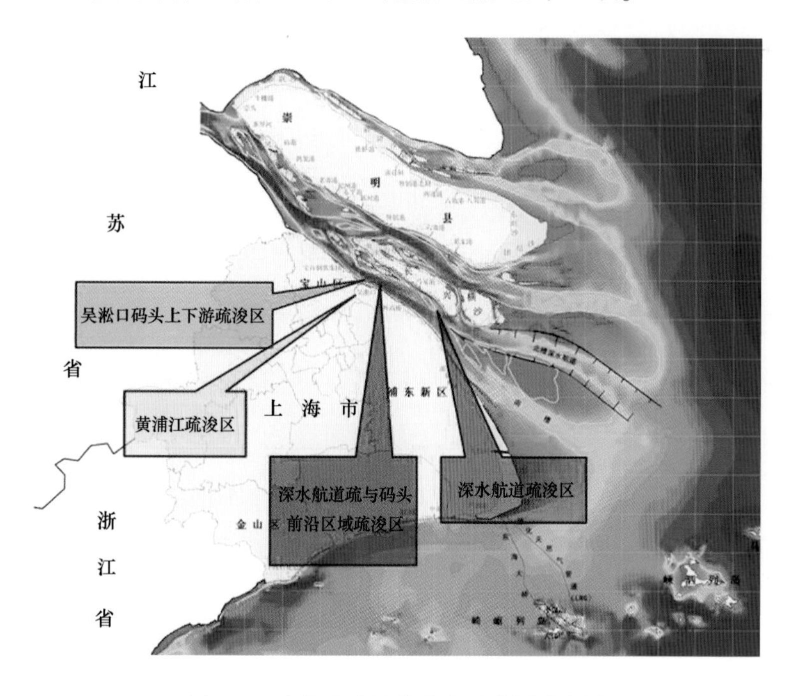

图2-1 上海市疏浚物的主要来源示意图

为探究倾倒入海疏浚物的理化生性质，课题组选取上海区域内疏浚倾倒量较大、具有代表性的黄浦江码头、长江口码头和内河航道作为疏浚物采样区域。利用抓斗式采样器、采样袋和塑料桶，采集疏浚物样品进行物理性质、化学成分、毒性以及养分等指标的分析。

2.2 上海市疏浚物的理化特征

2012年，课题组通过对上海市长江口、黄浦江以及内河航道码头疏浚物的采样分析，将疏浚物分为低级、中级和高级生态危害污染疏浚物，并从管理者角度分别有针对性地提出了资源化利用方案。

2.2.1 疏浚物的物理性质

2.2.1.1 疏浚物的pH值

疏浚物pH值的高低，不仅会改变重金属等物质的溶出性，倾倒入海后还会对水体底栖生物产生影响。若将疏浚物作为回填土种植植物，其pH的不同还可能对土壤肥力的释放产生作用，从而影响植物的生长。一般，按照pH值不同，将其划分为以下几级：pH值小于4.5为强酸性，pH值介于4.5~5.5之间为酸性，pH值介于5.5~6.5之间为弱酸性，pH值在6.5~7.5之间为中性，pH值介于7.5~8.0之间为弱碱性，pH值介于8.0~8.5之间为碱性，pH值大于8.5为强碱性。

上海黄浦江码头、长江口码头和内河航道的疏浚物的pH值分析结果如图2-2所示。从图中可以看出上海市疏浚物pH属于中性偏碱性，疏浚物pH总平均值为7.18。其中，pH值在6.5~7.5之间的占84%，pH值处于5.5~6.5、7.5~8.0、8.0~8.5范围之间的分别占4%、8%、4%。黄浦江码头疏浚物pH值为偏弱酸性，大多数处于6.5~7.0之间。长江口疏浚物的pH值主要介于7.0~7.5之间，内河航道疏浚物pH值也均略高于7.0 。

2.2.1.2 疏浚物的含水率

疏浚物的含水率是指疏浚物中所含水分的质量与疏浚物总质量之比的百分数，水的存在形式一般有空隙水、毛细水、表面吸附水和内部结合水。其中空隙水指颗粒间

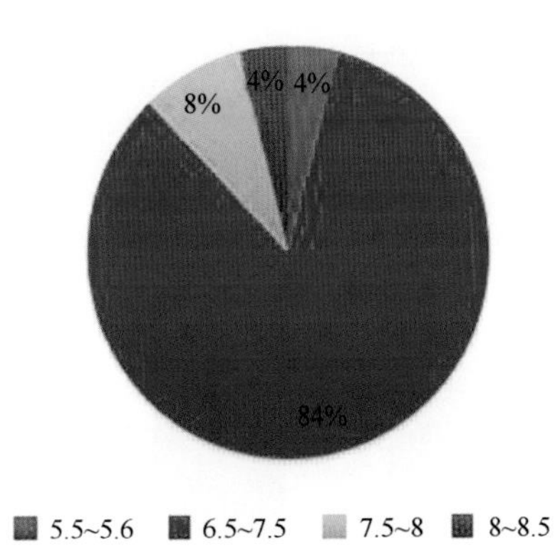

图 2-2　疏浚物的 pH 值占比

隙中的游离水，毛细水为在高度密集的细小底泥颗粒周围的水，表面吸附水是在底泥颗粒表面附着的水分，内部结合水则是底泥颗粒内部结合的水分。疏浚物一般具有含水率较高的特点，不同粒径的疏浚物，其含水率也会有所差别。所采集疏浚物的含水率分析结果如图 2-3 所示，从图中可以看出，黄浦江码头、长江口码头以及内河航道疏浚物的含水率较为接近，其疏浚物含水率平均值介于 40%~50%之间。

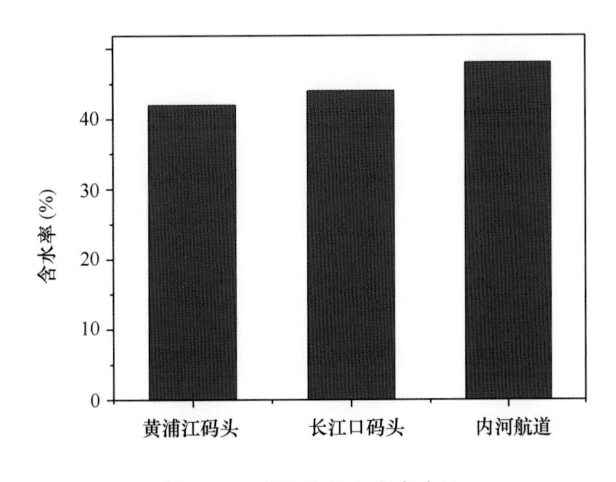

图 2-3　疏浚物的含水率占比

2.2.1.3　疏浚物的湿密度

疏浚物的湿密度是一项反映疏浚物松紧程度的重要指标，所采集的疏浚物湿密度分析结果如图 2-4 所示。上海市疏浚物的湿密度大多数介于 1.5~2.0 g/cm^3 之间，总体上 3 个区域的湿密度按照大小呈现长江口码头>黄浦江码头>内河航道的规律。

2.2.1.4　疏浚物的粒径分布

按照粒径大小，对疏浚物有不同的划分方法。本次采用以下标准：砂粒

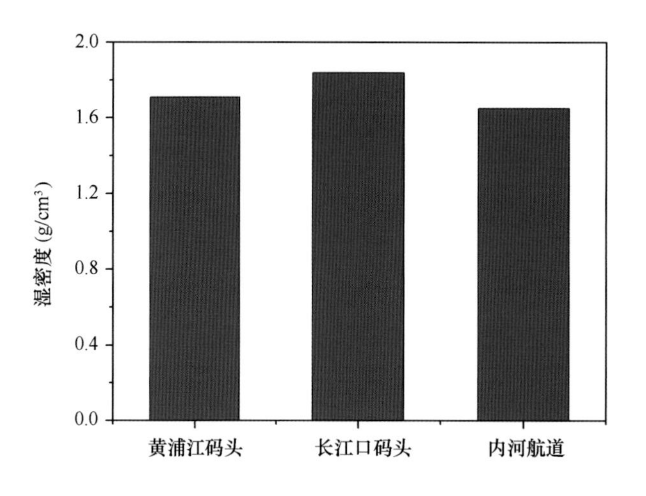

图 2-4　疏浚物的湿密度情况

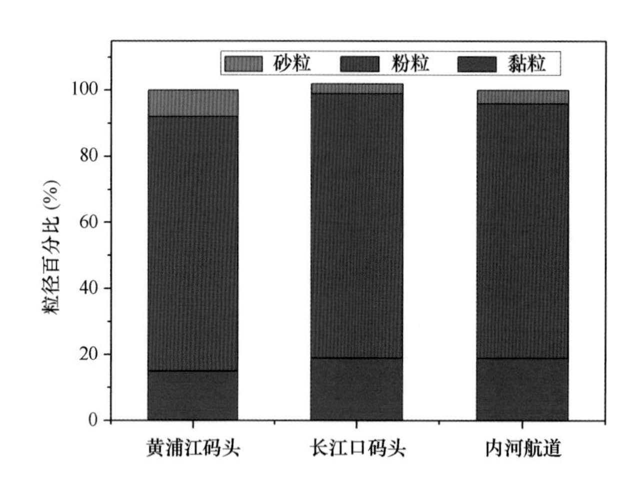

图 2-5　疏浚物的粒径分布占比

(>63 μm)、粉粒（4~63 μm）和黏粒（<4 μm）。黄浦江码头、长江口码头和内河航道的疏浚物样品的粒径分布如图 2-5 所示。从图中可以看出，采集的疏浚物绝大部分为粉粒，占总体样品的 70%~80%。其次为黏粒（占 15%~20%），而砂粒仅占 5%左右。黄浦江码头、长江码头、内河航道的粒径分布差异不大，黄浦江码头黏粒、粉粒、砂粒的平均组分分别为 16. 70%、77. 89%、5. 41%；长江码头黏粒、粉粒、砂粒的平均组分分别为 22. 31%、75. 23%、2. 46%；内河航道黏粒、粉粒、砂粒的平均组分分别为 21. 02%、75. 43%、3. 55%。黏粒的分布为长江口码头>内河航道>黄浦江码头；粉粒的分布为黄浦江码头>内河航道>长江口码头；砂粒的分布为黄浦江码头>内河航道>长江口码头。

2.2.2 疏浚物的化学成分

黄浦江码头、长江口码头以及内河航道疏浚物的化学成分含量情况分别如图 2-6 所示。由图可以看出，各疏浚物样品中测出的化学成分多少按顺序排列总体上依次为：SiO_2>Al_2O_3>Fe_2O_3>CaO>MgO>K_2O>Na_2O。黄浦江码头与长江口码头疏浚物内 SiO_2 含量接近（57%左右），明显高于内河航道（48.75%）。其中，黄浦江码头疏浚物 Fe_2O_3 和 MgO 含量较高，分别为 3.31%和 10.62%，而 K_2O、Na_2O、CaO 和 Al_2O_3 含量最低，分别为 0.66%、0.047%、2.9%和 10.62%；内河航道中 Al_2O_3 和 K_2O 含量较高，分别为 17.14%和 1.57%，而 Fe_2O_3 和 MgO 含量最低，分别为 48.75%、7.36%和 2%；长江口 Na_2O、CaO 和 SiO_2 含量最高，分别为 0.94%、3.64%和 56.09%。

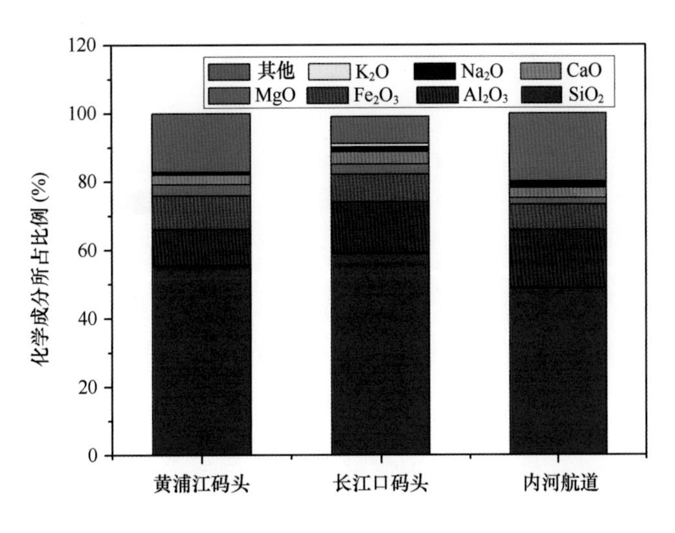

图 2-6 疏浚物的化学成分组成占比

2.2.3 疏浚物的毒性特征

重金属为具有积累毒性的物质，其能够在疏浚物中累积，亦能够从疏浚物释放到周围水体中。根据我国《疏浚物海洋倾倒分类与评价程序》，按照疏浚物中重金属以及油类的浓度高低，将疏浚物分为清洁疏浚物、沾污疏浚物和污染疏浚物。对所采集的疏浚物，选取必测项目中 Pb、Cu、Cr、Zn、Cd、As、Hg、油类等进行分析，结果如表 2-1 所示。从表中可以看出，仅有内河航道的 Cu 指标超过疏浚物分类标准下限值，但远低于其上限值，为沾污疏浚物，其余疏浚物均为清洁疏浚物。在 3 个采样区域中，各重金属含量以及油类含量均较低。其中，黄浦江码头疏浚物中 Pb、油类含量相对比较高，长江码头前沿中 Cr、As 含量比较高，而内河航道疏浚物中 Hg、Cd 的含量相对比较高。

表 2-1　疏浚物中的重金属含量（平均值）

单位：$\times10^{-6}$

	Zn	Cu	Hg	Cr	Pb	As	Cd	有机油
黄浦江码头	90.71	52.7	0.046	52.66	3.17	4.48	0.3	151.3
长江口码头	87.95	48.3	0.082	57.24	29.22	9.11	0.18	98.76
内河航道	96.75	59.7	0.15	43.52	18.46	6.43	0.52	47.53
下限值	200	50	0.3	80	75	20	0.8	500

2.2.4　疏浚物的养分特征

1）总氮

黄浦江码头、长江口码头以及内河航道疏浚物中总氮含量分析结果如图 2-7 所示。由图可以看出，内河航道疏浚物的总氮含量为 3.83 g/kg，约为黄浦江与长江口码头中浓度的 2 倍。在所有疏浚物样品中，有 90.5%的样品氮含量超过 1 g/kg，黄浦江码头、长江口码头、内河航道总氮含量超过 1 g/kg 的疏浚物样品分别占 88.9%、87.5%和 100%。相关研究显示，我国耕种土中的总氮含量一般在 1~2 g/kg。若疏浚物作为回填土用于绿化土，氮素作为植物营养元素，能够参与植物的多种生化过程。

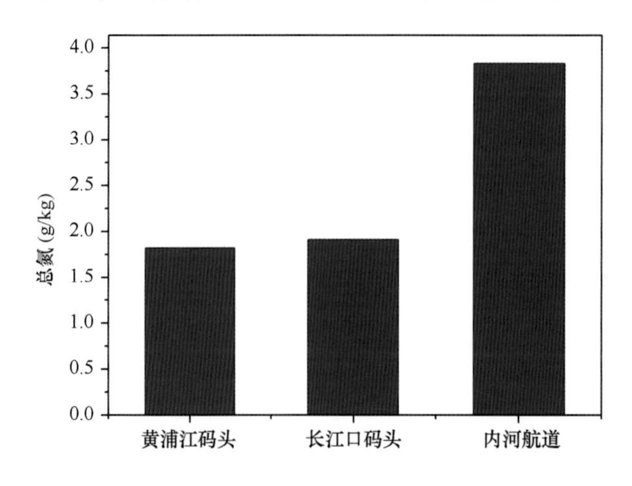

图 2-7　上海市疏浚物中的总氮含量

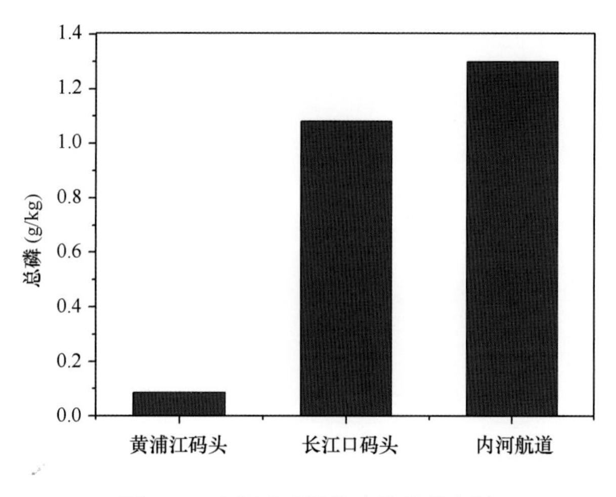

图 2-8 上海市疏浚物中的总磷含量

2）总磷

各疏浚物样品中总磷含量分析结果如图 2-8 所示。由图可以看出，疏浚物中总磷的分布规律表现为内河航道>长江码头>黄浦江码头，内河航道中总磷的含量约为黄浦江码头的 13 倍。其中黄浦江码头总磷含量均小于 0.1 g/kg，长江口码头和内河航道疏浚物中总磷含量分别为 1.08 g/kg、1.30 g/kg，总磷含量超过 0.4 g/kg 的疏浚物样品分别占据 87.5%和 100%。据相关报道，磷为植物生长的主要营养物质，我国土壤总磷含量一般为 0.4~2.5 g/kg。采集疏浚物全部样品中，总磷的含量超过 0.4 g/kg 占 52%。

3）全钾

钾是植物需要的大量元素之一，土壤中的钾按对植物的有效性可以分为速效钾、缓效钾和无效钾。其中速效钾容易被植物吸收，缓效钾不易被植物吸收，当速效钾降低到极低值后，缓效钾便会释放转化为速效钾以供作物吸收。各疏浚物样品中全钾含量分析结果如图 2-9 所示。由图可见，与总磷含量类似，长江口码头和内河航道疏浚物中的全钾含量明显高于黄浦江码头疏浚物中的含量。其中黄浦江码头疏浚物中全钾含量为 5.19 g/kg，长江口码头和内河航道疏浚物全钾含量超过 15 g/kg 的样品分别占 37.5%和 50%。

4）碳酸盐

各疏浚物样品中碳酸盐含量分析结果如图 2-10 所示。由图可以看出，碳酸盐含量以黄浦江码头疏浚物中的最高，长江口码头次之，内河航道最低。在疏浚物样品中，有 66.7%的疏浚物样品碳酸盐含量超过了 10%。其中黄浦江码头、长江口码头和

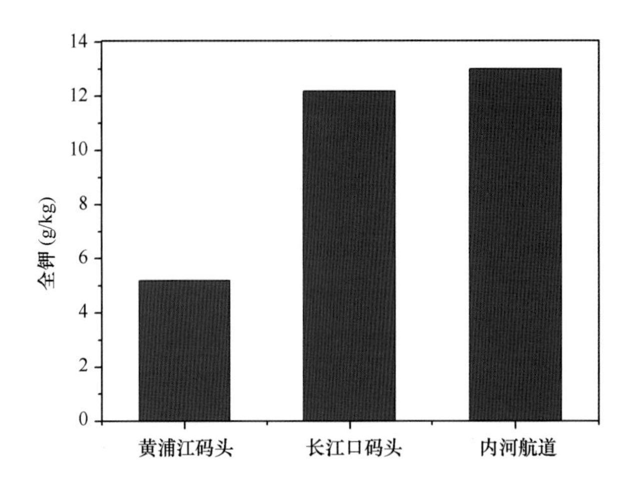

图 2-9　疏浚物中的全钾含量

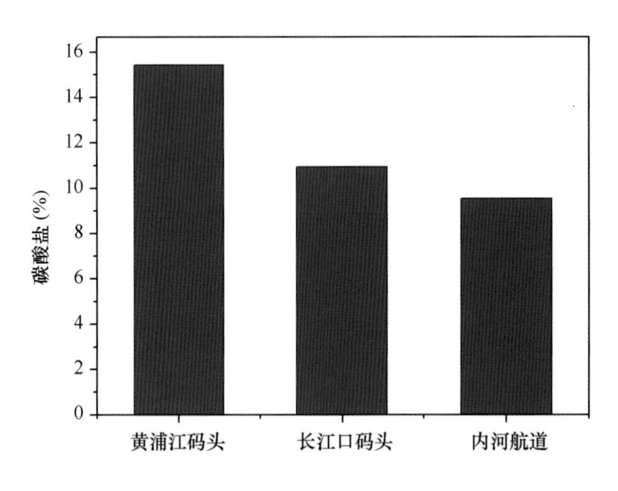

图 2-10　疏浚物中的碳酸盐含量

内河航道疏浚物样品中碳酸盐含量超过 10%的比例分别为 88.9%、75%和 50%。若疏浚物用于绿化用回填土，碳酸盐含量是土壤性质的一个重要指标。土壤中碳酸盐含量多少直接影响土壤团粒的形成和土壤发育以及土壤养分的存在形态和有效性，反映了土壤的环境质量。

5）氯离子

黄浦江码头、长江口码头以及内河航道疏浚物中氯离子含量分析结果如图 2-11 所示。由图可以看出，黄浦江码头、长江口码头与内河航道疏浚物氯离子的平均含量分别为 16.09 g/kg、20.79 g/kg 和 29.3 g/kg，表现为黄浦江码头<长江口码头<内河航道。相关研究指出，使用农家肥为主的农田土壤中氯离子含量变幅在 0.02~0.06 g/kg，土壤中氯离子含量的标准一般植物含氯 0.1~1g/kg 即可满足正常生长需要，含量过高会抑制植物的生长。若疏浚物作为农田土壤，采集的疏浚物中氯离子含

量均超过了 1 g/kg。

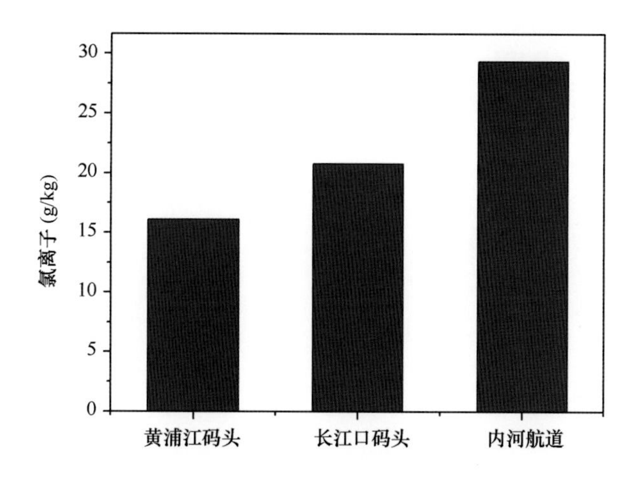

图 2-11 疏浚物中的氯离子含量

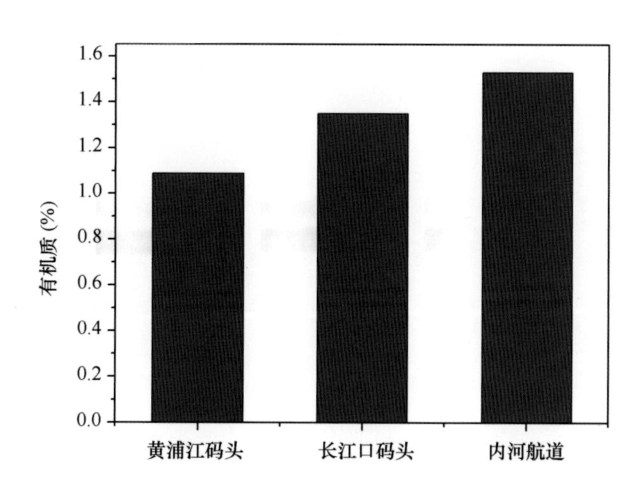

图 2-12 疏浚物中的有机质含量

6）有机质

黄浦江码头、长江口码头以及内河航道疏浚物中有机质含量分析结果如图 2-12 所示。由图可以看出，黄浦江码头、长江口码头与内河航道疏浚物有机质的含量分别为1.09%、1.35%和1.53%，表现为黄浦江码头<长江口码头<内河航道。若疏浚物作为土壤回填土资源化使用，有机质是土壤中各种营养元素特别是氮磷的重要来源。由于它具有胶体性质，能吸附较多的阳离子，因而使土壤具有保肥力和缓冲性，它还能使土壤疏松和形成结构，从而改善土壤的物理性质。

2.3 倾倒区地理位置

长江口各倾倒区处于盐水入侵界、涨落潮流优势转换界以及河流泥沙向海扩散形成的水下三角洲的外边界之间（图2-13），受河流与海洋相互作用较为明显。长江口是典型的分汊河口，呈三级分汊、四口入海格局：徐六泾以下，长江被崇明岛分为南支和北支，继而南支被长兴岛分为南港和北港，最后南港又被九段沙分为南槽和北槽。由于北支淤塞，近几十年来95%以上的长江来水来沙经由南支系统入海。长江口水面辽阔，流域来水来沙丰富，进潮量巨大，河口段水流分汊，河口环境十分复杂，河床冲淤多变。

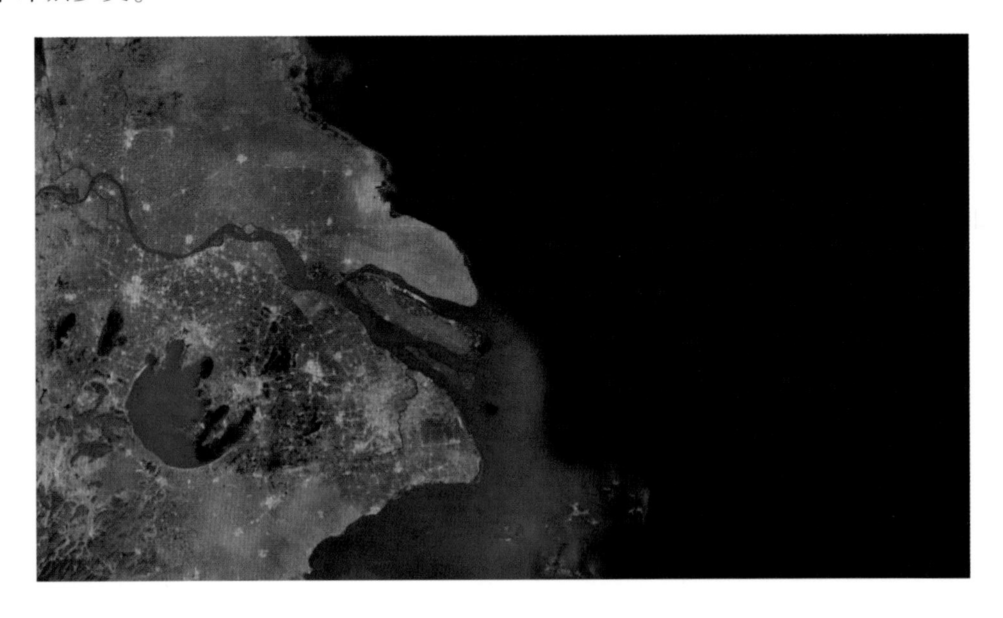

图2-13 长江口地理位置

杭州湾位于中国浙江省东北部。有钱塘江注入，是一个喇叭形海湾。湾口宽约95 km，海宁一带仅宽3 km，面积约5 200 km^2。自乍浦至仓前，七堡至闻家堰一带水下形成巨大的沙坎（洲），长130 km，宽约27 km，厚约20 m。北侧金山卫至乍浦之间的沿岸海底有一巨大的冲刷槽，最深约40 m。湾底的地貌形态和海湾的喇叭形特征，使这里常出现涌潮或暴涨潮。杭州湾以海宁潮（钱塘潮）著称，是中国沿海潮差最大的海湾，历史上最大潮差曾达8.93 m（澉浦）。湾外为舟山群岛。湾底形态自湾口至乍浦地势平坦；从乍浦起，以0.1‰~2‰的坡度向西抬升，在钱塘江河口段形成巨大的沙坎。杭州湾北岸为长江三角洲南缘，沿岸深槽发育；南岸为宁绍平原，沿岸滩地宽广。杭州湾的形成与长江三角洲的伸展和宁绍平原成陆密切相关。泥沙以海域来沙为主，其中长江来沙对杭州湾的形成起着重要作用。物质以颗粒匀细的细粉砂为主，极为松散，抗冲能力小。

长江口区季风盛行，风向有明显的季节变化，月平均风速以冬春二季各月较大，最大风速大多发生在夏季台风期。长江口区的常风向为 SE—SEE，强风向为 NNE、NE。长江口海域的波浪以风浪为主，波向频率与风向频率基本一致，季节性变化也很显著。波浪自口外向口内传播过程中，因受地形的影响，波高逐渐衰减，波周期变短。

长江径流丰沛，径流的年内分配具有明显的季节性，每年 5—10 月为洪季，平均下泄量为 40 000 m^3/s；11 月至翌年的 4 月为枯季，平均下泄量为 18 000 m^3/s；洪季下泄量占全年的 71.7%。据大通水文站统计资料，多年年平均流量为 29 500 m^3/s，多年平均洪峰流量为 56 200 m^3/s；最大洪峰流量为 92 600 m^3/s，最小流量为 4 620 m^3/s，径流量最大变幅达 20 倍；最大年平均流量为 43 100 m^3/s，最小年平均流量为19 700 m^3/s，年内变幅一般在 7 倍左右；年平均径流总量为 9 240 亿 m^3。

北支上口不断淤浅，进入的淡水径流量逐渐减少，1971 年甚至出现过负值，即在大潮时有相当多的潮量通过北支上口倒灌入南支。作为长江径流主泄流通道的南支，其下段南、北港，南、北槽的径流量分配比较接近。北港径流分配变化在 36.6%~65.3%之间，南港径流量分配变化在 34.7%~63.4%之间。1958 年后，北港的分流量大于南港；南槽径流分配变化在 35.8%~67.6%之间，北槽的径流分配在 32.4%~64.2%之间。1965 年以后，北槽的分流量大于南槽。由于南、北港，南、北槽的径流分配较为接近，从而使它们的主次关系易于更迭。

长江口的潮汐主要由太平洋传来的潮波所引起，属非正规浅海半日潮型，而长江口外为正规半日潮，中等强度。河口区的潮波受东海前进波系统的影响，是以前进波为主的混合潮波，一个太阳日内各有两次高潮和低潮，两次高潮的潮高不等，潮差不等，涨潮时和落潮时也不等，涨潮时历时 4~6 h，落潮时历时 6~8 h，自河口向里涨潮历时逐渐缩短，落潮历时延长。潮波由河口上溯，受河床抬升的影响，潮位越往上游越高，同时受地形及径流下泄阻力等影响，能量逐渐削弱，潮波逐渐变形，波前变陡，波后变缓，导致潮差和潮时沿程发生变化，同时潮位与潮流过程线也存在一定的相位差。口门附近中浚站最大潮差为 4.62 m，最小潮差为 0.17 m，多年平均潮差为 2.66 m，潮差最大变幅达 28 倍，月内最大变幅在 10 倍左右。长江河口的潮差，潮位具有自河口向上沿程减弱的特点，涨潮历时向上游缩短，而落潮历时则增长。由于科氏力等因素作用，北岸潮差要比南岸大。长江口潮流在横沙岛以上有固定边界的河段内为往复流，且落潮流速一般大于涨潮流速，在口外海域逐渐向旋转流过渡，旋转方向为顺时针方向。其中，北槽的上端仍以往复流为主，而下段则旋转流性质增强。

潮汐是影响长江口泥沙输运的主要因素。长江口是部分混合型的河口，发达的潮混合和充沛的径流输入，两者相互作用，使河口地区的盐度有时呈垂直均匀状态，有时呈层化状态。长江口各河段含沙量分布受上游径流和潮汐往返运动，以及各河段地形、叉口分流、盐淡水混合等多种因素的作用，总体上悬浮物浓度分布是西高东低，在 122.5°E 以东海域悬浮物浓度显著降低，而向西在长江口拦门沙一带悬浮物浓度较高。长江口悬沙属于细颗粒范畴，悬沙颗粒组成主要在 0.001 2~0.05 mm 之间。

长江口外海海水经由北支、北港、北槽向上入侵，由于各汊道的三级形态和径流潮汐特征的不同，使长江口的盐水入侵形式趋于复杂。对北港、南槽和北槽而言，盐淡水混合基本属于缓混合型，而混合强度的大小依次为南槽、北槽和北港。但随洪枯季和大小潮的变化，可使同一汊道在不同时期出现不同的混合类型。如南槽在枯季大潮出现垂直均匀的强混合型现象，而在洪季小潮则会出现高度分层的弱混合型现象。一般而言，口门内最大盐水入侵出现在近落潮中潮位时刻，口外盐度最大值出现在近高潮位时刻，最小值出现在近低潮位时刻，盐度过程线与潮位过程线的相位基本一致。

2.4 倾倒区及邻近海域水质环境质量现状及变化趋势分析

根据国家海洋局东海环境监测中心自 2005 年至 2014 年期间在长江口附近海域 35 个监测点监测数据（见图 2-14），取各年数据平均值进行分析研究。监测内容涵盖水环境中的无机氮、活性磷酸盐、硅酸盐等营养指标，COM_{Mn}、重金属（Cu、Pb、Cd、Hg）等污染指标以及浮游植物、浮游动物等生物指标。为分析长江口临近海域生态环境的空间变化趋势，以 2014 年 5 月、8 月和 11 月期间国家海洋局东海环境监测中心提供的监测数据进行分析。

1）无机氮

我国现行《海水水质标准》中，一类、二类、三类、四类水质标准中无机氮的标准值分别为 0.2 mg/L、0.3 mg/L、0.4 mg/L、0.5 mg/L。2005 年至 2014 年期间，

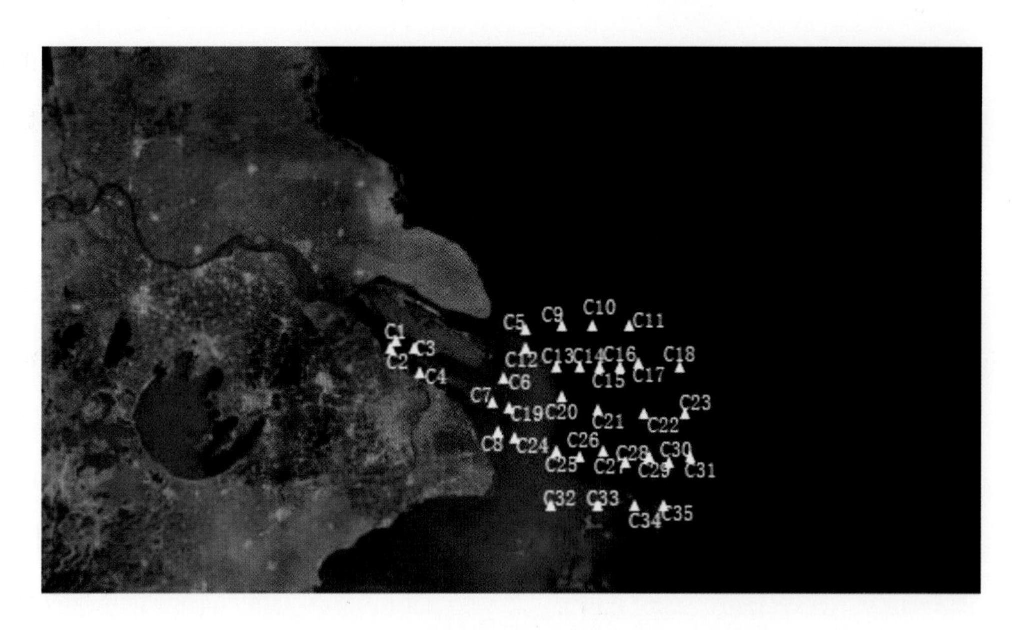

图 2-14 长江口及其临近海域监测站点分布示意图

长江口及其临近海域范围内无机氮年均变化趋势如图 2-15 所示。从图中可以看出，近 10 年来无机氮总体上呈现一定的波动趋势。在 2006 年，浓度由 2005 年的 1.24 mg/L下降到 0.97 mg/L。2007 年至 2010 年处于相对稳定期，维持在相对较高浓度（1.4 mg/L）。随后在 2011 年下降到一极低值（0.93 mg/L）后，并于 2013 年恢复到浓度骤升前水平，处于相对平缓的波动，处于四类海水水质标准。

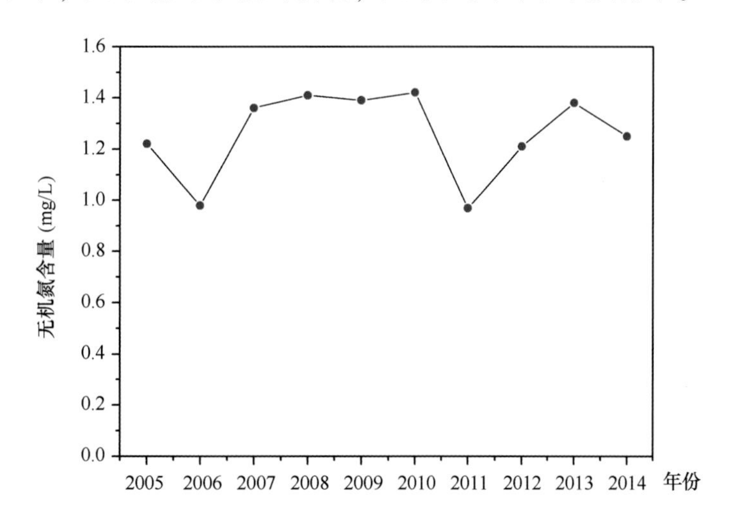

图 2-15 2005—2014 年期间无机氮含量时间变化趋势

2014 年 5 月、8 月和 11 月监测期间，长江口临近海域水体中无机氮的平均含量分别为 1.924 mg/L、1.308 mg/L 和 1.177 mg/L。在空间变化趋势上，各月无机氮的浓度表现为（图 2-16）：5 月，无机氮的含量总体表现为自西南侧近岸向东北侧远岸逐渐降低的分布，南港近岸较高（尤其是长兴岛西南侧附近），长江口 2#倾倒区附近也存在一个相对较高值区；8 月表现为长江口内西南侧近岸向东北侧远岸处逐渐降低的分布，南槽近岸（九段沙西南侧）较高；11 月，无机氮的含量表现为自长江口内向长江口外逐渐降低的分布，1#倾倒区含量最高，3#倾倒区相对较低。

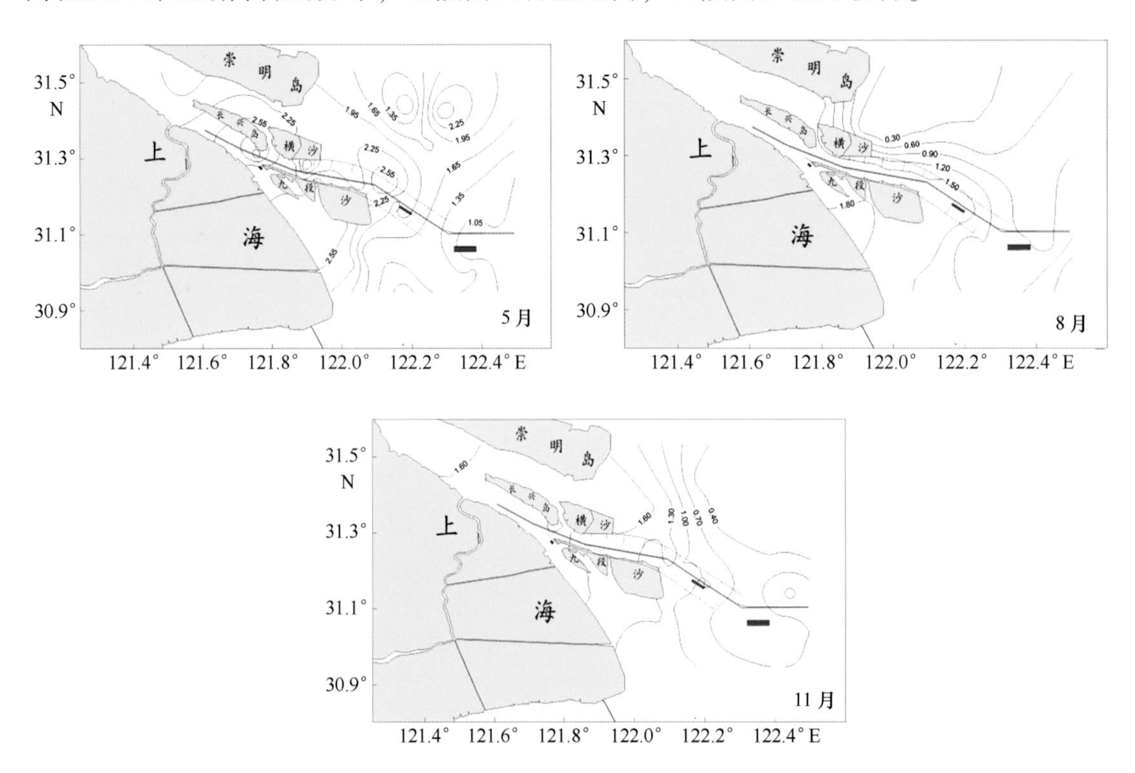

图 2-16　长江口海域无机氮含量空间变化趋势

2）活性磷酸盐

我国现行《海水水质标准》中，活性磷酸盐的一类、二类、三类、四类水质标准值分别为 0.015 mg/L、0.03 mg/L、0.03 mg/L、0.045 mg/L。图 2-17 为 2005—2014 年长江口及其临近海域范围内活性磷酸盐年均变化趋势状况。从图中可以看出，其总体呈上升趋势，浓度变化范围为 0.04~0.058 mg/L。2005—2007 年，活性磷酸盐含量较为稳定，在 0.04 mg/L 之间。从 2008 年开始缓慢上升，并于 2008—2013 年间处于相对较高的水平（0.057 mg/L）。2004—2014 年这 10 年期间，活性磷酸盐的平均浓度为 0.045 mg/L，处于四类海水水质标准，比上一个 10 年平均浓度升高了近 1 倍。

2014 年 5 月、8 月和 11 月监测期间，长江口临近海域水体中活性磷酸盐的含量介于 0.023~0.187 mg/L、0.004~0.069 mg/L 和 0.021~0.071 mg/L 之间，平均含量分别为 0.065 mg/L、0.035 mg/L 和 0.049 mg/L。监测海域水体中活性磷酸盐含量在

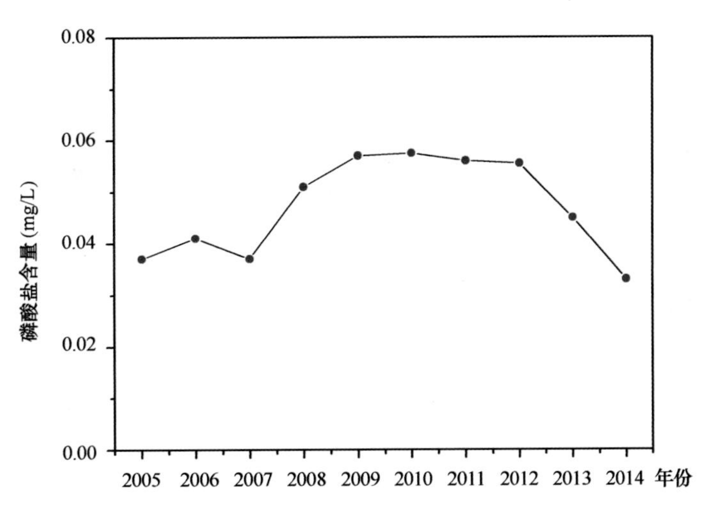

图 2-17 2005—2014 年期间活性磷酸盐含量变化趋势

空间分布上表现为（图 2-18）：5 月，长江口内活性磷酸盐的含量高于长江口外，且南港近岸略高于北港，在长兴岛西南侧近岸和九段沙东侧的航道附近浓度较高；8 月，活性磷酸盐的含量基本表现为由长江口西南侧近岸向东北侧远岸逐渐降低的趋势，南槽近岸浓度最高；11 月，活性磷酸盐的含量基本表现为由长江口内及西南侧近岸向长江口外逐渐降低的分布，且 1#倾倒区>2#倾倒区>3#倾倒区。

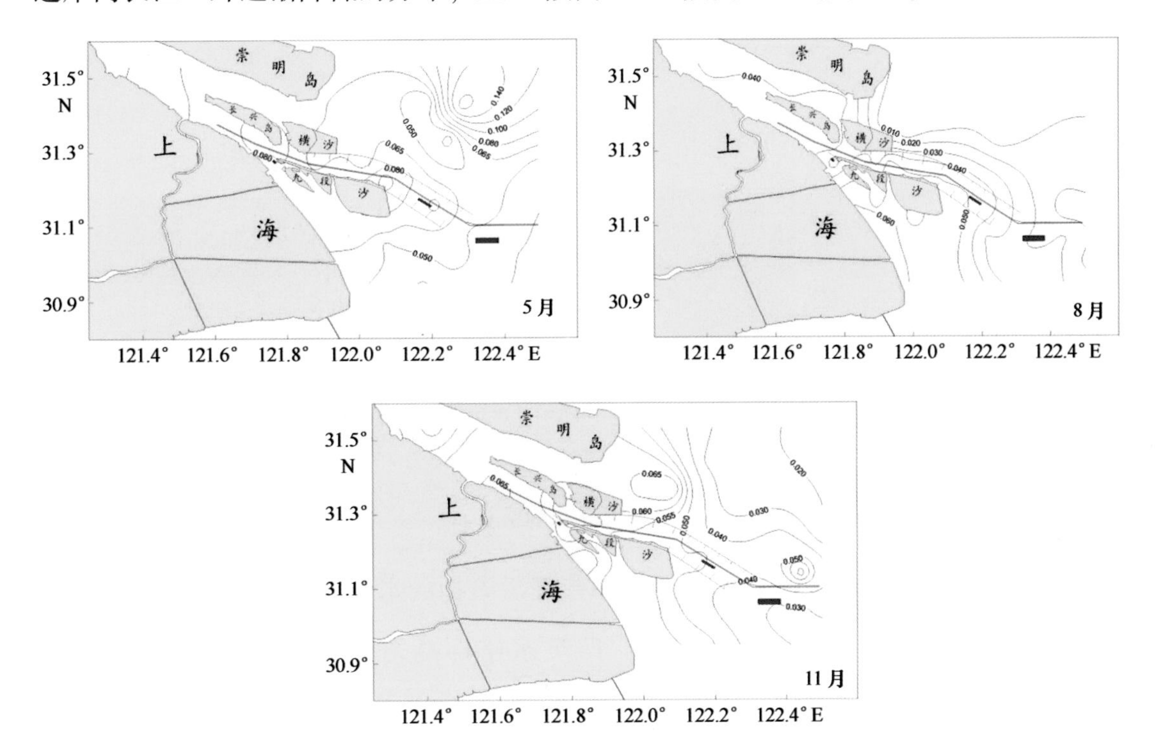

图 2-18 长江口海域活性磷酸盐含量空间变化趋势

3）悬浮物

2014 年 5 月、8 月和 11 月监测期间，长江口邻近海域水体中悬浮物的变化范围分别为 20～448 mg/L、8～1 114 mg/L 和 12～1 752 mg/L，其平均含量分别为 96 mg/L、191 mg/L 和 159 mg/L。监测海域水体中悬浮物含量的空间分布趋势如图 2-19 所示：5 月，水体中悬浮物含量总体上表现为长江口内高于长江口外，横沙岛东北侧水域中悬浮物浓度最高；8 月，长江口外总体上高于长江口内，3#倾倒区附近以及航道中上段外北侧及航道外南侧九段沙附近悬浮物浓度相对较高，而长江口内水体中的悬浮物含量相对较低；11 月，长江口外悬浮物浓度高于长江口内的分布，北港外东侧海域和长江口航道外南侧海域含量较高，且 2#倾倒区>3#倾倒区>1#倾倒区。

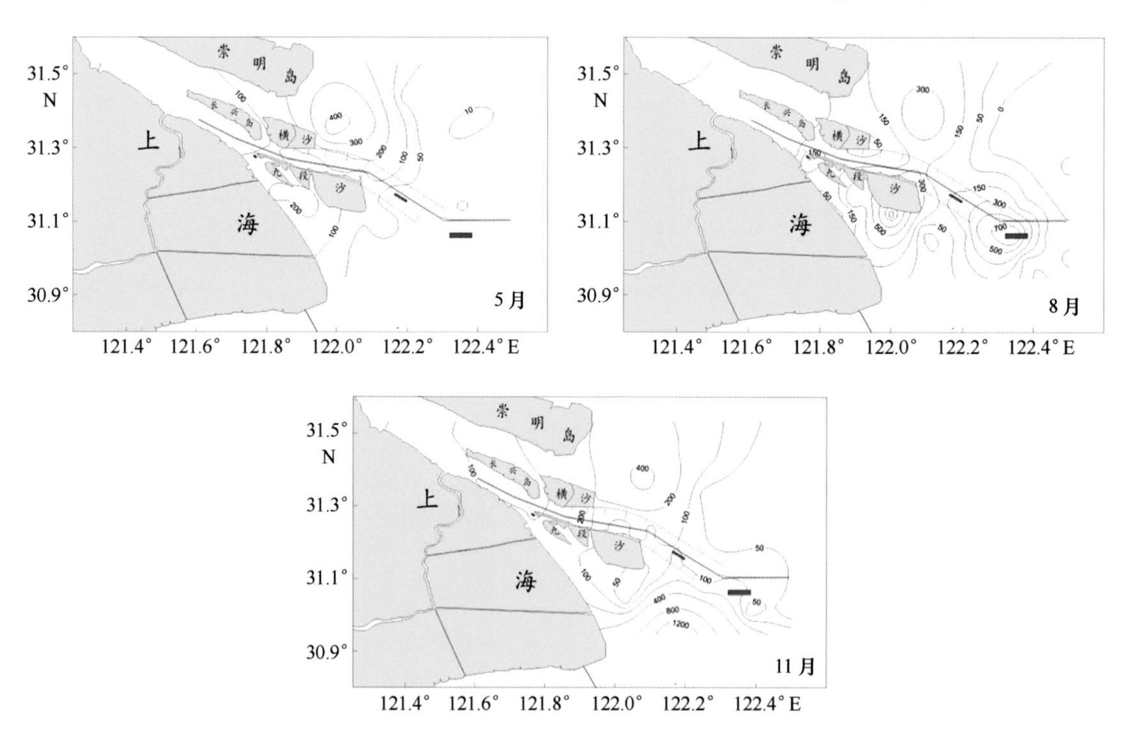

图 2-19　长江口海域悬浮物含量空间变化趋势

4）化学需氧量

化学需氧量（COD）用来表征水体中有机污染物的水平。我国现行《海水水质标准》中，COD 的一类、二类、三类、四类水质标准值分别为 2 mg/L、3 mg/L、4 mg/L、5 mg/L。自 2005 年至 2014 年期间长江口临近海域丰水期化学需氧量（COD）年际变化如图 2-20 所示。由图可以清楚地看出，长江口临近海域 COD 数值相邻年份波动较大，在 0. 81～2. 13 mg/L 范围内波动，绝大部分时期均符合国家一类海水水质标准（<2 mg/L）。自 2006 年以后，化学需氧量波动幅度较小，总体上表现

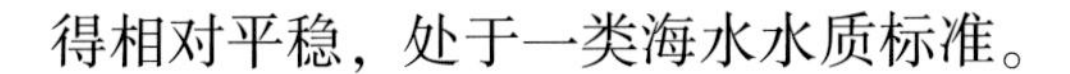
得相对平稳，处于一类海水水质标准。

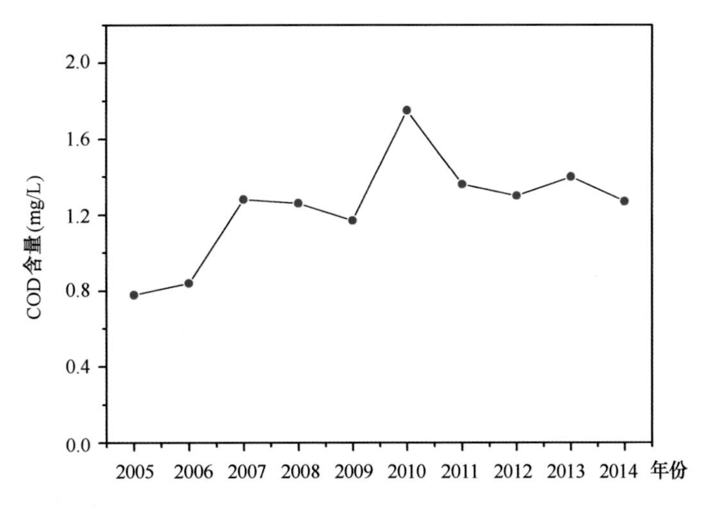

图 2-20　2005—2014 年期间 COD 含量变化趋势

2014 年 5 月、8 月和 11 月监测期间，长江口临近海域水体中 COD 的平均含量分别为 1.37 mg/L、1.25 mg/L 和 1.13 mg/L。监测海域水体中 COD 浓度的空间分布(图 2-21)：5 月，总体上西南近岸向东北远岸逐渐降低，且南槽南港近岸和长江口 2#倾倒区附近水体中的含量明显高于周边水体；8 月，总体规律与 5 月类似，其中北港和 2#倾倒区周边水体中的含量相对较低；11 月，3#倾倒区周边水体中化学需氧量浓度的含量相对 1#和 2#倾倒区低。

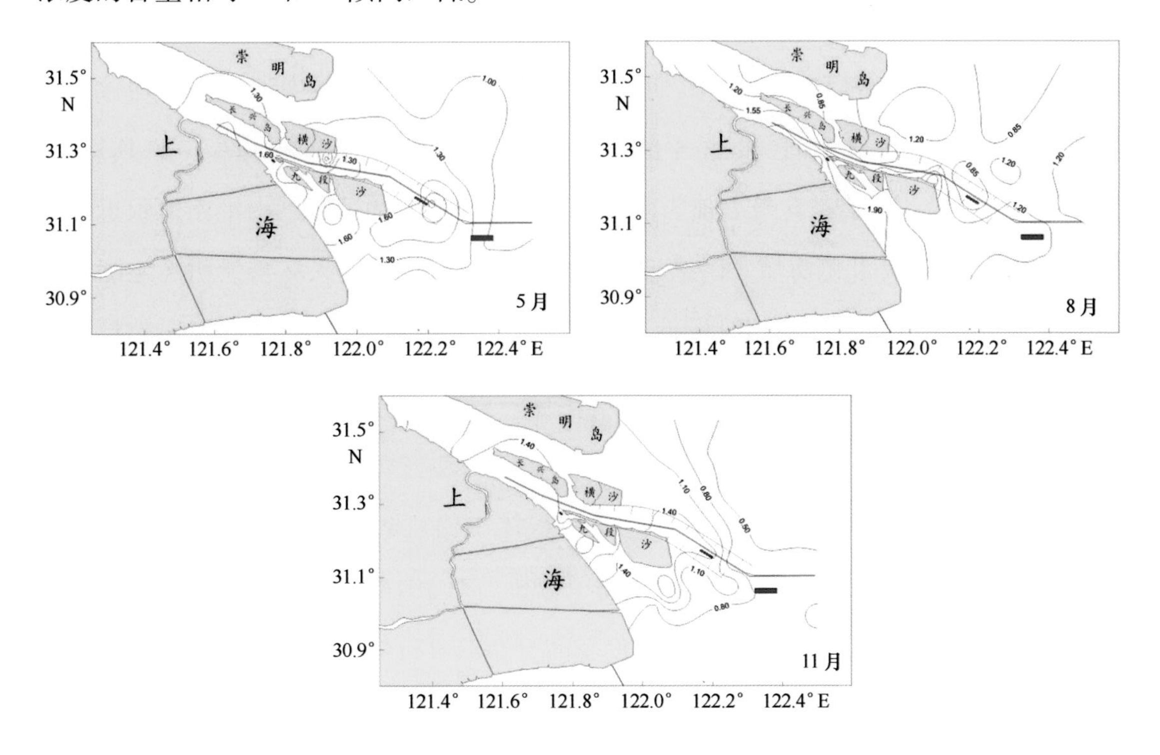

图 2-21　长江口海域 COD 含量空间变化趋势

5）硅酸盐

2005 年至 2014 年长江口及其临近海域范围内硅酸盐历史年均变化趋势状况如图 2-22 所示。从图中可以看出，监测点硅酸盐含量总体上呈先下降后保持较低浓度水平的趋势，最高浓度为 2.53 mg/L（2009 年），最低浓度为 1.51mg/L（2005 年）。2005—2008 年期间，监测的各站点活性硅酸盐含量在 1.52~1.86 mg/L 之间；2011 年以后，活性硅酸盐含量处于相对平稳状态。

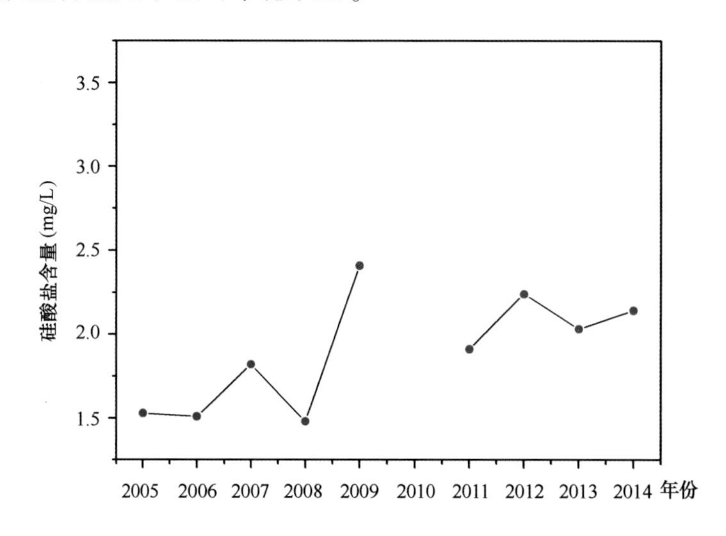

图 2-22　2005—2014 年期间活性硅酸盐含量变化趋势

6）石油类

2014 年 5 月、8 月和 11 月监测期间，长江口邻近海域水体中油类的平均含量分别为 25.6 μg/L、36.3 μg/L 和 23.5 μg/L。石油类含量的空间分布如图 2-23 所示：5 月，监测海域中的石油类含量表现为西南侧近岸高于东北侧远岸，南港南槽附近浓度最高；8 月，航道外北侧海域及南槽近岸较高，北港上游的长兴岛与崇明岛之间的水域及航道区水体中的含量则相对较低；11 月，监测海域中石油类含量表现为长江口内高于长江口外，北港相对略高于南港的分布。

7）重金属

1984—2014 年期间，对长江口临近海域水体中铅（Pb）、汞（Hg）、铜（Cu）、镉（Cd）四种重金属的时间变化趋势进行了分析。对 2014 年 5 月、8 月和 11 月期间的监测数据，分别进行了各种重金属浓度空间分布的分析。

（1）Pb。从图 2-24 中可以看出，Pb 含量年际间浓度变化范围较大，最高浓度（3.72 μg/L，2005 年）为最低浓度（0.67 μg/L，2010 年）的近 5.6 倍。研究观测期

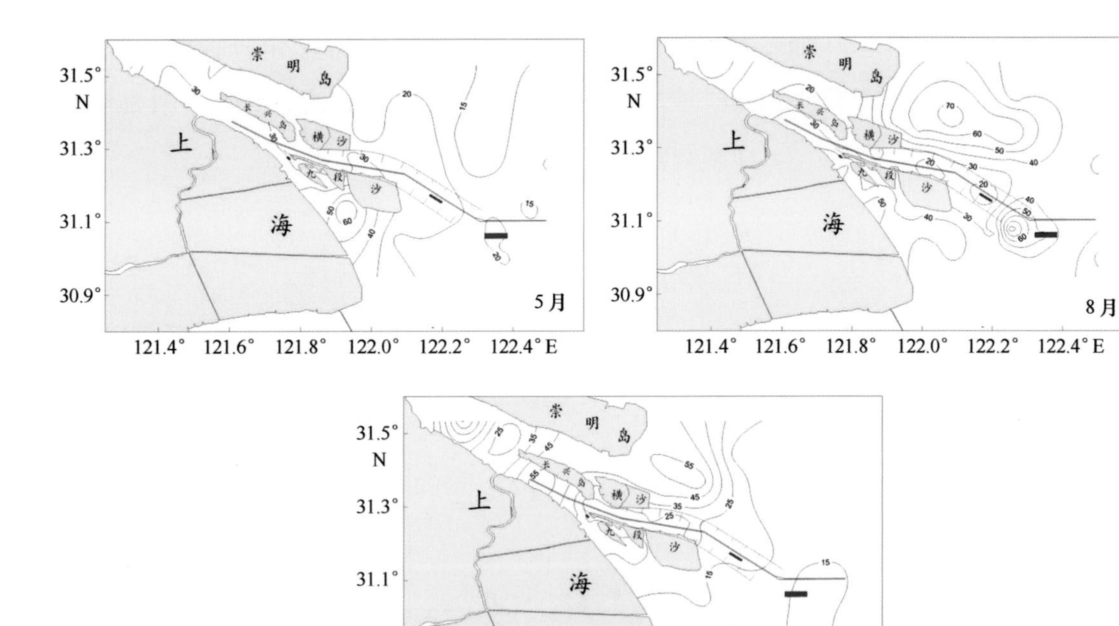

图 2-23 长江口海域石油类含量空间变化趋势

间，仅有 2010 年 Pb 的含量符合一类海水水质标准（1 μg/L），其他年份均处于二类海水水质标准（5 μg/L）。

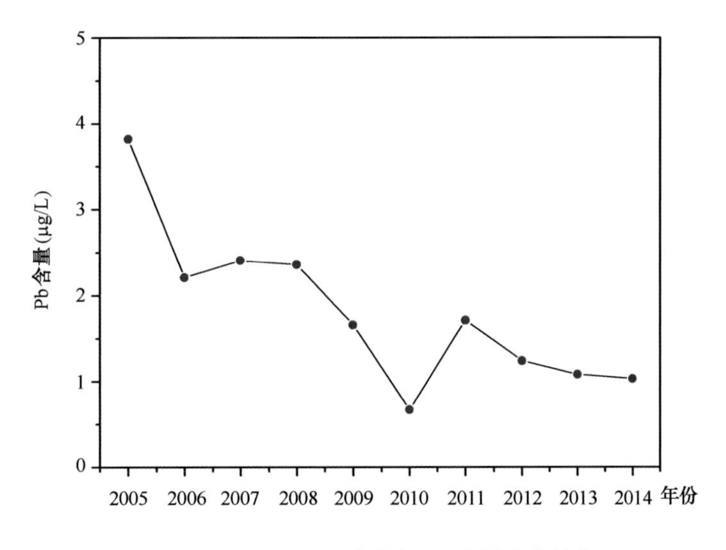

图 2-24 2005—2014 年期间 Pb 含量变化趋势

2014 年 5 月、8 月和 11 月监测期间，长江口临近海域水体中 Pb 平均含量分别为 0.43 μg/L、1.08 μg/L 和 1.14 μg/L。监测海域水体中 Pb 含量的空间分布如图 2-25 所示：5 月，长江口内 Pb 的含量向长江口外逐渐降低的分布，且航道北侧海域的 Pb 含量明显高于南侧；8 月，由长江口内西南侧近岸向长江口外东北侧逐渐降低的分布，而南槽近岸、长江口航道末端北侧海域及航道上游水域浓度相对较高；11 月，长江口深水航道上游（横沙和九段沙之间）水域的含量相对较高，长江口外航道外北侧海域的含量相对较低，且 1#倾倒区>2#倾倒区>3#倾倒区。

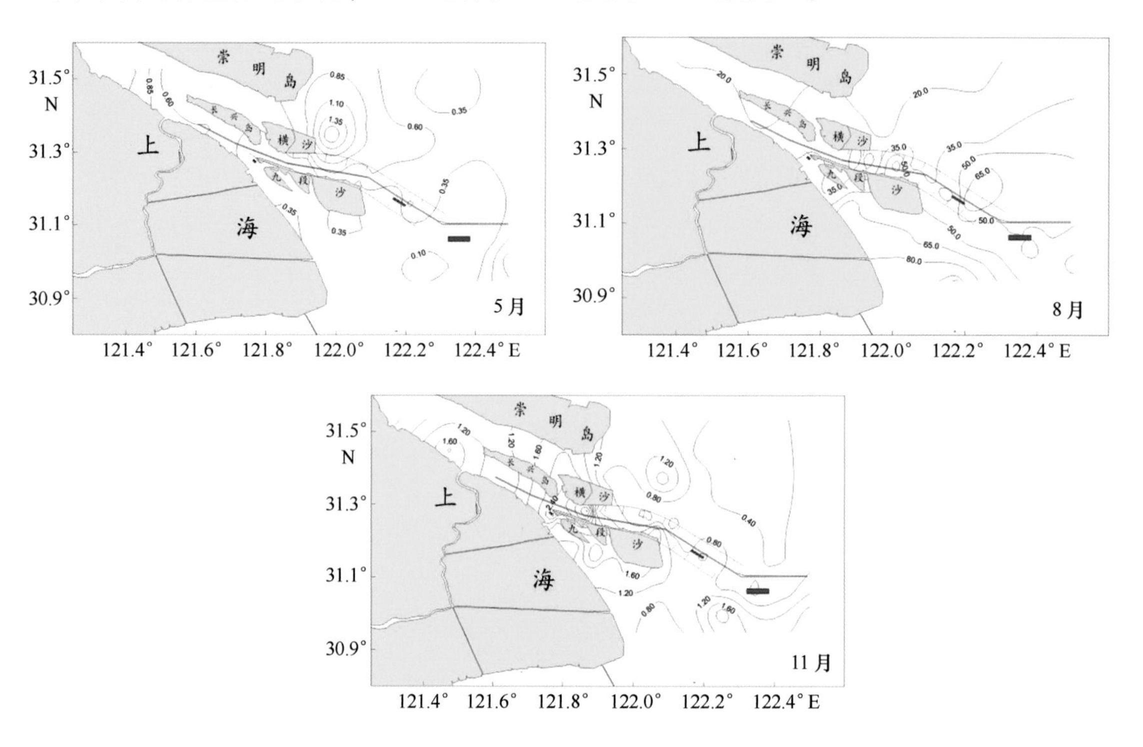

图 2-25　长江口海域 Pb 含量空间变化趋势

（2）Hg。从历年 Hg 浓度变化规律（图 2-26）可以看出，Hg 浓度波动范围较大，大部分年份接近或超过 50 ng/L，但总体上远低于二类海水水质标准值(200 ng/L)。

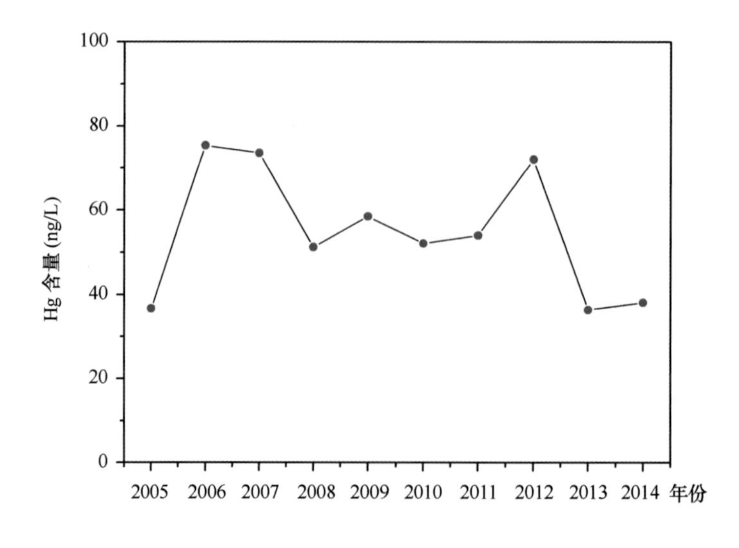

图 2-26　2005—2014 年期间 Hg 含量变化趋势

2014年5月、8月和11月监测期间，长江口临近海域水体中Hg的平均含量分别为44.6 ng/L、42.4 ng/L和23.7 ng/L。在空间分布中（图2-27），Hg含量表现为：5月，长江口内相对略高、长江口外相对较低、北港高于南港，横沙和崇明岛之间浓度最高；8月，航道外南侧较高北侧较低的分布，长江口内的含量相对较低；11月，监测海域中Hg的分布相对较不规则，其中长江口口门外Hg含量相对略高于长江口内，航道外北侧的含量相对略高于航道南侧。

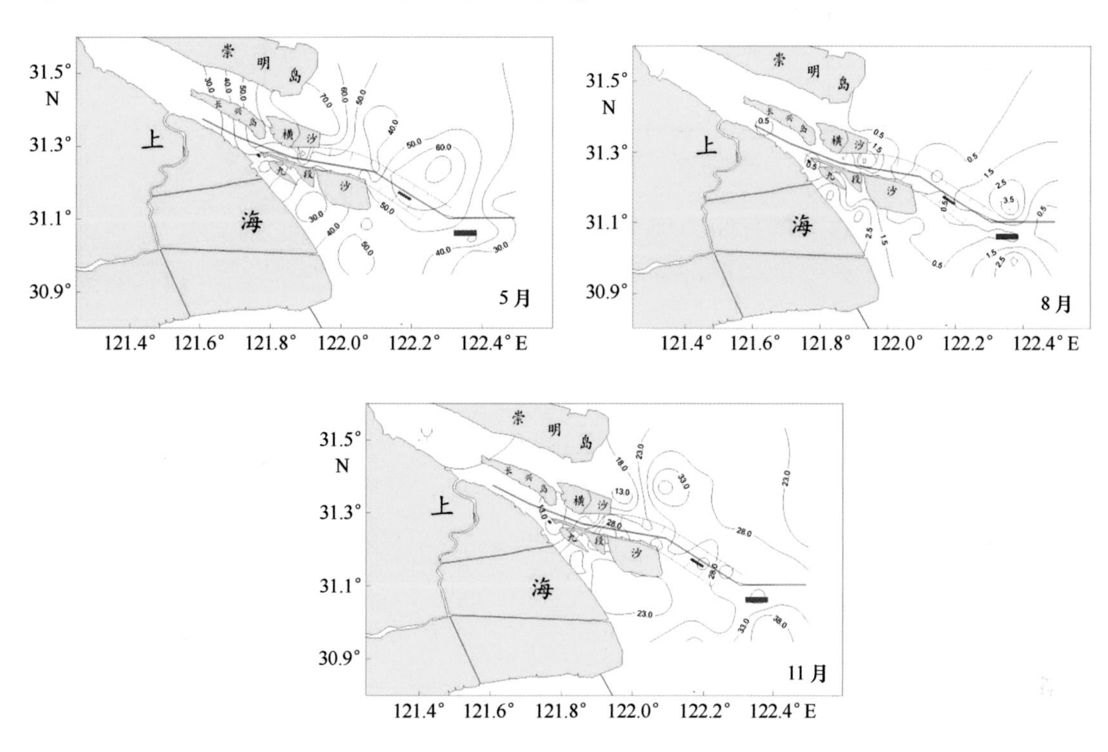

图2-27 长江口海域Hg含量空间变化趋势

（3）Cu。2005—2014年Cu的变化总体上呈下降趋势（其中2007年由于整理问题数据未进行统计分析），Cu的浓度总体上又处于下降阶段（1.8 μg/L），最高含量为2009年的2.57 μg/L。监测的Cu的平均含量均符合一类海水水质标准值(<5 μg/L)。

2014年5月、8月和11月监测期间，长江口临近海域水体中Cu平均含量分别为1.75 μg/L、1.71 μg/L和0.971 μg/L。监测海域水体中Cu含量的分布如图2-29所示：5月，Cu的含量最高值区出现在长江口3#倾倒区附近；8月，近岸水体中的Cu含量比远岸区略高，最高值区出现在2#倾倒区的西北侧；11月，总体上表现为长江口西南侧近岸向东北侧远岸逐渐降低的分布趋势。

（4）Cd。2005—2014年Cd浓度历年变化情况如图2-30所示。Cd浓度在

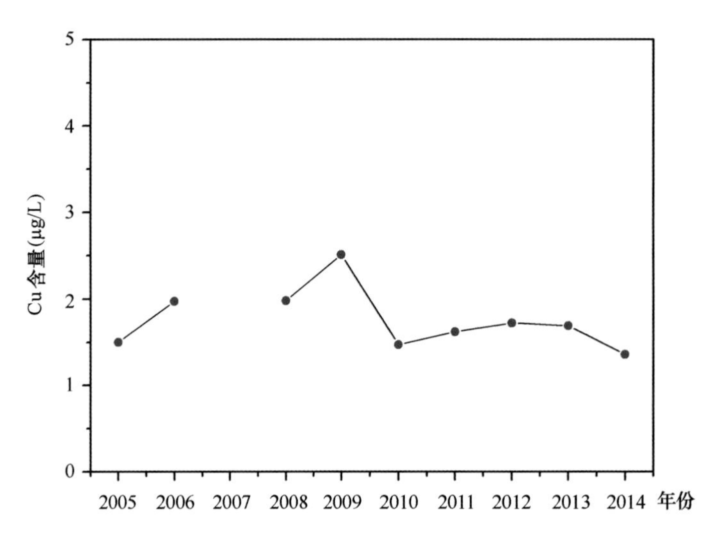

图 2-28　2005—2014 年期间 Cu 含量变化趋势

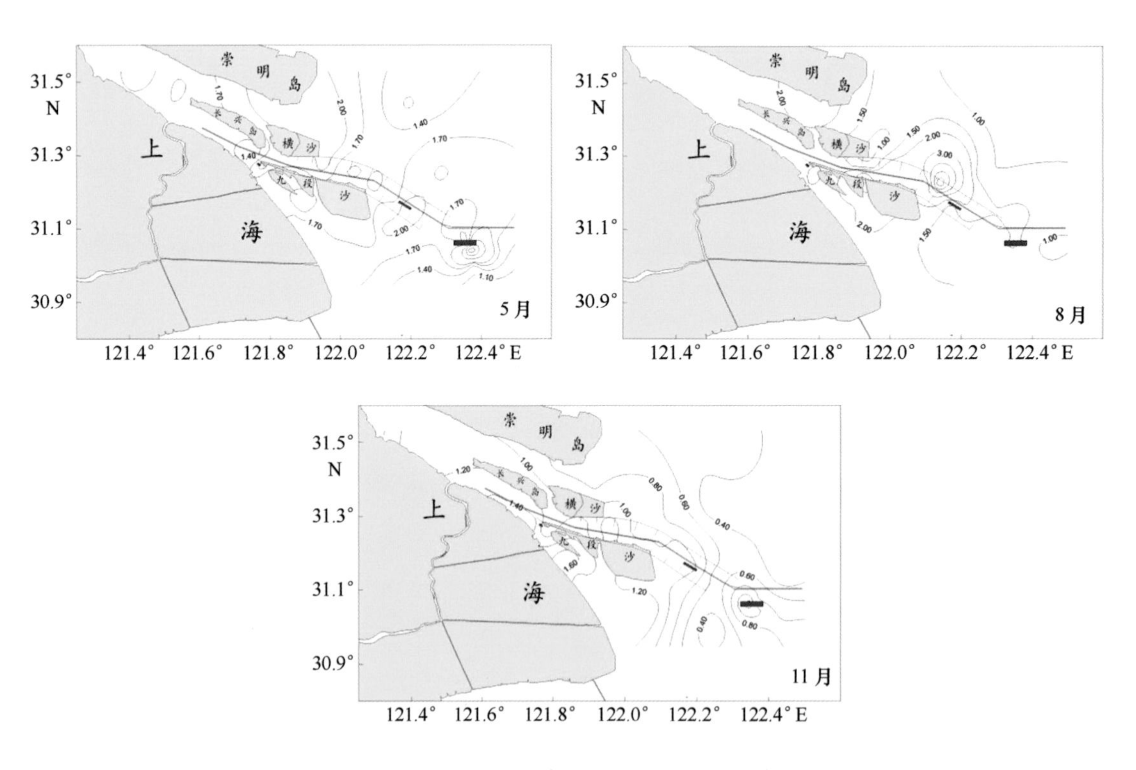

图 2-29　长江口海域 Cu 含量空间变化趋势

0.08 μg/L上下波动，略呈下降趋势。长江口及其临近海域 Cd 浓度变化幅度较小，Cd 的平均浓度值处于一类海水水质标准值（1 μg/L）。

2014 年 5 月、8 月和 11 月监测期间，长江口邻近海域水体中 Cd 的平均含量分别为 0.021 μg/L、0.041 μg/L 和 0.020 μg/L。监测海域水体中 Cd 含量的空间分布如图 2-31 所示：5 月，Cd 的含量较高值区域分别出现在南北港上游的长兴岛西北侧近岸、

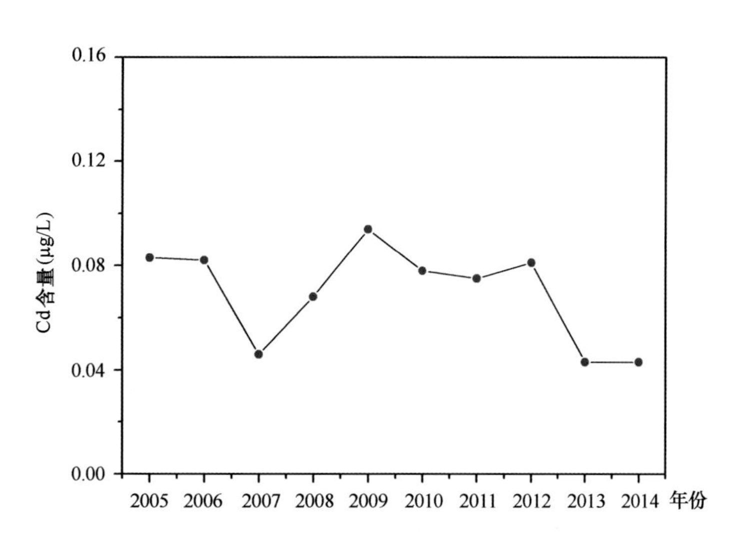

图 2-30 2005—2014 年期间 Cd 含量变化趋势

航道中下段外北侧海域及航道内中段九段沙东北侧近岸附近；8 月，表现为长江口内及北港水域相对较低，长江口 3#倾倒区附近存在较高浓度；11 月与 8 月 Cd 含量的空间分布特征类似，且 2#倾倒区>1#倾倒区>3#倾倒区。

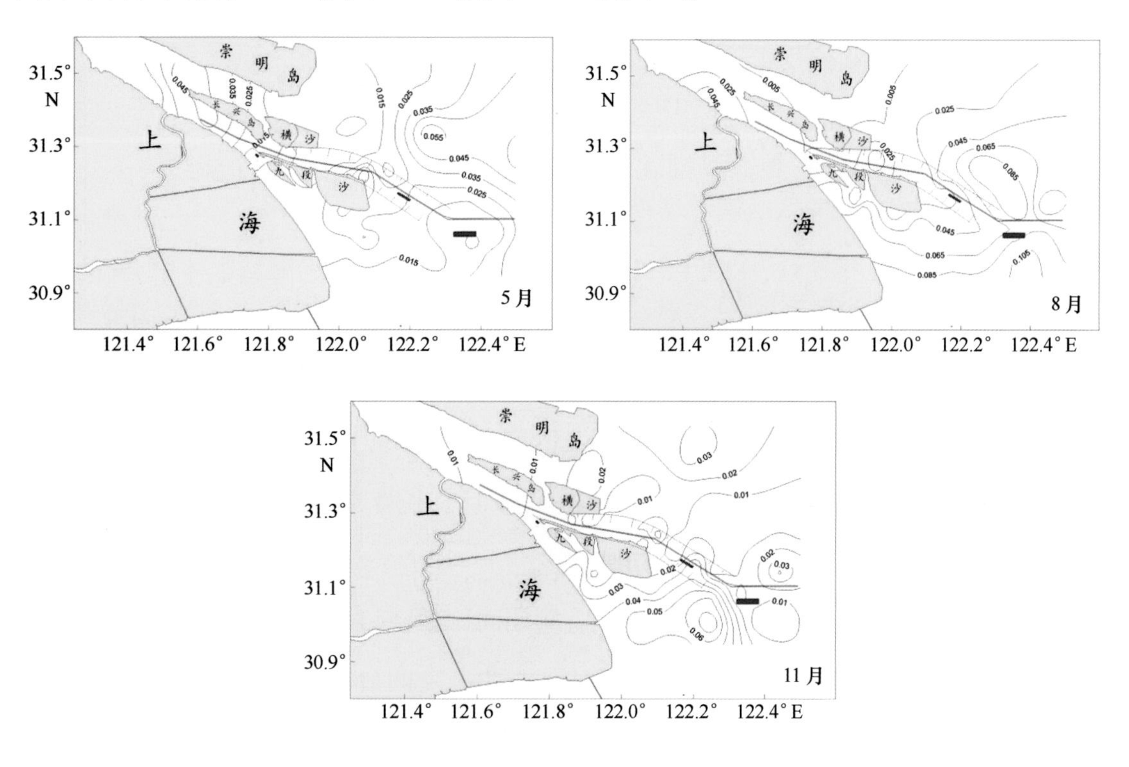

图 2-31 长江口海域 Cd 含量空间变化趋势

（5）Cr。2014 年 5 月、8 月和 11 月监测期间，长江口邻近海域水体中 Cr 的平均含量分别为 0.530 μg/L、0.334 μg/L 和 0.141 μg/L。监测海域水体中 Cr 含量的空间分布如图 2-32 所示：5 月，长江口航道外北侧 Cr 的含量高于南侧，南港南槽近岸相对较低的分布；8 月，长江口航道外北侧海域中相对较高，南侧水体中相对较低，1#倾倒区附近 Cr 含量略高于附近水体；11 月，南港水域、航道水域及航道外南侧水域中 Cr 的含量较高，北港及航道外北侧水域内相对较低。

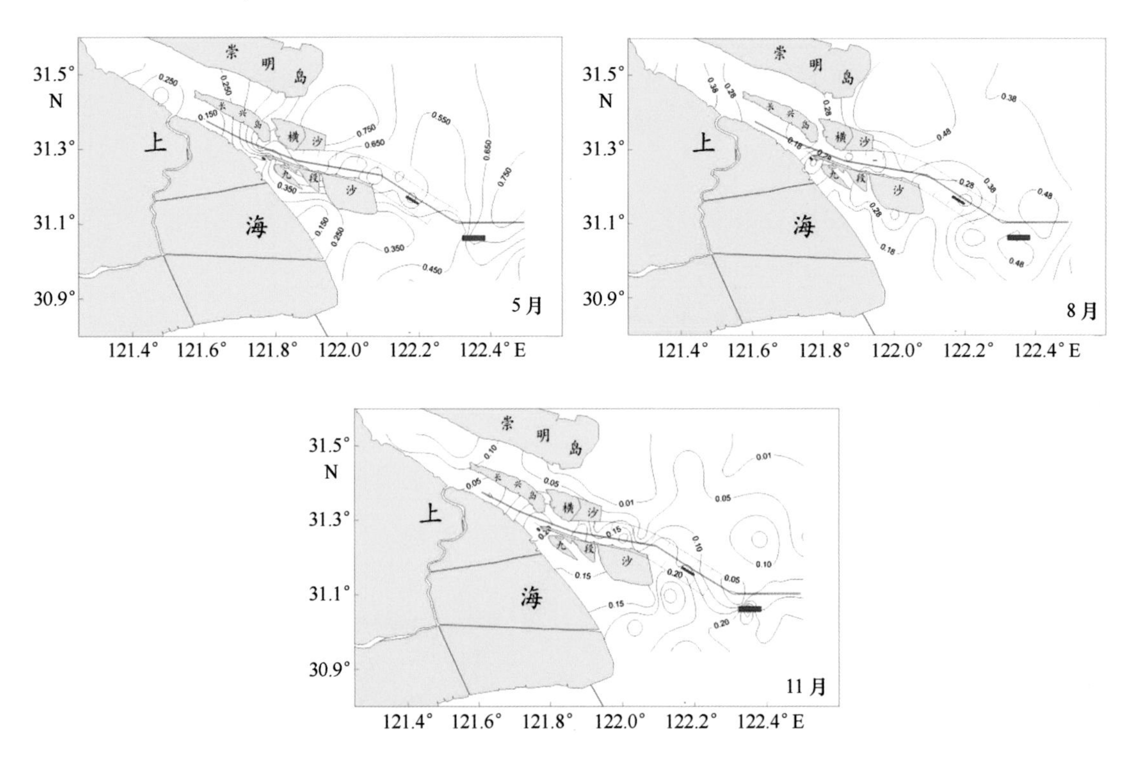

图 2-32　长江口海域 Cr 含量空间变化趋势

（6）Zn。2014 年 5 月、8 月和 11 月监测期间，长江口邻近海域水体中 Zn 的平均含量分别为 6.15 μg/L、4.55 μg/L 和 5.71 μg/L。Zn 含量的空间分布如图 2-33 所示：5 月，南港南槽、北港的北侧近岸及九段沙东南侧附近水体中 Zn 的含量相对较高，而航道中下段区域含量相对较低；8 月，北港的横沙东北侧和航道中段附近 Zn 含量相对较高，长江口内 Zn 含量相对较低；11 月，长江口航道南北两侧的 Zn 含量相对较低，且 1#倾倒区>2#倾倒区>3#倾倒区。

（7）As。2014 年 5 月、8 月和 11 月监测期间，长江口邻近海域水体中 As 的平均含量分别为 2.40 μg/L、2.01 μg/L 和 2.19 μg/L，空间分布如图 2-34 所示。5 月，总体上 As 的含量表现为长江口由内向外逐渐降低，且北港的含量高于南港；8 月，长江口内西南近岸 As 的含量向长江口外东北侧远岸逐渐降低；11 月，As 的含量表现为长江口内高于长江口外，且北港高于南港。

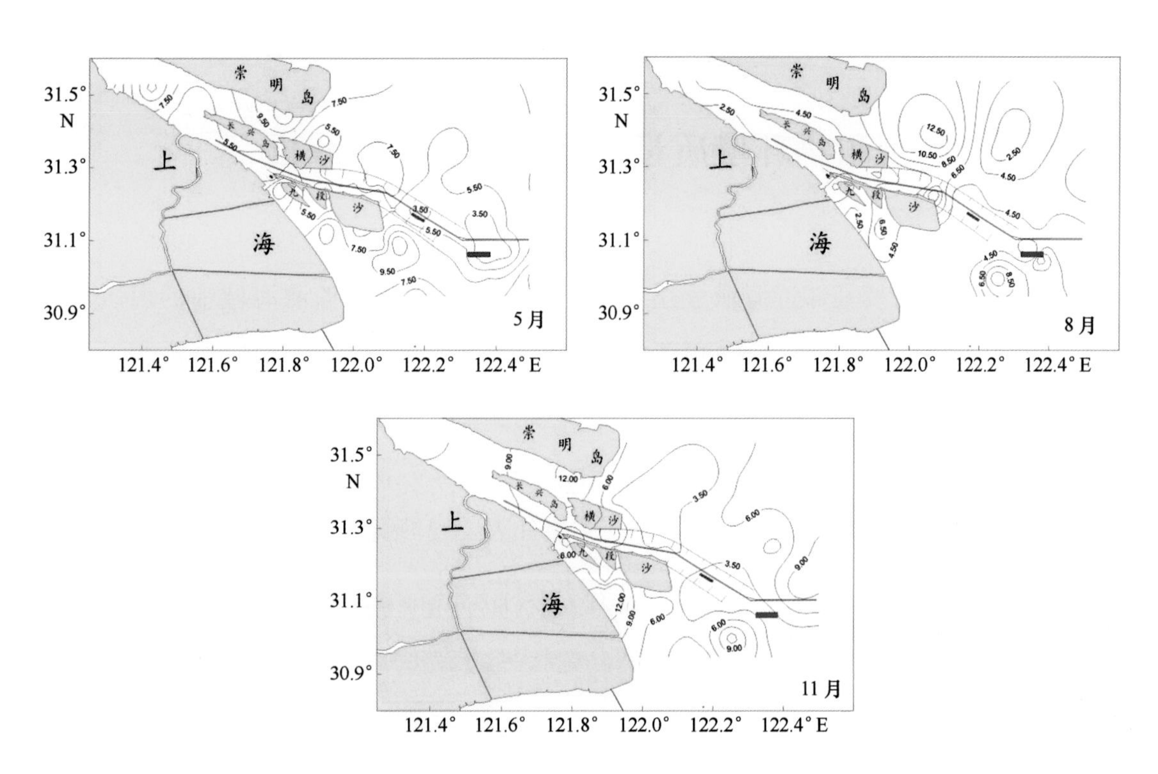

图 2-33 长江口海域 Zn 含量空间变化趋势

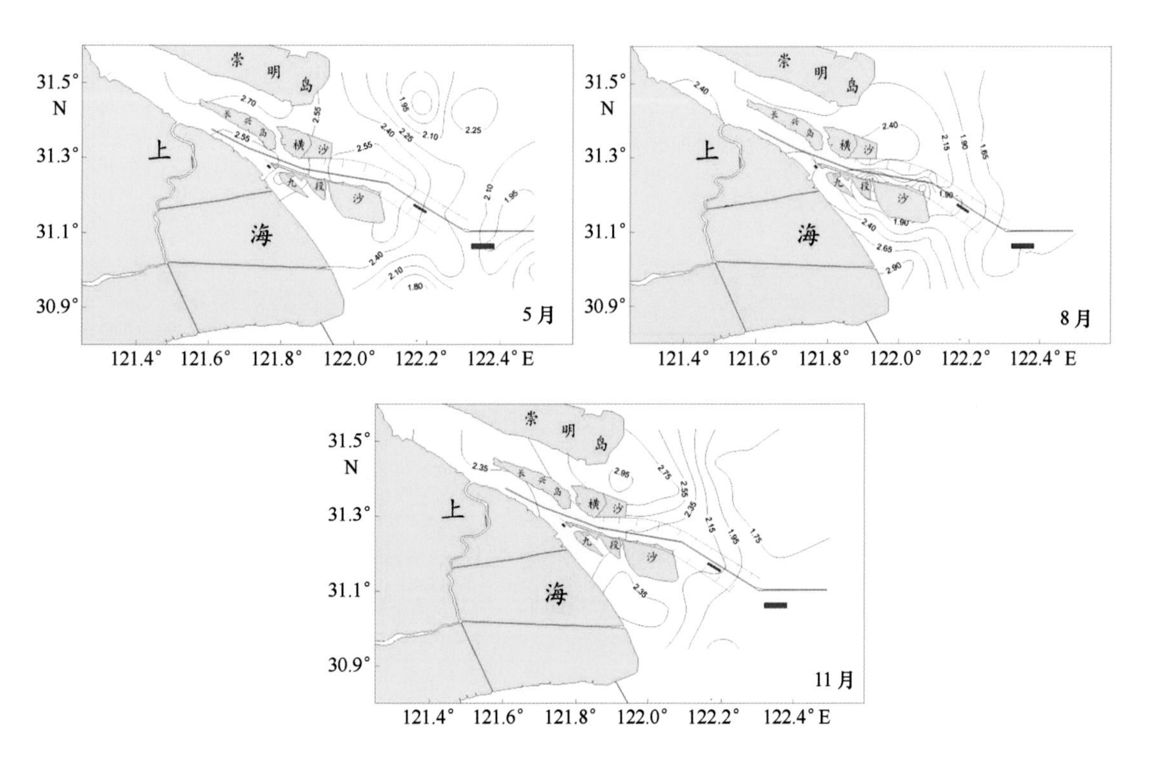

图 2-34 长江口海域 As 含量空间变化趋势

2.5 倾倒区沉积物环境质量现状及变化趋势分析

2014 年长江口及其邻近海域表层沉积物监测结果显示：监测海域中的表层沉积物类型分别由黏土质粉砂、粉砂和砂组成，3 种沉积物类型的比例分别占到 41.7%、41.7%和 16.6%。海域内表层沉积物 pH 的变动范围在 6.52~7.96 之间。沉积物各种重金属中，除铜符合二类海洋沉积物质量标准外，其余监测的重金属都符合一类海洋沉积物质量标准，具体的沉积物监测评价结果如表 2-2 所示。

表 2-2 2014 年监测海域表层沉积物监测评价结果

监测项目	范围	均值	评价结果
pH	6.52~7.96	/	/
石油类（$\times10^{-6}$）	*~134	35.2	一类
有机碳（$\times10^{-2}$）	0.172~0.666	0.520	一类
汞（$\times10^{-9}$）	6.35~161	77.0	一类
铜（$\times10^{-6}$）	5.27~40.3	23.8	二类
铅（$\times10^{-6}$）	10.3~40.9	26.2	一类
镉（$\times10^{-6}$）	0.078~0.365	0.150	一类
铬（$\times10^{-6}$）	5.50~49.0	27.2	一类
锌（$\times10^{-6}$）	35.9~107	72.9	一类
砷（$\times10^{-6}$）	3.89~14.0	8.39	一类
硫化物（$\times10^{-6}$）	16.4~48.8	35.7	一类

注："*"表示未检出，pH 不计算平均值，且无相应评价标准，以"/"表示。

2.6 倾倒区生物的变化趋势分析

2.6.1 浮游植物

2005年至2014年期间，长江口及其临近海域浮游植物密度波动较大，总体上处于先下降后上升的趋势。近10年来长江口区域植物群落结构不断演变，种类组成趋向简单，种类个体数量分布不均，少数优势种类（如中肋骨条藻）在环境条件合适时，容易大量增殖从而引起赤潮。群落结构中硅藻为浮游植物中的主要类群，所占比例为50%~80%，但长时间观测发现其所占比例缓慢下降，甲藻所占比例为13.4%~30.2%，处于动态波动之中。

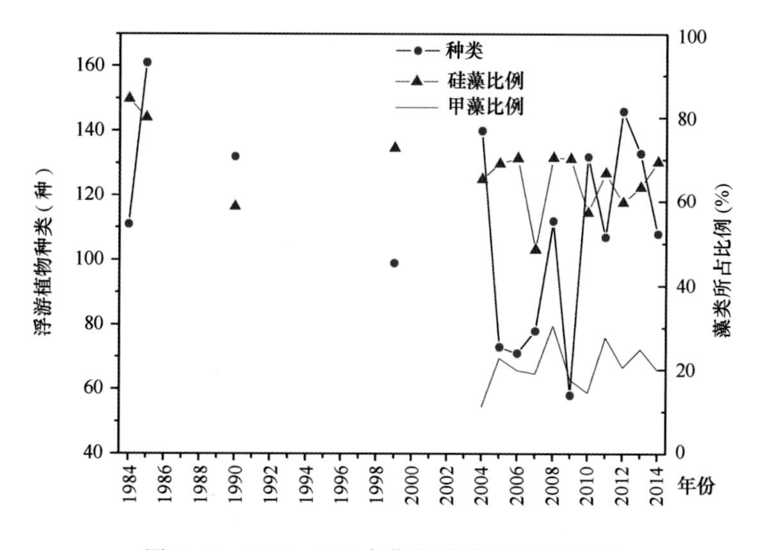

图2-35 1984—2014年期间浮游植物变化趋势

2011年至2014年期间，长江口倾倒区海域监测的浮游植物个数如表2-3所示。

表 2-3　2011—2014 年长江口倾倒区海域浮游植物

监测日期	采样水深（m）	中文名称	拉丁文名称	个数
2011 年 8 月	0.5	中肋骨条藻	*Skeletonema costatum*	2000
	0.5	颗粒直链藻	*Melosira granulata*	800
	0.5	中肋骨条藻	*Skeletonema costatum*	2400
	0.5	颗粒直链藻	*Melosira granulata*	2400
	0.5	颤藻属	*Oscillatoria* sp.	200
	0.5	小环藻属	*Cyclotella* sp.	800
	0.5	颗粒直链藻	*Melosira granulata*	400
	0.5	中肋骨条藻	*Skeletonema costatum*	800
	0.5	念珠直链藻	*Melosira moniiformis*	800
	0.5	颗粒直链藻	*Melosira granulata*	1200
2012 年 8 月	0.5	中肋骨条藻	*Skeletonema costatum*	20400
	0.5	华丽星杆藻	*Asterionella formosa* Hassall	800
	0.5	变异直链藻	*Melosira varians*	800
	0.5	小细柱藻	*Leptocylindrus minimus*	2000
	0.5	条纹小环藻	*Cyclotella striata*	400
	0.5	颗粒直链藻	*Melosira granulata*	800
	0.5	颗粒直链藻	*Melosira granulata*	800
	0.5	中肋骨条藻	*Skeletonema costatum*	3200
	0.5	华丽星杆藻	*Asterionella formosa* Hassall	2800
	0.5	尖针杆藻	*Synedra acusvar*	400
	0.5	纤维藻属	*Dactylococoopsis* sp.	400
	0.5	颗粒直链藻	*Melosira granulata*	800
	0.5	横滨盒形藻	*Biddulphia grundleri*	400
	0.5	颗粒直链藻	*Melosira granulata*	2400
	0.5	颤藻属	*Oscillatoria* sp.	200
	0.5	中肋骨条藻	*Skeletonema costatum*	4800

续表 2-3

监测日期	采样水深（m）	中文名称	拉丁文名称	个数
2012年8月	0. 5	华丽星杆藻	*Asterionella formosa* Hassall	800
	0. 5	箱形桥弯藻	*Cymbella cistula*	400
	0. 5	颗粒直链藻	*Melosira granulata*	1600
	0. 5	双生双楔藻	*Didymosphenia geminata*	200
	0. 5	圆海链藻	*Thalassiosira rotula*	600
	0. 5	颗粒直链藻	*Melosira granulata*	5200
	0. 5	颤藻属	*Oscillatoria* sp.	200
	0. 5	黄埔水生藻	*Hydrosera whampoensis*	200
	0. 5	中肋骨条藻	*Skeletonema costatum*	3200
	0. 5	华丽星杆藻	*Asterionella formosa* Hassall	1200
	0. 5	四尾栅藻	*Scenedesmus quadricauda*	1600
	0. 5	中肋骨条藻	*Skeletonema costatum*	1000
2013年8月	0. 5	洛氏菱形藻	*Nitzschia lorenziana*	400
	0. 5	颗粒直链藻	*Melosira granulata*	8000
	0. 5	中肋骨条藻	*Skeletonema costatum*	9200
	0. 5	拟螺形菱形藻	*Nitzschia sigmoidea*	400
	0. 5	变异直链藻	*Melosira varians*	1600
	0. 5	肘状针杆藻	*Synedra ulna*	400
	0. 5	颗粒直链藻	*Melosira granulata*	3200
	0. 5	中肋骨条藻	*Skeletonema costatum*	8800
	0. 5	颗粒直链藻	*Melosira granulata*	2400
	0. 5	中肋骨条藻	*Skeletonema costatum*	2000
2014年8月	0. 5	圆海链藻	*Thalassiosira rotula*	200
	0. 5	空球藻	*Eudorina elegans*	100
	0. 5	颗粒直链藻	*Melosira granulata*	3000
	0. 5	颤藻属	*Oscillatoria* sp.	700
	15	虹彩圆筛藻	*Coscinodiscus oculus-iridis*	200
	0. 5	琼氏圆筛藻	*Coscinodiscus jonesianus*	200
	0. 5	虹彩圆筛藻	*Coscinodiscus oculus-iridis*	200

2.6.2 浮游动物

近10年浮游动物的种类、密度和生物量年际波动较大，以2008年为转折点（186种），总体上呈现为先升后降的趋势。浮游动物的群落结构相对稳定，优势种以桡足类为主（占总数的52.7%），但优势种所占比例呈缓慢下降趋势。2004年、2005年、2006年和2007年桡足类所占比例依次为50.3%、46.7%、42.4%和30.2%，2008年因为浮游动物种类数、生物量和生物密度大幅度升高，其所占比例亦有所上升。

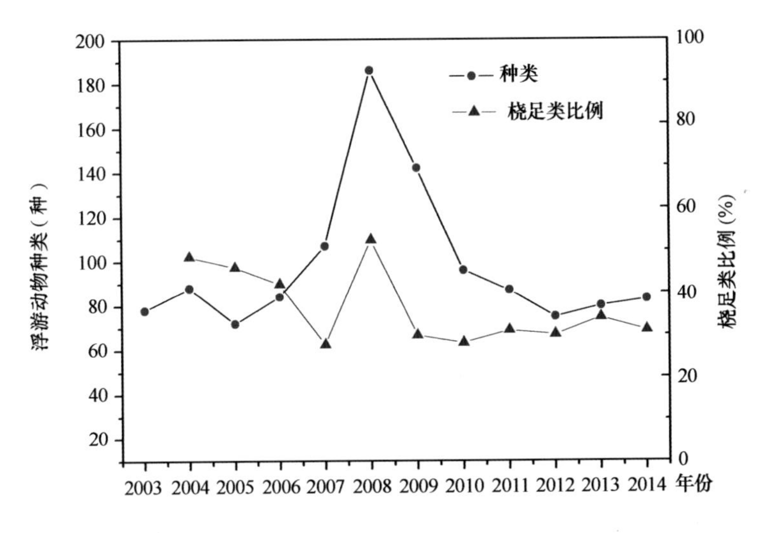

图2-36　2003—2014年期间浮游动物变化趋势

2.6.3 底栖生物

2011年至2015年期间，长江口海域监测的底栖生物情况如表2-4所示。

表2-4　2011—2015年长江口海域底栖生物情况

监测日期	中文名称	拉丁文名称	个数	密度（个/m²）	生物量（g/m²）	重量（g）
2011年8月	河蚬	*Corbicula fluminea*	1	5	1.96	0.392
	寡鳃齿吻沙蚕	*Nephtys oligobranchia*	1	5	0.025	0.005
	纽虫	*Nemertinea* sp.	1	5	0.03	0.006
	钩虾	*Gammarus* sp.	2	10	0.015	0.003
	丝异须虫	*Heteromastus filiformis*	2	10	0.025	0.005

续表 2-4

监测日期	中文名称	拉丁文名称	个数	密度（个/m²）	生物量（g/m²）	重量（g）
2012 年 8 月	钩虾	*Gammarus* sp.	1	5	0. 005	0. 001
	丝异须虫	*Heteromastus filiformis*	3	15	0. 105	0. 021
	云石肌蛤	*Musculus supreus*	2	10	0. 015	0. 003
	焦河篮蛤	*Potamocorbula ustulata*	4	20	0. 03	0. 006
	纽虫	*Nemertinea* sp.	1	5	0. 025	0. 005
	圆锯齿吻沙蚕	*Dentinephtys glabra*	1	5	0. 42	0. 084
	口虾蛄	*Oratosquilla oratoria*	1	5	0. 2	0. 04
	河蚬	*Corbicula fluminea*	1	5	1. 98	0. 396
	蜾蠃蜚属	*Corophium* sp.	1	5	0. 04	0. 008
2013 年 8 月	钩虾	*Gammarus* sp.	2	10	0. 015	0. 003
	寡鳃齿吻沙蚕	*Nephtys oligobranchia*	1	5	0. 065	0. 013
	不倒翁虫	*Sternaspis sculata*	1	5	0. 07	0. 014
	尖叶长手沙蚕	*Magelona cincta*	1	5	0. 015	0. 003
2013 年 8 月	凸壳肌蛤	*Musculus senhousei*	1	5	0. 015	0. 003
	幼蟹		1	5	0. 01	0. 002
	日本圆柱水虱	*Cirolana japonensis*	1	5	0. 005	0. 001
	磷虾属	*Euphausia* sp.	1	5	0. 105	0. 021
	丝异须虫	*Heteromastus filiformis*	2	10	0. 02	0. 004
	纽虫	*Nemertinea* sp.	1	5	0. 02	0. 004
	焦河篮蛤	*Potamocorbucata ustulata*	1	5	0. 01	0. 002
2014 年 8 月	哈鳞虫属	*Harmotho* sp.	1	5	0. 005	0. 001
	海葵	*Actiniaria*	1	5	0. 015	0. 003
	似蛰虫	*Amaeana trilobata*	1	5	0. 055	0. 011
	丝异须虫	*Heteromastus filiformis*	1	5	0. 005	0. 001
	中华内卷齿蚕	*Aglaophamus sinensis*	1	5	0. 005	0. 001
	似蛰虫	*Amaeana trilobata*	1	5	0. 01	0. 002
	日本角吻沙蚕	*Goniada japonica*	1	5	0. 005	0. 001
	不倒翁虫	*Sternaspis sculata*	1	5	0. 06	0. 012
	焦河篮蛤	*Potamocorbucata ustulata*	2	10	12. 74	2. 548
	钩虾	*Gammarus* sp.	1	5	0. 005	0. 001

续表 2-4

监测日期	中文名称	拉丁文名称	个数	密度（个/m^2）	生物量（g/m^2）	重量（g）
2015 年 8 月	钩虾	*Gammarus* sp.	1	5	0.005	0.001
	圆锯齿吻沙蚕	*Dentinephtys glabra*	1	5	0.01	0.002

2011 年至 2015 年期间，长江口倾倒区海域监测的底栖生物情况如表 2-5 所示。

表 2-5　2011—2015 年长江口倾倒区海域底栖生物情况

监测日期	中文名称	拉丁文名称	个数	密度（个/m^2）	生物量（g/m^2）	重量（g）
2012 年 8 月	圆锯齿吻沙蚕	*Dentinephtys glabra*	1	5	0.42	0.084
	口虾蛄	*Oratosquilla oratoria*	1	5	0.2	0.04
	河蚬	*Corbicula fluminea*	1	5	1.98	0.396
	蜾蠃蜚属	*Corophium* sp.	1	5	0.04	0.008
2013 年 8 月	钩虾	*Gammarus* sp.	2	10	0.015	0.003
	寡鳃齿吻沙蚕	*Nephtys oligobranchia*	1	5	0.065	0.013
	尖叶长手沙蚕	*Magelona cincta*	1	5	0.015	0.003
	不倒翁虫	*Sternaspis sculata*	1	5	0.07	0.014

2.7　本章小结

（1）上海黄浦江码头、长江口码头和内河航道的大部分疏浚物为中性偏碱性，含水率平均值介于 40%~50%之间，湿密度大致介于 1.5~2.0 g/cm^3 之间。疏浚物绝大部分为粉粒（占 70%~80%），其次为黏粒（占 15%~20%），而砂粒仅占 5%左右。3 个区域采集的疏浚物的化学物质组成，总体上依次为：$SiO_2 > Al_2O_3 > Fe_2O_3 > CaO > MgO > K_2O > Na_2O$。较小部分内河河道疏浚物中 Cu 指标超过评价下限值，为沾污疏浚物；疏浚物中 Pb、Cr、Zn、Cd、As、Hg、油类等指标含量低于评价下限值，均为清洁疏浚物。在疏浚泥养分指标中，内河航道疏浚泥中除碳酸盐含量稍低之外，其余 5 个指标，总氮、总磷、全钾、氯离子和有机质各指标的含量均明显高于长江码头前沿和黄浦江码头前沿疏浚泥中的含量。

（2）在对长江口临近海域近10年水质、沉积物、生物等方面的生态环境变化趋势进行的监测，发现：江口临近海域水体中无机氮和活性磷酸盐含量总体上表现为上升趋势。在空间上，无机氮和活性磷酸盐含量都表现为由长江口西南侧近岸向东北侧远岸逐渐降低的趋势，长江口口内海域含量高于口外。油类含量较低，处于国家一类海水水质标准范围。海域内COD含量相邻年份波动较大，在0.61~2.13 mg/L范围内波动，绝大部分时期均符合国家一类海水水质标准。COD含量在空间分布上，总体表现为西南近岸向东北远岸逐渐降低，且南槽南港近岸和长江口2#倾倒区附近水体中的含量明显高于周边水体的趋势。水体中Pb、Hg、Cu、Cd等重金属含量年际间波动较大，大部分时期Pb、Hg含量为二类海水水质标准，而Cu、Cd含量处于一类海水水质标准之中。各种重金属可能由于受不同的来源影响，在空间上表现为不同的变化趋势特征。

（3）长江口监测海域中的表层沉积物类型分别由黏土质粉砂、粉砂和砂组成，3种沉积物类型的比例分别占到41.7%、41.7%和16.6%。海域内表层沉积物pH的变动范围在6.52~7.96之间。沉积物各种重金属中，除Cu含量符合二类海洋沉积物质量标准外，其余监测的重金属含量都符合一类海洋沉积物质量标准。

（4）长江口邻近海域内，植物群落结构不断发生着演变，浮游植物密度波动较大，种类组成趋向简单，优势物种甲藻所占比例缓慢下降。浮游动物的种类、密度和生物量年际波动较大，以2008年为转折点，总体上呈现为先升后降的趋势。浮游动物的群落结构相对稳定，优势种以桡足类为主（占总数的52.7%）。

第3章　海洋倾废对海域生态环境的叠加影响研究

3.1　倾倒区以及关键污染物的选择

2015年10月和2016年4月，课题组分别在横沙岛以及长江口1#倾倒区区域对疏浚物入海倾倒过程进行了实地观察。

3.1.1　倾倒区的选择

上海海域内目前有10个海洋倾倒区，其总体分布如图3-1所示。由于吴淞口北倾倒区和鸭窝沙北倾倒区已限制使用或关闭，因此，上海海域内实际使用的倾倒区为8个，即长江口1#至3#倾倒区，上海金山疏浚物临时海洋倾倒区和C1至C4吹泥站。

2011—2015年除上海金山疏浚物临时海洋倾倒区外，其余7个倾倒区的年倾倒量统计结果如表3-1所示。由表可以发现，上海海域7个倾倒区累计倾倒量排在前3位的依次是3#倾倒区（2 462.44万m^3）、2#倾倒区（826.45万m^3）和1#倾倒区（801.28万m^3）。长江口1#倾倒区接受倾倒的疏浚物来源较多，包括长江口码头、深水航道等多区域。由于不同的码头以及航道疏浚物的理化性质、毒性程度均不相同，因此1#倾倒区接受的疏浚物成分最为复杂。倾倒区附近的敏感目标有：九段沙湿地自然保护区、东滩鸟类自然保护区、长江口中华鲟自然保护区以及青草沙水库水源地保护区等。1#倾倒区距离各敏感目标直线距离均相对较短。综合考虑倾倒区的倾倒量、倾倒的疏浚物来源与附近敏感区的空间距离以及倾倒区的代表性，本项目选择2个倾倒区和1个吹泥站作为研究对象，进行不同倾倒区同时倾倒疏浚物时对生态环境的叠加影响研究。由于3#倾倒区疏浚物倾倒量最大，1#倾倒区疏浚物来源多、理化性质以及毒性成分复杂，均被选为疏浚物倾倒的研究区域。4个吹泥站中倾倒量差别

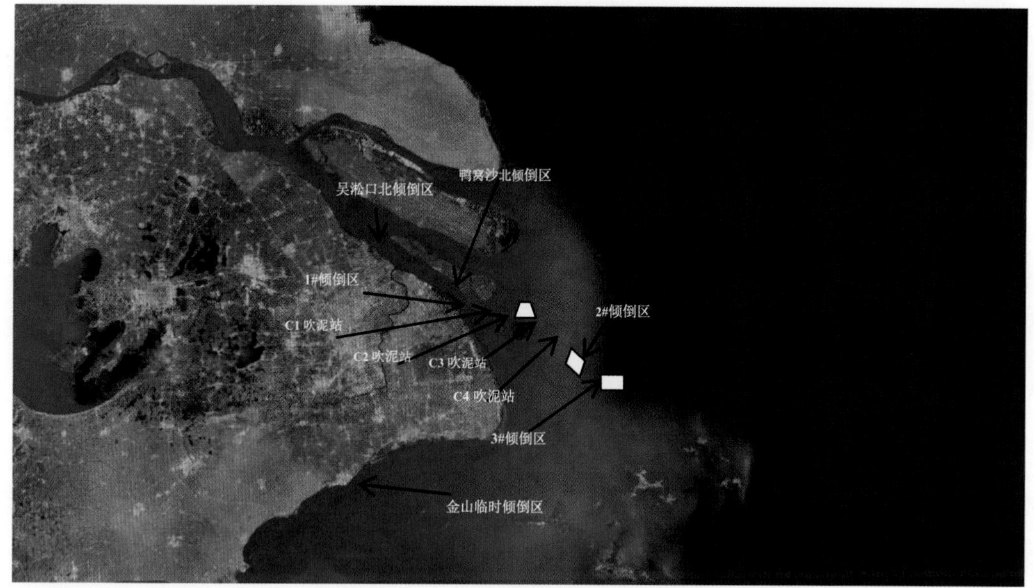

图 3-1 上海海域倾倒区分布示意图

不大，但是 C1 吹泥站与 1#倾倒区距离最近，更有利于研究倾倒区倾倒疏浚物产生的叠加影响，因此 C1 吹泥站也被选为研究的倾倒区域。1#、3#倾倒区均为 2010 年由国务院批准的正式海洋倾倒区，面积分别为 0.5 km^2、9.5 km^2；C1 吹泥站为国家海洋局于 2004 年批准的临时海洋倾倒区，面积为 0.29 km^2。1#倾倒区距离 C1 吹泥站和 3#倾倒区的直线距离分别约 14.55 km 和 77.15 km。

表 3-1 2011—2015 年上海海域 7 个倾倒区倾倒量统计 单位：万 m^3

年份	1#倾倒区	2#倾倒区	3#倾倒区	C1 吹泥站	C2 吹泥站	C3 吹泥站	C4 吹泥站
2011	769.42	920.41	3109.86	911.65	784.81	697.35	744.46
2012	959.84	804.95	2605.78	787.7	799.66	825	805.68
2013	810.49	770.26	2072.95	759.62	950.28	758.7	869.94
2014	741.66	805.99	2517.73	389.96	365.25	280.11	282.57
2015	725.00	830.66	2005.89	684.16	733.69	742.01	738.56
平均倾倒量	801.28	826.45	2462.44	706.62	726.74	660.63	688.24

3.1.2 关键污染物的选择

在确定疏浚物倾倒对海域的生态环境影响之前，应该对倾倒区（群）的污染因子进行筛选。本研究选取各种因子数据记录较为完整的2004年至2014年期间，对水质环境、浮游动物与浮游植物等环境因子的监测指标采用主成分分析方法和动态污染指数判别法进行主要污染因子的筛选。

1）主成分分析法

由Hotelling于1933年首先提出的主成分分析法（PCA）是将多个实测变量进行降维处理，使众多指标所蕴含的信息压缩到少数几个不相关的综合指标变量，然后给出这几个综合指标变量的权重，综合到一个评价指标中的多元统计分析方法。

对2004年至2014年期间，无机氮、活性磷酸盐、硅酸盐、化学需氧量、重金属等水质指标以及浮游动植物等生物指标数据，输入SPSS软件中，进行主成分分析。选取特征因子大于1的因子进行分析，得到3个主成分线性组合系数，如下：

$$F1 = 0.28TN + 0.08TP + 0.29Si + 0.49COD - 0.30Cu - 0.48Pb - 0.29Cd - 0.20Hg + 0.36Phytoplankton - 0.06Zooplankter$$

$$F2 = -0.02TN + 0.57TP + 0.28Si + 0.09COD + 0.44Cu - 0.25Pb + 0.38Cd + 0.33Hg + 0.11Phytoplankton + 0.26Zooplankter$$

$$F3 = 0.60TN - 0.14TP - 0.05Si + 0.22COD + 0.16Cu + 0.15Pb - 0.10Cd - 0.07Hg - 0.37Phytoplankton + 0.60Zooplankter$$

式中，F1表示为主成分1；TN为无机氮；TP为活性磷酸盐；Si为硅酸盐；COD为生化需氧量；Phytoplankton为浮游植物；Zooplankter表示浮游动物。对各主成分中的方差系数进行贡献率的加权平均并且进行标准化，得到各个因子的权重，如下：

$$Y = 0.26TN + 0.19TP + 0.20Si + 0.29COD + 0.06Cu - 0.24Pb - 0.02Cd + 0.01Hg + 0.10Phytoplankton + 0.21Zooplankter$$

由以上主成分分析结果可以看出，长江口临近海域范围内，水质中化学需氧量（COD）、无机氮和浮游动物等指标的权重因子相对较高。

2）动态污染指数判别法

引入污染指数 P_i 和趋势因子 a 这两个参数。其中污染指数 $P_i = C_i/C_0$，表示环境受第 i 种污染因子污染的程度，C_i 是实测值，C_0 是评价的标准值。趋势因子 a 是灰色模型中的一个参数，反映污染物的变化趋势。根据污染指数 P_i 和趋势因子 a 的值，可将待分析的环境对象分为下述4种状态。

状态一，$P_i>1$，$a<0$，表示此种污染因子的浓度较高，已经发生环境污染，且污染呈不断加重的趋势，此种污染因子即为关键因子，有必要对其进行重点整治。

状态二，P_i>1，a≥0，表示此种污染因子的浓度较高，已经发生环境污染，但污染有减缓的趋势，此种污染因子也可作为关键因子。

状态三，P_i≤1，a<0，表示此种污染因子的浓度在不断增加，现在虽没有超标，但却是使环境质量不断变差的因子，也应作为关键因子。

状态四，P_i≤1，a≥0，表示不仅此种污染因子的浓度未超标，而且污染程度趋于减轻，此种污染因子就不能作为关键因子。

a 是建立灰色系统过程中产生的一个参数，此参数能够反映出灰色模型的变化趋势。灰色系统为部分信息明确、部分信息不明确的系统。由于环境质量受多个因素的影响，有的因素通过监测可以掌握其影响程度，有的因素难以测量和了解，有的因素还未被人们所认识，因而环境系统可以作为灰色系统来研究。在把环境系统作为灰色系统研究的前提下，可以对环境系统进行灰色预测，把观测到的数据序列视为一个随时间变化的灰色量或灰色过程，通过累加生成和相减生成逐步使灰色量白化，从而建立相应于微分方程的模型，并作出预报。

根据本部分第 1 章上海海域生态环境历史变化趋势可以看出，无机氮、磷酸盐、悬浮物、重金属 Pb 和 Hg 四种指标的 P_i 值大于 1，表明这些因子的现状浓度已经相对较高，存在一定的污染，处于状态一或状态二。计算其参数各个因子的 a 值，结果如表 3-2 所示。

表 3-2 上海长江口临近海域水质以及生物指标的 a 值情况

无机氮	活性磷酸盐	硅酸盐	化学需氧量	Cu	Pb
-0. 54	0. 03	-4. 41	-1. 53	-2. 95	-0. 89
悬浮物	Cd	Hg	浮游植物	浮游动物	
-8. 72	0. 04	-3. 24	-2. 82	-9. 12	

根据动态污染指数判别法计算结果，可以看出除重金属 Cd 不应当作为关键因子外，其他各项因子均可以作为备选的关键因子，而且无机氮、悬浮物、重金属 Pb 和 Hg 还应当作为关键因子进行整治。结合主成分分析方法和动态污染指数法的判别结果，可以选择水体中的悬浮物、无机氮、Pb 和 Hg 等作为关键因子进行分析。根据《疏浚物海洋倾倒分类和评价程序》中疏浚物类别评价方法，该疏浚区的疏浚物绝大部分均属 I 类即清洁疏浚物。疏浚泥对倾倒区及临近海区海水水质的影响主要取决于进入水体的疏浚物中各污染物质的含量、污染物的可溶性以及海水交换情况。根据

《疏浚物海洋倾倒分类和评价程序》，该疏浚泥可以进行海洋处置。长江口口内海域为中等强度潮流，对倾倒入海的疏浚物具有一定的扩散稀释能力，预计不会因倾倒物中污染物的溶出而使海水的水质明显变差。因此，此类疏浚泥所含污染物对倾倒区的水质影响较小。

同时根据2014年国家海洋局东海监测中心5月、8月和11月对长江口海域的监测数据可知海域内悬浮物平均浓度分别为96 mg/L、191 mg/L和159 mg/L，处于三类或四类国家海水质量标准之间。疏浚工程影响水体环境最基本的过程就是物理过程，即悬浮泥沙的输移和扩散导致水质环境下降。由于海水中的悬沙量增加，浑浊度也随之加大，透明度则随之降低，这将影响到浮游植物的光合作用。浮游植物在海洋生物链中处于最底层，对整个海洋生态系统都会产生影响。考虑到倾倒区生态环境现状以及发展趋势，疏浚物主要为清洁疏浚物，产生的影响主要为物理和海底沉积学方面的影响，本课题最终选择将悬浮物（SS）作为关键因子，进行疏浚物倾倒以及同时倾倒产生的叠加生态环境影响研究。

3.2 三维水动力数值模拟

3.2.1 潮流模型原理

对于海洋环境研究来说，水动力学特性是重要的研究内容。已有研究表明，潮流是影响海洋物质输运的主要动力因素，其对温度、盐度、污染物和浮游生物等指标的时空分布起着决定性的作用。正确模拟海域的水动力环境是计算污染物输运和扩散的基础和前提。为了更好地再现物质输运过程，必须首先对潮流进行数值模拟。

FVCOM是由美国麻州大学（The University of Massachusetts）海洋科学技术学院陈长胜博士研究组建立的一种三维原始方程组、有限体积、非结构三角形网格的海洋模型（Finite Volume Coast and Ocean Model）。该模型在数值计算方面采用有限体积法求解方程的积分形式，用改进的Runge-Kutta算法进行数值离散，并使用内外模分裂算法以节省计算时间，使方程具有很好的守恒性而又不失计算的高效性。

FVCOM模型的垂向采用σ坐标变换，潮滩动边界用干湿判断法处理，应用Mellor-Yamada的2.5阶紊流模型进行闭合。

FVCOM 模型最大的优点是使用了非结构网格和有限体积法，一方面结合了有限元法易拟合边界、可局部加密的优点，另一方面也吸取了有限差分法便于离散方程组的优点。既可以保证方程中质量、动量、盐度和热量的守恒性，又可以更好地适应近岸、河口等的复杂地形和边界。

FVCOM 模型的控制方程为：

连续方程：

$$\frac{\partial \zeta}{\partial t}+\frac{\partial Du}{\partial x}+\frac{\partial Dv}{\partial y}+\frac{\partial w}{\partial \sigma}=0$$

动量方程：

$$\frac{\partial uD}{\partial t}+\frac{\partial u^2 D}{\partial x}+\frac{\partial uvD}{\partial y}+\frac{\partial uw}{\partial \sigma}-fvD$$

$$=-gD\frac{\partial \zeta}{\partial x}-\frac{gD}{\rho_0}\left[\frac{\partial}{\partial x}\left(D\int_\sigma^0 \rho \mathrm{d}\sigma'\right)+\sigma\rho\frac{\partial D}{\partial x}\right]+\frac{1}{D}\frac{\partial}{\partial \sigma}\left(K_m\frac{\partial u}{\partial \sigma}\right)+DF_x$$

$$\frac{\partial uD}{\partial t}+\frac{\partial u^2 D}{\partial x}+\frac{\partial uvD}{\partial y}+\frac{\partial uw}{\partial \sigma}-fvD$$

$$=-gD\frac{\partial \zeta}{\partial y}-\frac{gD}{\rho_0}\left[\frac{\partial}{\partial y}\left(D\int_\sigma^0 \rho \mathrm{d}\sigma'\right)+\sigma\rho\frac{\partial D}{\partial y}\right]+\frac{1}{D}\frac{\partial}{\partial \sigma}\left(K_m\frac{\partial u}{\partial \sigma}\right)+DF_y$$

温度及盐度控制方程：

$$\frac{\partial TD}{\partial t}+\frac{\partial TuD}{\partial x}+\frac{\partial TvD}{\partial y}+\frac{\partial Tw}{\partial \sigma}=\frac{1}{D}\frac{\partial}{\partial \sigma}\left(K_h\frac{\partial T}{\partial \sigma}\right)+D\hat{H}+DF_T$$

$$\frac{\partial SD}{\partial t}+\frac{\partial SuD}{\partial x}+\frac{\partial SvD}{\partial y}+\frac{\partial Sw}{\partial \sigma}=\frac{1}{D}\frac{\partial}{\partial \sigma}\left(K_h\frac{\partial S}{\partial \sigma}\right)+DF_S$$

$$\rho=\rho(T,\ S)$$

湍流闭合模型方程：

$$\frac{\partial q^2 D}{\partial t}+\frac{\partial q^2 uD}{\partial x}+\frac{\partial q^2 vD}{\partial y}+\frac{\partial q^2 w}{\partial \sigma}=2D(P_s+P_b-\varepsilon)+\frac{1}{D}\frac{\partial}{\partial \sigma}\left(K_q\frac{\partial q^2}{\partial \sigma}\right)+DE_q$$

$$\frac{\partial q^2 lD}{\partial t}+\frac{\partial q^2 luD}{\partial x}+\frac{\partial q^2 lvD}{\partial y}+\frac{w}{\sigma}\frac{\partial q^2 lw}{\partial \sigma}=lE_l D\left(P_s+P_b\frac{\widetilde{W}}{E_l}\varepsilon\right)+\frac{1}{D}\frac{\partial}{\partial \sigma}\left(K_q\frac{\partial q^2 l}{\partial \sigma}\right)+DF_l$$

水平扩散项：

$$DF_x\approx\frac{\partial}{\partial x}\left[2A_m H\frac{\partial u}{\partial x}\right]+\frac{\partial}{\partial y}\left[A_m H\left(\frac{\partial u}{\partial y}+\frac{\partial v}{\partial x}\right)\right]$$

$$DF_y\approx\frac{\partial}{\partial x}\left[A_m H\left(\frac{\partial u}{\partial y}+\frac{\partial v}{\partial x}\right)\right]+\frac{\partial}{\partial y}\left[2A_m H\frac{\partial v}{\partial y}\right]$$

$$D(F_T, F_S, F_{q^2}, F_{q^2l}) \approx \left[\frac{\partial}{\partial x}\left(A_h H \frac{\partial}{\partial x}\right) + \frac{\partial}{\partial y}\left(A_h H \frac{\partial}{\partial y}\right)\right](T, S, q^2, q^2l)$$

式中，K_h 和 A_h 分别为垂直和水平风向热力漩涡摩擦系数；K_m 和 A_m 分别为垂直和水平漩涡黏滞系数。

3.2.2 三维潮流模拟

3.2.2.1 初始条件

初始条件为初始状态下的参数值：水位给定为起潮水位（起始时刻的水位），初始流速为零，即从静止状态开始计算。初始温度和盐度采用国家海洋局东海分局监测中心提供的 2013 年 5 月、8 月以及 2014 年 5 月、8 月实测数据，插值到整个区域网格中。

3.2.2.2 边界条件

边界条件为在边界上给出每个计算时刻的控制变量值（变量的时间序列值）。边界条件的选取较为严格，因为边界条件直接影响到计算结果的正确与否及计算精度。

1）开边界

在自由海面（$\sigma=0$）处：

$$\left(\frac{\partial u}{\partial \sigma}, \frac{\partial v}{\partial \sigma}\right) = \frac{D}{\rho_0 K_m}(\tau_{sx}, \tau_{sy})$$

$$\omega = \frac{\hat{E} - \hat{P}}{\rho}$$

$$\frac{\partial T}{\partial \sigma} = \frac{D}{\rho c_p K_h}[Q_n(x, y, t) - SW(x, y, 0, t)]$$

$$\frac{\partial S}{\partial \sigma} = -\frac{S(\hat{P} - \hat{E})D}{K_h \rho}$$

2）水位边界和侧边界

模型中指定了两种给定水位边界的方式：一种是直接将原体观测中布测得到的实时水位值赋值到开边界各个网格中心点上；另一种是对开边界附近某些点的潮汐水位数据进行调和分析，得到 S2，M2，N2，K1，P1，O1 等主要特征分潮的调和常数，通过这些调和常数计算任意时刻的海面潮位，潮位公式如下：

$$\eta = \eta_0 + \sum_{i=l}^{\sigma}\left\{A_i \cos\left(\frac{2\pi}{T_i}t - \theta_i\right)\right]$$

式中，η_0 为平均海平面；T_i，A_i，θ_i 分别为第 i 个分潮的周期，振幅和相角。

本次潮流模拟过程中，在大区域内采用 S2，M2，N2，K1，P1，O1 六个主要分潮潮汐调和常数［来源于《渤海、黄海、东海海洋图集（水文）》，海洋出版社］作为边界条件，在中区域和小区域的潮流模拟中则分别采用大区域和中区域潮流模拟的结果作为边界输入条件。

对流入模型的径流采用流量边界条件，流量按比例分层给出；除排水口处的网格节点水温给定为 $T_{排}=T+\Delta T$，T 为环境水温，$T_{排}$ 为排水口温升，其他温度边界采用对流型开边界形式给定：

$$v_n = 0;\ \frac{\partial T}{\partial n} = 0;\ \frac{\partial S}{\partial n} = 0$$

3）底边界

$$\left(\frac{\partial u}{\partial \sigma}, \frac{\partial v}{\partial \sigma}\right) = \frac{D}{\rho_0 K_m}(\tau_{bx}, \tau_{by})$$

$$\omega = \frac{\Omega_b}{\Omega}$$

$$\frac{\partial T}{\partial \sigma} = \frac{A_h D \tan\alpha}{K_h - A_h \tan^2\alpha}\frac{\partial T}{\partial n}$$

$$\frac{\partial S}{\partial \sigma} = \frac{A_h D \tan\alpha}{K_h - A_h \tan^2\alpha}\frac{\partial S}{\partial n}$$

式中，$(\tau_{bx}, \tau_{by}) = \sqrt{u^2 + v^2}(u, v) \times \max[\kappa^2/(\ln(z_{zb}/z_0))^2, 0.002\,5]$。对于底边界和侧壁边界，可以认为没有对流和扩散的热通量通过，即固面边界的法向速度为零，对于温度采用绝热条件。

4）开边界

FVCOM 模型可以采用两种方法指定开边界条件：① 在开边界指定有实测得到的水位或者嵌套的大区域网格计算所得到的水位；② 利用开边界上各分潮的调和常数计算得到强迫水位，其计算公式如下：

$$\zeta_0 = \overline{\zeta_0} + \sum_{i=1}^{N_0}\hat{\zeta}_i \cos(\omega_i t - \theta_i)$$

其中，ξ_0 是相对于静止水平面的平均海位；ξ_i、w_i、θ_i 分别是第 i 分潮的振幅、频率和位相；N_0 是分潮总数。

3.2.2.3 模型计算方法

ECOMSED 水动力模块包含两个模态，即内模态（Internal mode）和外模态（External mode）。在进行计算时，采用模态分离技术（Mode Splitting Technique）可以节约计算机时。外模态忽略垂向结构，考虑水平对流和扩散，是一个二维的水动力模型。通过把控制方程在垂直方向上积分，求得垂向平均量代入二维方程求解。内模态三维水动力模型考虑垂向分层，使用 σ 坐标求解方程。在计算自由海面高度时可以忽略垂向结构，只考虑体积输运。

在计算自由海面高度时可以只考虑体积输运，忽略垂向结构。外模态的处理过程中采用较小的时间步长 DTE 来控制时长，计算一定步数后，把外模态的水位结果代入内模态中，使用较长的时间步长 DTI 计算内模态过程。当计算周期等于一个外模态时间步长 DTE 后，外模态的二维计算中的表面风应力项和底摩擦项内模态新给出的计算结果代替，开始进行新一轮的外模态计算，此时外模态中参与计算的对流和辖射项也由内模态的计算结果给出。

3.2.2.4 网格的设置

有限体积法模型的非结构网格设计主要由建立网格、定义控制体和物理量布置 3 部分组成。与有限元法相似，FVCOM 模型的计算区域在水平方向上划分为无重叠的三角形单元，而每个三角形网格单元由 3 个节点、1 个单元中心和 3 条边组成。分别用 N 和 M 表示区域内三角形单元的中心总数目和节点总数目。因为所有的三角形网格均互不重叠，故 N 同时又可表示三角形网格的总数目。

在数值计算过程中，为了更精确地计算海表面水位、流速、温度和盐度值，通过三角形节点计算标量，即位于某节点上的变量可通过与该节点相连的三角形中心和边的中心连线的净通量进行计算；在三角形单元的中心上计算矢量 u，v，即位于某 3 角形中心上的变量可通过该三角形的三条边的净通量进行计算。网格划分及各物理量在非结构三角形网格中的位置如图 3-2 所示。

其中，图中实心圆点表示网格节点，虚线圆圈表示三角形单元的中心。

地形资料采用中国人民解放军海军司令部航海保证部 2013 年东海海图数字化结果，高程为 1985 国家高程基准，深度为理论最低潮面。为了更好地拟合长江口海域复杂的岸线边界和海底地形，本研究海域计算区域划分成高质量、非结构的三角形网

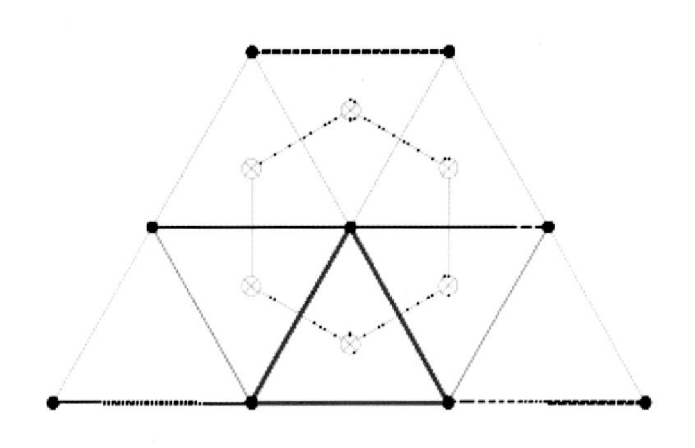

图 3-2 非结构三角形网格划分和变量位置示意图

格，在外海开边界（弧线）的水平分辨率均为 900 m（图 3-3 和图 3-4）。对长江口及杭州湾附近海域逐渐进行了网格加密处理，并对长江口深水航道及研究倾倒区区域也进行了网格加密处理。计算区域内水平最高分辨率为 30~50 m，计算区域内网格总数为 127 134，节点总数为 65 232。从网格划分的效果看来，模型所用的非结构三角形网格能很好地概括复杂的陆域边界。

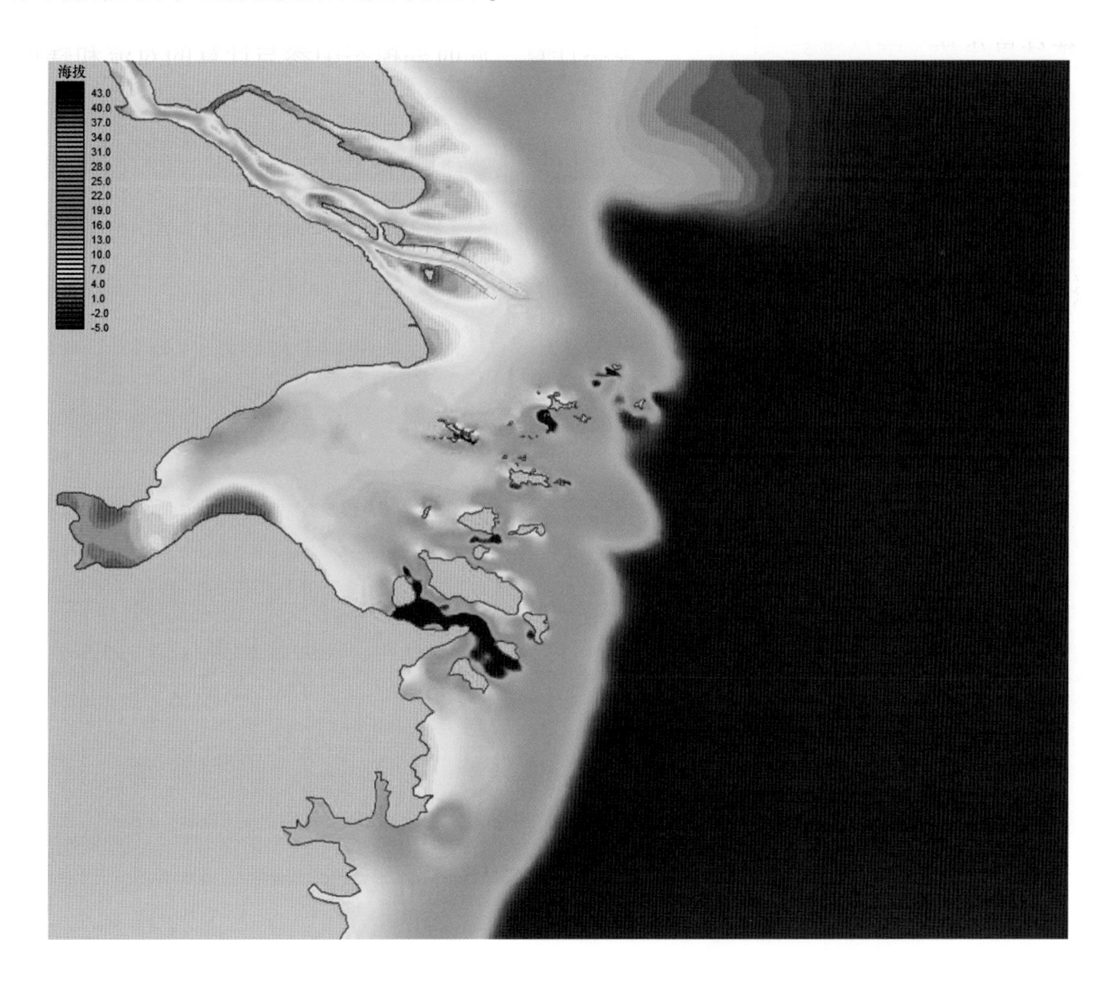

图 3-3 长江口及其附近海域水深情况

图 3-4　模拟倾倒区网格化

在本次模拟中，为进行模型结果与观测资料的验证，模型计算的时间为 2015 年 3 月 1 日 1 时至 2015 年 4 月 30 日 0 时，共 60 d 。为保证计算的稳定性，强迫模型从静止状态启动（冷启动），即初始水位给定计算时段内初始时刻的潮位，初始流速为零，初始温度设为常数。模式中最小底摩擦系数（BFRIC）设置为 0. 003，海底粗糙度（ZOB）为 0. 014 m。模型每小时输出一组数据，前 5 d 用于数值模式的稳定时间，输出后面 54 d 的数据进行计算、验证与分析。

3. 2. 3　潮流模拟结果

分别选取长江口邻近海域的 5 个站点作为潮流水位模拟结果验证站和潮流流向流速验证站点，如图 3-5 所示。而从图 3-6 可以看出，t1 至 t5 共 5 个站点的 FVCOM 水位模拟值与实测值接近，表明 FVCOM 潮流模型对长江口海域内潮流的水位具有较好的拟合效果。分别选取大潮和小潮情况对长江口海域内的潮流流向与流速进行验证（图 3-7 至图 3-10），模型输出的模拟值与实测值变化趋势一致，所选择的站点的潮位和流速值较为接近，表明潮流模型能够较为真实地还原实际过程，FVCOM 能够较好地对长江口海域潮流等进行模拟。

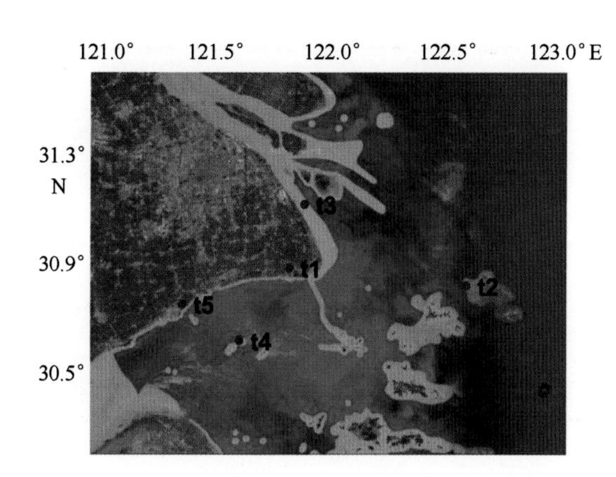

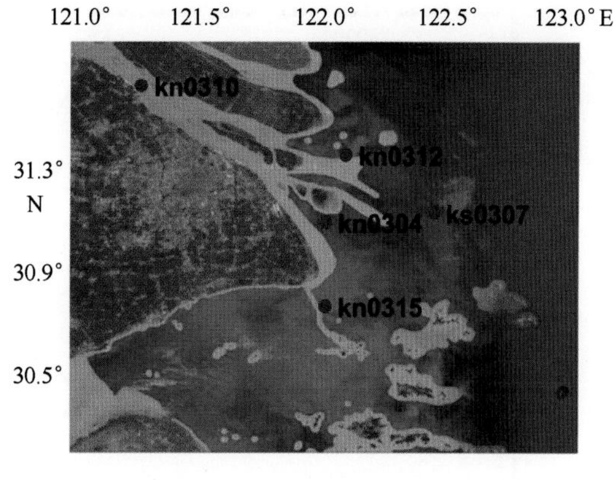

图 3-5 潮汐验证站点（左图为水位验证站点，右图为流向流速验证站点）

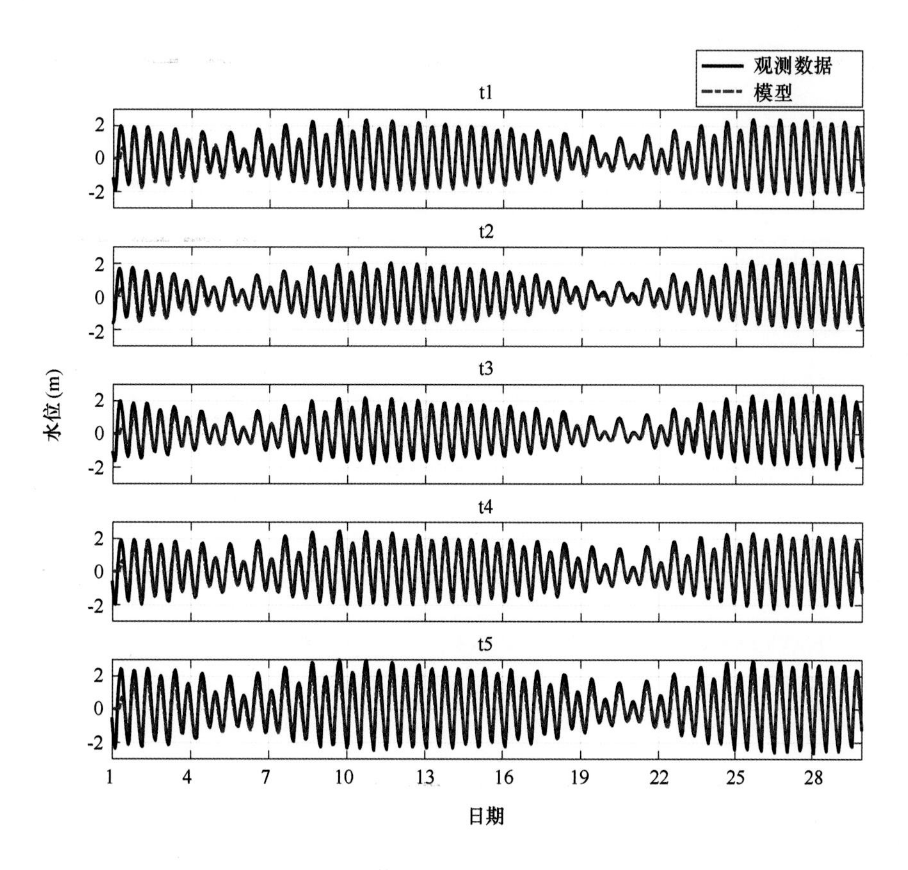

图 3-6 FVCOM 模型对长江口海域水位验证结果

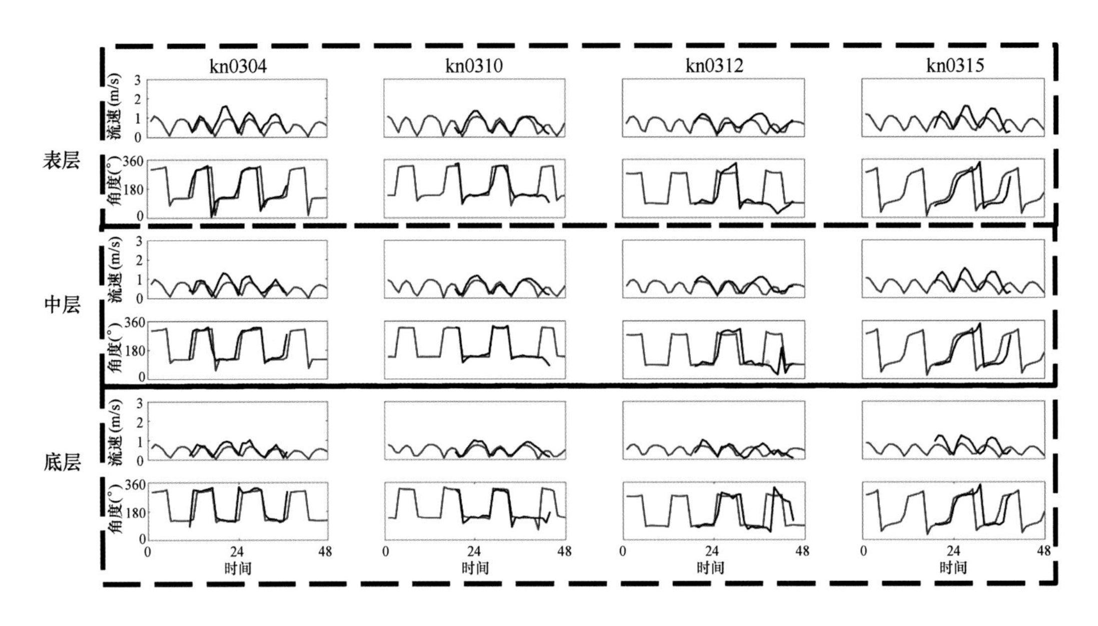

图 3-7　小潮期间 FVCOM 模型对潮流流向流速验证结果

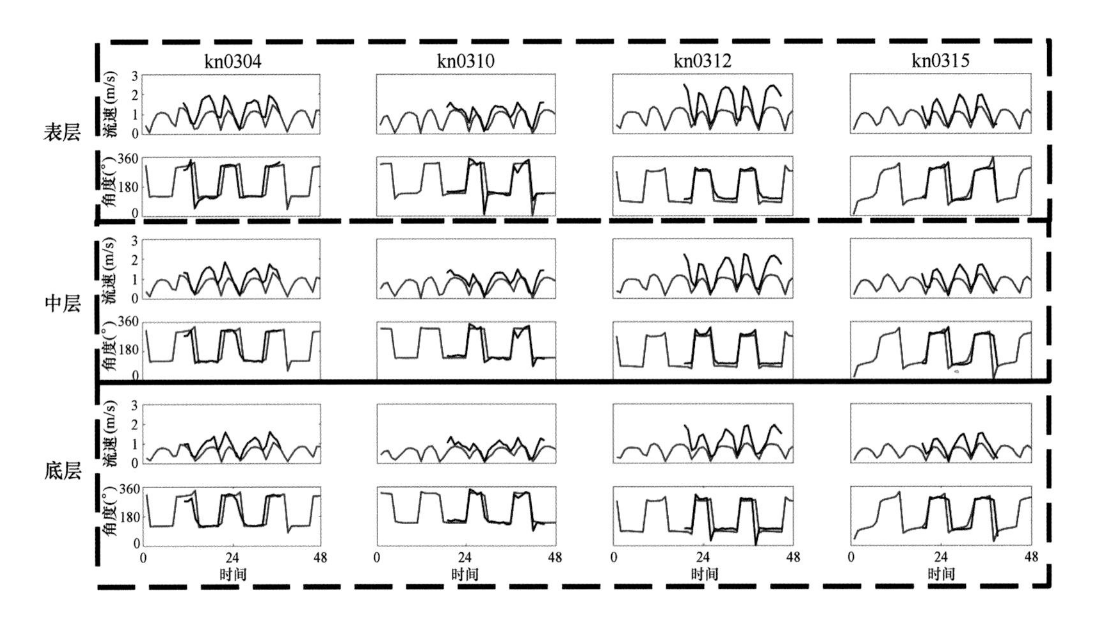

图 3-8　大潮期间 FVCOM 模型对潮流流向流速验证结果

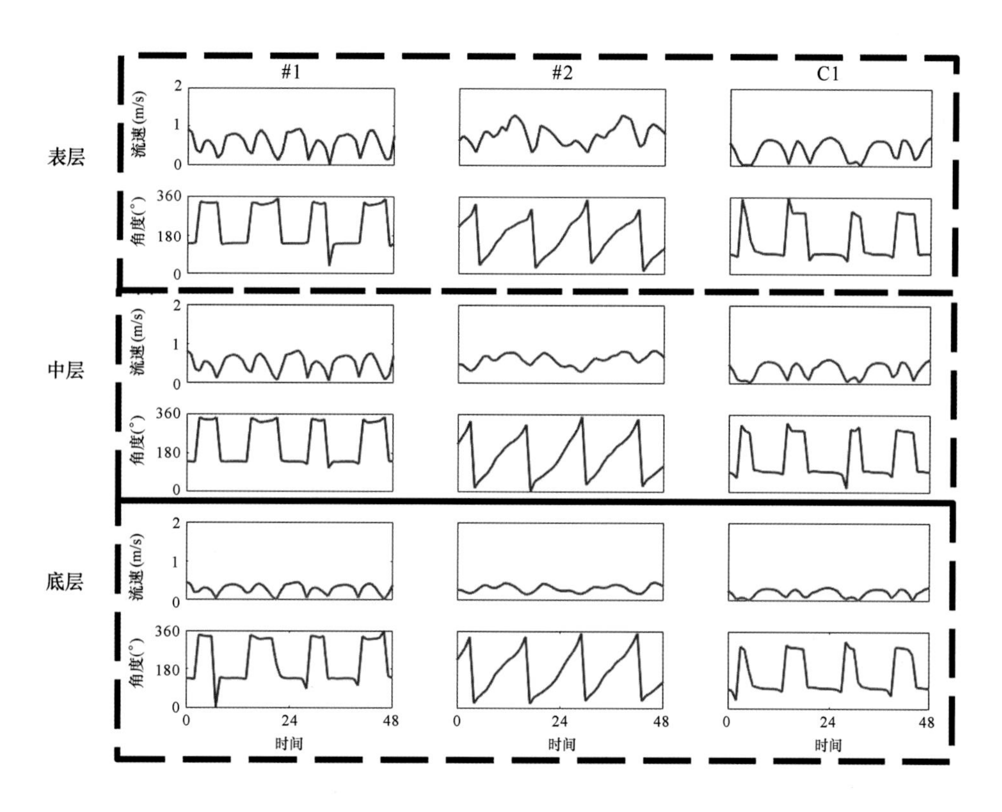

图 3-9 小潮期间模拟倾倒区内流向流速

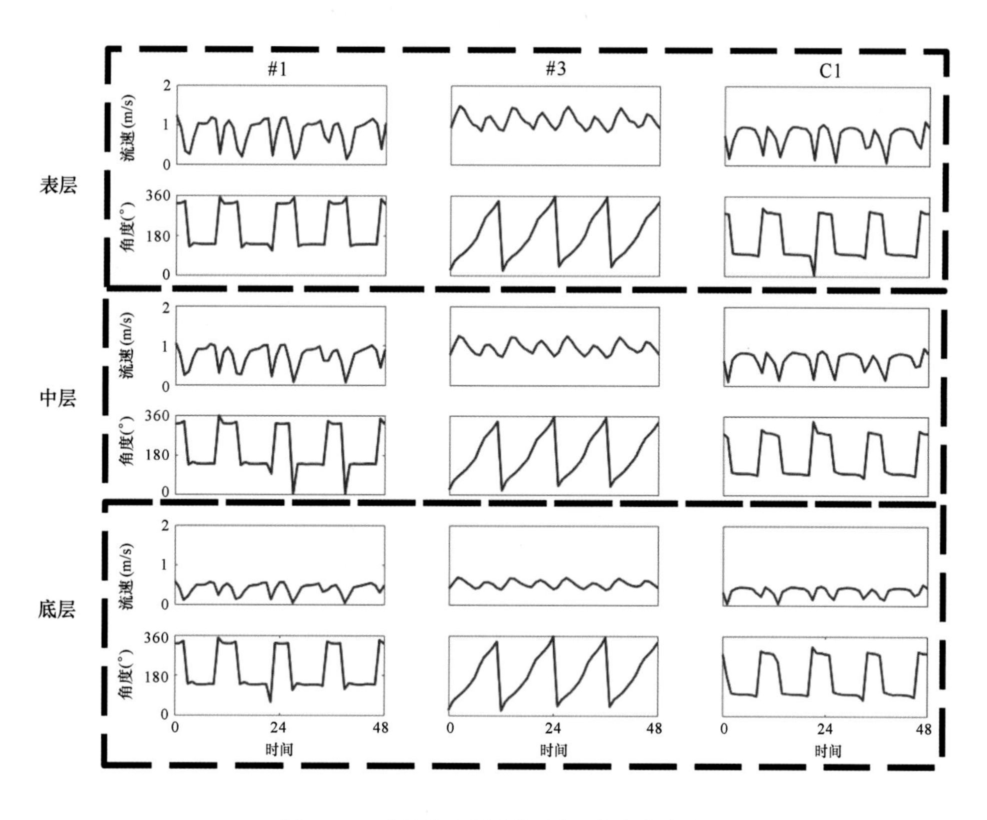

图 3-10 大潮期间模拟倾倒区内流向流速

3.3 疏浚物倾倒模拟条件

3.3.1 三维泥沙扩散模型原理

当细砂和颗粒物残渣粒径小于75 μm时确定为黏性沉积物，上海海域疏浚物的沉积物类型主要是泥粉砂，泥沙粒径较小，模型中根据实际粒径大小选择黏性沉积物来进行计算。

疏浚物入海后，较粗部分迅速沉入海底，较细部分则成为悬浮泥沙，在海洋水动力的作用下扩散、输运和沉降，形成悬浮泥沙浓度场，对海域环境产生影响。通过预测求得悬沙扩散的浓度场，然后依据海洋功能区划及相关海水水质标准，评价其对周围环境的影响程度。

该疏浚物迁移扩散三维模型如下。

模型采用FVCOM数值模型，其中泥沙模块的基本扩散方程为：

$$\frac{\partial C_i}{\partial t}+\frac{\partial uC_i}{\partial x}+\frac{\partial vC_i}{\partial y}+\frac{\partial(\omega-\omega_i)C_i}{\partial z}=$$

$$\frac{\partial}{\partial x}(A_H\frac{\partial C_i}{\partial x})+\frac{\partial}{\partial x}(A_H\frac{\partial C_i}{\partial y})+\frac{\partial}{\partial x}(K_h\frac{\partial C_i}{\partial z})+S+W_0$$

其中，C_i 为悬浮物浓度（mg/L）；A_H 为水平旋转黏性系数；K_h 为垂直旋转黏性系数；ω 为沉降速度（m/s）；S 为各状态变量处于物理、化学、生物过程而产生的内部源汇项；W_0 为各状态变量外部输入源强，包括点源和非点源排放，mg/L。

三维泥沙扩散模块的边界条件为：

海面边界条件：$K_h\frac{\partial C_i}{\partial z}=0$，$z=\zeta$；

海底边界条件：$K_h\frac{\partial C_i}{\partial z}=E_i-D_i$，$z=\zeta$；

侵蚀速率：$E_i=\Delta tQ_i(1-P_b)F_{bi}\left(\frac{\tau_b}{\tau_{ci}}-1\right)$。

3.3.2 模型输入参数与边界条件

3.3.2.1 初始条件

由于水体中悬浮物本底浓度较低，在疏浚物倾倒过程中不考虑悬浮物本底值，将其设置为0。

3.3.2.2 网格设置

疏浚物倾倒扩散模拟的区域与潮流模拟的小区大小一致，由于悬浮物的扩散范围有限，在疏浚物倾倒模拟中采用加密网格，网格最小间距为50 m。对疏浚物扩散方程同样，在垂向上采用Sigma坐标，并分为20层。

3.3.2.3 模拟源强

疏浚物倾倒过程采用驳船，规模在2 700~7 700 m^3之间，本次取通常情况值7 100 m^3，按满载倾倒计算。每天倾倒6船左右，倾倒方式为底开门式一次性倾倒，倾倒时间为5 min。其中，长江口1#倾倒区、3#倾倒区和C2吹泥站的年倾倒量分别为800万m^3、800万m^3和600万m^3。1#、3#倾倒区和C1吹泥站日最大倾倒量为4.62万m^3、4.62万m^3和2.1万m^3。

按下式推算出疏浚物的干容重r_0：

$$r_0 = \frac{r_{x0} - r_w}{r_x - r_w} \times r$$

式中，r_w为水容重；r为原状土容重；r_x为原状土湿容重；r_{x0}为疏浚物倾倒船上疏浚物的湿容重。

疏浚物倾倒源强Q按照下列公式计：

$$Q = V\frac{r_0 P}{T}$$

式中，V为每次倾倒量（m^3），根据上海市倾倒实际情况，本次1#、2#倾倒区和C2吹泥站分别取7 600 m^3、7 600 m^3、5 400 m^3；P为疏浚泥产生悬沙比例（%），一般取值为5%~10%，本次取8%；T为倾倒持续时间（s），本次取300 s。

3.3.2.4 沉降速度

根据上海市疏浚物粒径分布特征，粒径分布为小于4 μm、4~63 μm和大于

63 μm的颗粒物所占比例为15%~20%、70%~80%和约5%。较粗颗粒（>63 μm）泥沙在沉降过程中只随海流做输运，并在短时间内沉降至海底；粒径为4~63 μm的泥沙在沉降过程中随海流做输运和扩散，悬沙影响范围不大；而粒径小于4 μm的泥沙在沉降过程中，由于沉速较小，随海流做输运和扩散影响的范围较大，致使水体悬沙含量增高。

泥沙垂直扩散系数 A_v 选用双方程湍动能封闭模型计算结果，由于疏浚泥含不同粒径的泥沙，因此按不同粒径泥沙，分别采用参数化处理泥沙垂直扩散，以拟合实测悬沙资料来调整参数 λ，即

$$A_v = \lambda A_v M$$

泥沙沉速 w_s 是泥沙运动的重要参数，较粗泥沙，如粉砂粒径以上的泥沙沉速，可采用武汉水利电力学院静水泥沙沉速公式计算：

$$w = \sqrt{\left(13.95\frac{v}{D}\right)^2 + 1.09agD} - 13.95\frac{v}{D}$$

其中，v 为水运动黏滞系数，取值0.014 16 cm^2/s；D 为泥沙粒径（mm）；a 为重率系数，取1.7。

对于细粉砂及黏土（粒径小于75 μm），运动性质上表现为黏性，一般认为其在海水中的运动会因生物、化学、物理作用产生絮凝团，粒径和沉速指数级增大，密尼奥的静水沉降试验沉速在0.015~0.06 cm/s之间，然而小颗粒泥沙在动水中絮凝沉降条件较为复杂。

底边界条件中落淤临界流速 V_d，起动临界流速 V_e 的选取，与床面泥沙状态密切相关。疏浚泥由于机械的扰动，吸到疏浚船上的泥沙密度，大多小于在海床的原状密度，据《疏浚工程规范》提供的参考数据，淤泥密度在1 150~1 300 kg/m^3、粉砂密度在1 120~1 350 kg/m^3、砂密度在1 300~1 500 kg/m^3，因此疏浚泥在倾倒区抛倒后密度均较原状泥土小。由于倾倒施工的连续进行，较粗的泥沙和泥块落淤后形成疏松的淤泥，较细粉砂和黏土落淤后形成极易流动的异重流，因此形成较原海底床面易于扬动的底部泥沙边界条件。

根据窦国仁的泥沙起动研究，泥沙起动形式与泥沙的粒径形态有关，粒径粗的表现为单颗粒形式，粒径细的表现为群体形式。水深和床面泥沙密度也是泥沙起动流速相关的参考因素。泥沙起动分为将动未动、少量起动、普遍起动3种状态，相应公式中系数 k 分别等于0.26、0.32和0.41。窦国仁的泥沙起动公式：

$$V_e = k\left(\ln 11\frac{h}{\Delta}\right)\left(\frac{d'}{d_*}\right)^{1/3}\sqrt{3.6\frac{r_s - r}{r}gD + \left(\frac{r_0}{r_*}\right)^{5/2}\frac{\varepsilon + g\delta h(\delta/D)^{1/2}}{D}}$$

本研究采取普遍起动状态作为泥沙在床面成为悬浮状态的临界水流条件。泥沙起动公式中各参数取值为，$k=0.41$，$g=981\ \mathrm{cm/s^2}$，当泥沙粒径 $D<0.05$ cm，床面糙率 $\Delta=0.1$ cm，$d'=0.05$ cm，$d_*=1.0$ cm，薄膜水厚度参数 $\delta=2.31\times10^{-5}$ cm，泥沙黏结系数 $\varepsilon=1.75\ \mathrm{cm^3/s^2}$，$h$ 水深（cm），r_* 床面泥沙稳定干容重（$\mathrm{g/cm^3}$），r_0 床面泥沙干容重（$\mathrm{g/cm^3}$），泥沙容重 $r_s=2.65\ \mathrm{g/cm^3}$，海水容重 $r_s=1.025\ \mathrm{g/cm^3}$。当水深 $h=1\,500$ cm，$r_0=0.68\ \mathrm{g/cm^3}$，$r_*=0.939\ \mathrm{g/cm^3}$。

假设悬浮泥沙在水体中为非絮凝状态，其在水中只需要克服重力，上式第二项为0。采用窦国仁公式：

$$V_d = k\left(\ln 11\frac{h}{\Delta}\right)\left(\frac{d'}{d_*}\right)^{1/3}\sqrt{3.6\frac{r_s - r}{r}gD}$$

3.3.2.5 倾倒方案

由于悬浮泥沙的运动轨迹不仅受海流和风的影响，还受抛放时间和抛放地点等因素的影响，因此我们选择长江口 1#、3#倾倒区和 C1 吹泥站 3 个倾倒区的中心位置，作为单个倾倒模拟点，分别进行单个倾倒区倾倒、2 个倾倒区同时倾倒、3 个倾倒区同时倾倒等方案进行数值模拟。仅在白天进行疏浚物的倾倒，每天倾倒 6 次，每次倾倒间隔 2 h。考虑到实际情况中，疏浚物长期倾倒会在倾倒区内位置相对均匀，对倾倒区内均匀连续倾倒方案进行数值模拟。输入源的垂直位置定于表层。

由于大潮涨急或落急情况时，潮流流速超过悬浮物沉降阈值，使得水体中悬浮物浓度较小潮时要高且停留时间更长，更易引起沉积物的扰动而再处于悬浮状态；此外，大潮时较大的流速能够使水体中悬浮物扩散迁移距离范围更大，从而对生态环境的影响也更大。因此，考虑疏浚物倾倒后引起的最不利环境影响，本次选取大潮涨急与大潮落急时刻进行分析。

在单个倾倒区倾倒时，选择了 3 个倾倒区的中心位置，在最大涨潮流时（涨急）和最大落潮流时（落急）各进行一船倾倒疏浚物的扩散模拟。此方案分为长江口 1#、3#倾倒区和 C1 吹泥站 3 种单独倾倒情况。

2 个倾倒区同时倾倒是在任意两个倾倒区的中心处的两个点同时进行倾倒，在最大涨潮流时（涨急）和最大落潮流时（落急）分别进行双船倾倒疏浚物的扩散模拟。此方案分为长江口 1#和 3#倾倒区，1#倾倒区和 C1 吹泥站，3#倾倒区和 C1 吹泥站 3

种 2 个倾倒区倾倒情况。

3 个倾倒区同时倾倒则指的是在长江口 1#、3#倾倒区和 C1 吹泥站 3 个倾倒区的中心处同时进行倾倒，在最大涨潮流时（涨急）和最大落潮流时（落急）分别进行倾倒疏浚物的扩散模拟。此方案仅有一种倾倒情况。

3.4 疏浚物倾倒模拟结果

3.4.1 静水下的泥沙倾倒模拟

为模拟无风浪时疏浚物泥沙的沉降扩散迁移规律，本次进行了静水泥沙实验。根据上海市疏浚物粒径组成情况，选择以 10%粗砂、80%中砂、10%细砂的悬沙倾倒入海水中，判断其扩散沉降规律，模拟结果如图 3-11 至图 3-13 所示。从图中可以清晰地看出，由于不受潮流的扰动影响，悬沙中的粗砂成分迅速沉降至海底，粗砂高浓度成分呈线性方式缓慢扩展。对于中砂部分，泥沙在沉降的过程中高浓度部分向四周呈梯度形式扩散。对于细砂成分，在沉降的过程中向横向切面迅速扩散开；随着深度的加深，悬浮物浓度下降（图 3-11 至图 3-13）。

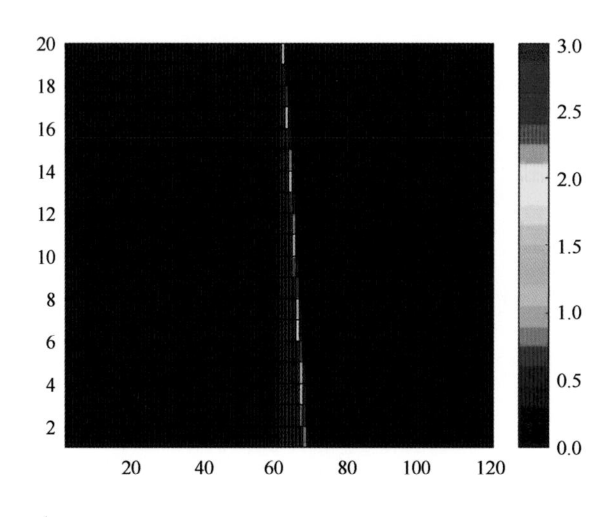

图 3-11　粗砂单点垂向剖面时间序列

3.4.2 小潮涨急倾倒方案模拟结果

对不同方案情况下疏浚物在倾倒区内倾倒时，选择小潮涨急、小潮落急、大潮涨

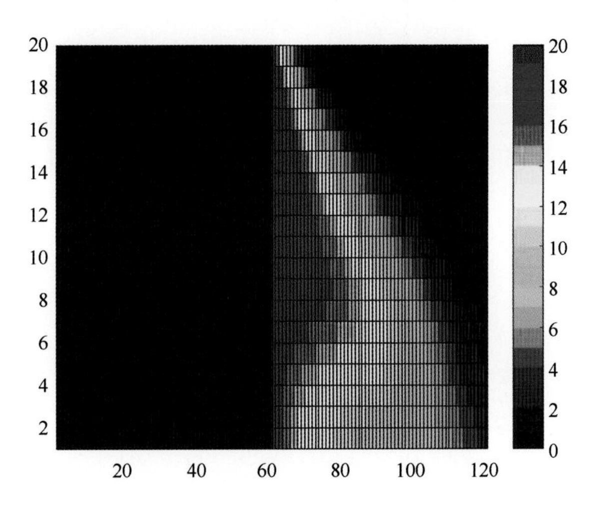

图 3-12 中砂单点垂向剖面时间序列

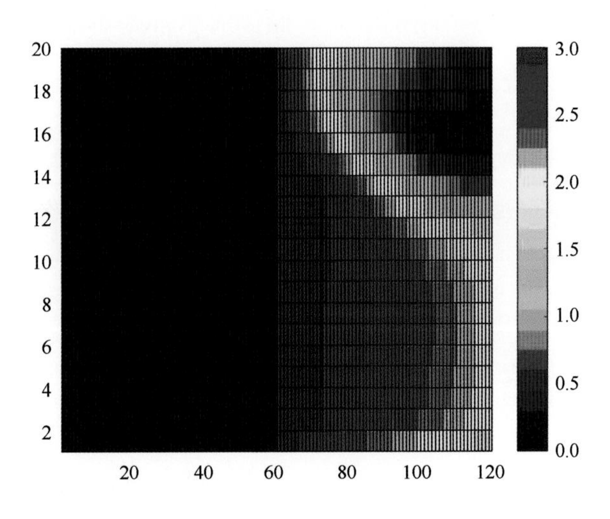

图 3-13 细砂单点垂向剖面时间序列（10%）

急和大潮落急 4 种典型情况进行分析。对于 FVCOM 模型对疏浚物倾倒后产生的生态环境影响模拟结果，则以表层、底层水体中悬浮物的最大影响距离、影响面积，特定浓度下悬浮物云团浓度降低一半时消耗的时间、海底的最大增加厚度及其在不同厚度情况下的覆盖面积等指标进行表征。

根据本研究提供的长江口海域悬浮物浓度空间分布数据可以看出，长江口邻近海域水体中悬浮物的变化范围在 8～1 752 mg/L 之间，其平均含量为 96～191 mg/L。倾倒区海域悬浮物浓度主要处于 100～1 200 mg/L 之间，远超过我国三类（100 mg/L）或四类（150 mg/L）海水水质标准中对悬浮物浓度的规定，因此本研究中对悬浮物扩散最大距离的模拟分析中主要讨论悬浮物浓度超过 150 mg/L 的影响范围。

小潮涨急情况下，表层和底层水体中悬浮物随着云团浓度的增加（表 3-3），其最大影响距离不断减少。在表层水体中，悬浮物浓度增量超过四类水质的距离为 8.3~41.6 km，而在底层水体中悬浮物扩散的距离略小于表层水体（6.4~40.0 km）。C1 吹泥站单独倾倒时引起的高浓度云团的影响距离，远低于 1#和 3#倾倒区分别单独倾倒时的影响，这可能是因为 3 个倾倒区处于河口内外位置不同，水动力条件、盐度条件等均不相同，且 C1 吹泥站位于深水航道西北部，航道设置的阻拦堤坝会产生一定的漩涡，对 C1 水体中悬浮物的沉降产生促进作用致使其扩散距离显著减小。较单个倾倒区倾倒疏浚物引起的疏浚物距离扩散，两个倾倒区同时倾倒时悬浮物增量引起的最大影响距离有所增加；且 1#和 3#倾倒区同时倾倒与单独倾倒的情况变化作用明显，同时倾倒影响距离在表层水体和底层水体中分别增加 3.4 倍和 3.9 倍，在扩散距离上表现为显著的叠加现象。3 个倾倒区同时倾倒时，相比单个倾倒区倾倒时的扩散距离明显有所增加，然而比两个倾倒区同时倾倒时增加得不明显。两个倾倒区同时倾倒时，最大影响距离总体表现为 3#和 C1>1#和 3#>1#和 C1。

表 3-3　小潮涨急时悬浮物扩散影响距离统计（悬浮物浓度增量为 150 mg/L）　　单位：km

倾倒区	潮型	水层	最大影响距离	水层	最大影响距离
1#	涨急	表层	12.3	底层	10.3
3#	涨急	表层	8.3	底层	6.4
C1	涨急	表层	20.8	底层	23.8
1#和 3#	涨急	表层	41.6	底层	40.0
1#和 C1	涨急	表层	20.7	底层	19.7
3#和 C1	涨急	表层	26.2	底层	26.1
1#、3#和 C1	涨急	表层	38.1	底层	36.5

将疏浚物倾倒后引起的悬浮物扩散面积，以等效半径所致的面积进行分析，小潮涨急时表层和底层水体中的结果如表 3-4 和表 3-5 所示。从表中可以看出，悬浮物不同浓度增量在表层与底层水体中扩散规律类似。浓度增量为 10 mg/L 的距离为 5.63~10.23 km，超过 100 mg/L 浓度较高的悬浮物影响等效长度为 1.55~2.60 km；超过 150 mg/L 的等效距离为 1.11~2.28 km，远小于相应浓度的最大扩散距离6.4~41.6 km。

表 3-4 小潮涨急时表层悬浮物扩散影响距离统计（等效距离，km）

倾倒区	潮型	水层	超一类、二类（增量 10 mg/L）	超三类（增量 100 mg/L）	超四类（增量 150 mg/L）
1#	涨急	表层	6.77	1.55	1.40
3#	涨急	表层	6.90	1.58	1.39
C1	涨急	表层	9.65	1.97	1.60
1#和 3#	涨急	表层	9.21	2.28	1.95
1#和 C1	涨急	表层	7.90	2.18	1.85
3#和 C1	涨急	表层	10.03	2.14	1.93
1#、3#和 C1	涨急	表层	8.83	2.60	2.28

等效距离指扩散面积的等效圆半径长。

表 3-5 小潮涨急时底层悬浮物扩散影响距离统计（等效距离，km）

倾倒区	潮型	水层	超一类、二类（增量 10 mg/L）	超三类（增量 100 mg/L）	超四类（增量 150 mg/L）
1#	涨急	底层	6.20	1.69	1.11
3#	涨急	底层	5.63	1.58	1.27
C1	涨急	底层	8.74	2.14	1.81
1#和 3#	涨急	底层	7.58	2.23	1.73
1#和 C1	涨急	底层	7.70	2.55	1.85
3#和 C1	涨急	底层	10.27	2.28	2.00
1#、3#和 C1	涨急	底层	9.40	2.79	2.17

从疏浚物倾倒后受影响的面积看，表层水体中，随着悬浮物云团增量浓度的增加，其面积不断减少（表 3-6）。悬浮物浓度增量超过一类、二类水质的最大影响距离为 149.6～316.2 km^2，超过三类水质标准的最大影响距离为 7.5～21.3 km^2，而超过四类水质标准的最大影响距离为 6.1～16.3 km^2。悬浮物增量为 10 mg/L 的影响面积约为增量超过三类水质的影响面积的 16.4～19.18 倍，为超过 150 mg/L 影响面积的 15.0～36.5 倍。3 个倾倒区分别单独倾倒时，不同悬浮物增量下的影响面积大小总体

表现为：C1>3#>1#。在较高浓度悬浮物云团增量（>100 mg/L）的情况下，3个倾倒区同时倾倒远大于两个倾倒区同时倾倒的面积，而两个倾倒区同时倾倒的面积远大于3#、1#倾倒区分别单独倾倒时的影响面积。在疏浚物倾倒引起的悬浮物浓度扩散影响面积方面，较高浓度云团表现出多倾倒区同时倾倒的叠加环境影响，即3个倾倒区同时倾倒的疏浚物影响面积远大于其他单个或两个倾倒区同时倾倒的范围。

表3-6　小潮涨急时表层悬浮物扩散影响范围统计

倾倒区	潮型	水层	影响面积（km^2）		
			超一类、二类（增量10 mg/L）	超三类（增量100 mg/L）	超四类（增量150 mg/L）
1#	涨急	表层	143.9	7.5	6.2
3#	涨急	表层	149.6	7.8	6.1
C1	涨急	表层	292.4	12.2	8.0
1#和3#	涨急	表层	266.7	16.3	11.9
1#和C1	涨急	表层	195.9	14.9	10.8
3#和C1	涨急	表层	316.2	14.4	11.7
1#、3#和C1	涨急	表层	245.2	21.3	16.3

底层水体中，悬浮物扩散影响面积（表3-7）总体上表现出与表层水体中类似的规律：低浓度增量云团影响面积大于高浓度增量云团范围。悬浮物浓度增量超过一类、二类水质标准的影响面积为99.5~331.2 km^2。悬浮物增量超过三类水质标准的影响面积为7.8~24.5 km^2，面积高于表层水体中对应倾倒方案下的悬浮物增量面积；而超过四类水质标准的影响面积为3.9~14.8 km^2，引起的增量面积为表层水体中的1~1.7倍。C1吹泥站倾倒引起疏浚物扩散的面积与其最大影响距离规律类似，可能由于受航道间断护堤引起的漩涡等因素影响而表现出扩散面积较小的现象。与表层水体扩散规律类似，疏浚物扩散较高浓度云团的影响面积表现为3个倾倒区同时倾倒>2个倾倒区同时倾倒>单个倾倒区倾倒。

表 3-7 小潮涨急时底层悬浮物扩散影响范围统计

倾倒区	潮型	水层	影响面积（km^2）		
			超一类、二类（增量 10 mg/L）	超三类（增量 100 mg/L）	超四类（增量 150 mg/L）
1#	涨急	底层	120.8	9.0	3.9
3#	涨急	底层	99.5	7.8	5.1
C1	涨急	底层	240.0	14.4	10.3
1#和 3#	涨急	底层	180.7	15.6	9.4
1#和 C1	涨急	底层	186.3	20.4	10.8
3#和 C1	涨急	底层	331.2	16.3	12.6
1#、3#和 C1	涨急	底层	277.3	24.5	14.8

疏浚物在倾倒入海水中后，悬浮物在海水中的迁移扩散过程受到重力、颗粒物间的作用力、潮流水动力以及盐度等引起的絮凝力等作用力的综合影响。小潮涨急情况下，不同倾倒方式倾倒疏浚物到海域中对表层和底层水中悬浮物浓度产生的影响如图 3-15 至图 3-17 所示。从扩散的形态上来看，扩散运动基本分为两部分：一部分是中心高浓度区随水流运动；另一部分是中心周围区域随水流扩散。较高浓度的悬浮物包络线整体形态从均匀圆形逐渐运动成椭圆形最终成狭长条形，椭圆长轴方向基本与主流方向一致。由于长江口地理区位特殊，处于淡水、咸水交汇地带，南支、南港和南槽以淡水（盐度为 0）为主，而北支和北港以海水咸水（盐度为 30）为主；在咸淡水交汇地带，在 1#、C1 倾倒区与 3#倾倒区之间范围盐度约处于 18~20 之间（最大浑浊带，图 3-14 中 MMR 区域），最适于悬浮物的絮凝。

综合以上分析，小潮涨急时，在扩散最大距离上，单个倾倒区单独倾倒与两个或多个倾倒区同时倾倒的影响距离在表层与底层水体上接近，且较高浓度增量悬浮物云团（100 mg/L 或 150 mg/L）的距离大于较低浓度云团（10 mg/L）。在扩散影响面积上，C1 吹泥站倾倒引起的悬浮物增量高浓度云团影响面积低于 1#、3#倾倒区单独倾倒的情形。1#和 C1 两个倾倒区同时倾倒时，其悬浮物扩散出现叠加影响，其影响面积大于 1#、C1 单独倾倒影响面积的线性加和。类似地，3 个倾倒区同时倾倒时，其产生的影响面积高于 3 个倾倒区单独倾倒面积的加和。在特定悬浮物浓度增量减半的耗时上，2 个或 3 个倾倒区同时倾倒耗时小于单个倾倒的情况。不同倾倒方案下的疏

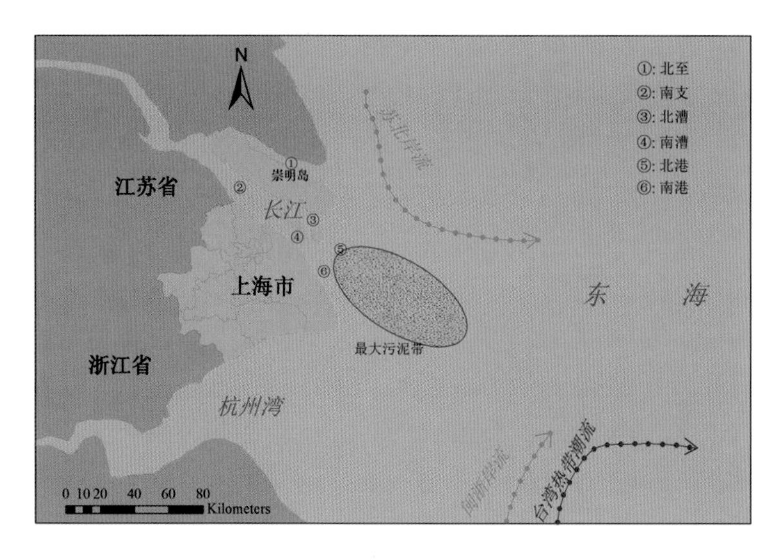

图 3-14 长江口海域潮流分布示意图

浚物倾倒，引起的不同海底厚度增加较为一致，且表现为低厚度增量面积（13.0~16.0 km^2）远高于高厚度增量影响面积（0.2~0.5 km^2）。

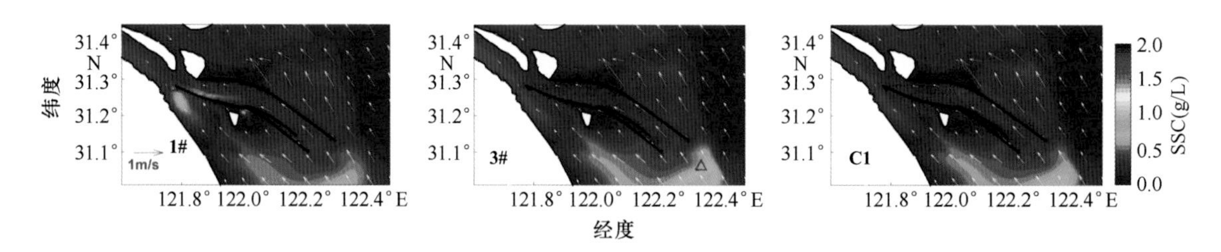

图 3-15 小潮涨急时单个倾倒区倾倒表层水体中悬浮物扩散

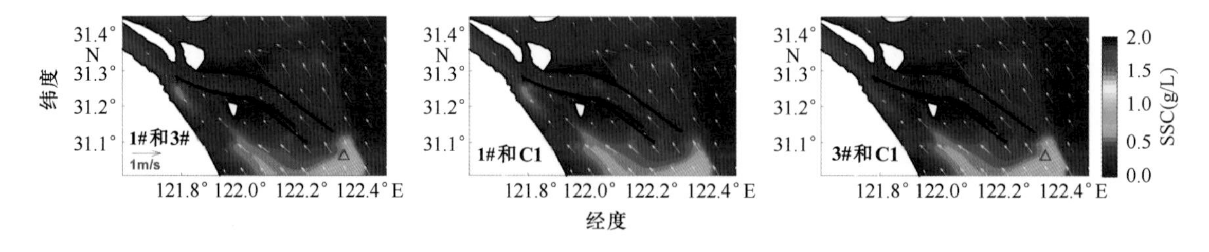

图 3-16 小潮涨急时 2 个倾倒区倾倒表层水体中悬浮物扩散

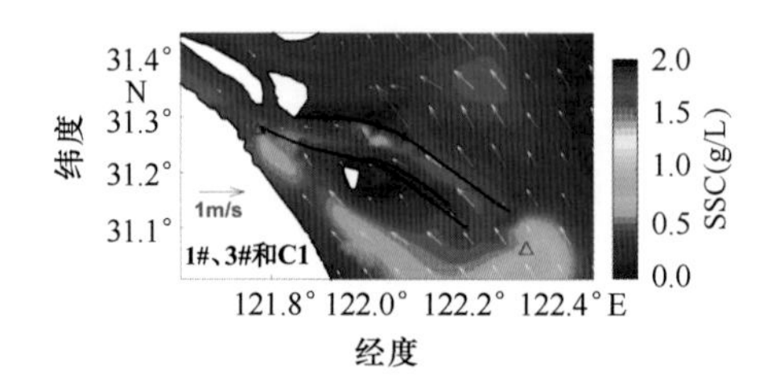

图 3-17 小潮涨急时 3 个倾倒区倾倒表层水体中悬浮物扩散

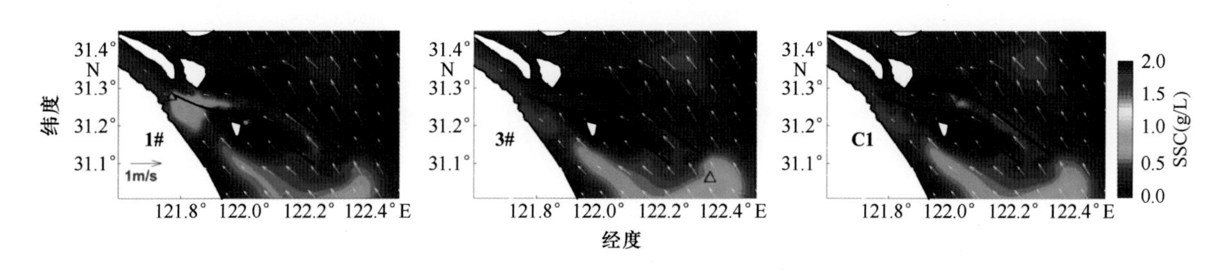

图 3-18 小潮涨急时单个倾倒区倾倒底层水体中悬浮物扩散

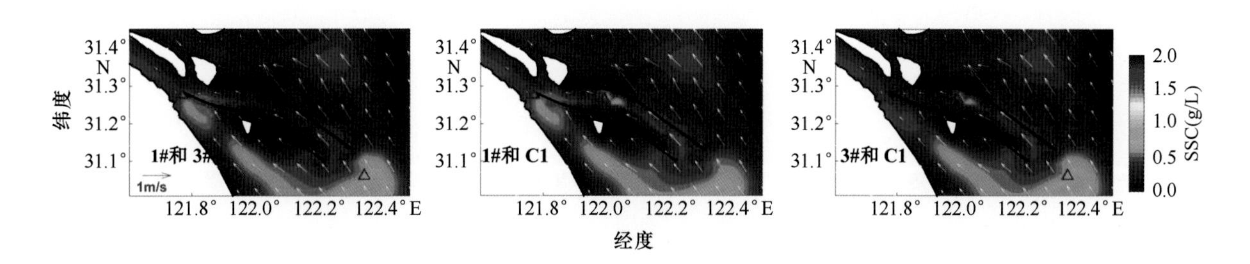

图 3-19 小潮涨急时 2 个倾倒区倾倒底层水体中悬浮物扩散

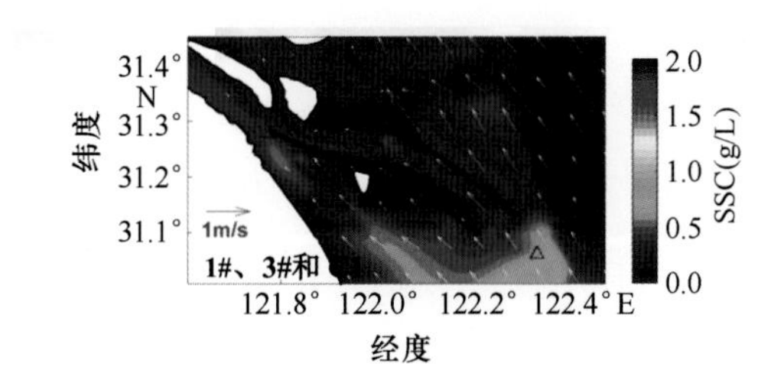

图 3-20 小潮涨急时 3 个倾倒区倾倒底层水体中悬浮物扩散

3.4.3 小潮落急倾倒方案模拟结果

小潮落急情况下，表层和底层水体中悬浮物扩散最大影响距离如表 3-8 所示。在表层水体中，悬浮物浓度增量超过四类水质的距离为 4.7~40.0 km，3#和 C1 倾倒区较涨急时情形影响距离均有所减小；而在底层水体中悬浮物扩散的距离为 18.0~40.0 km，较涨急时 3#倾倒区扩散距离有所增加。1#倾倒区的最大影响距离为 40 km，远高于 3#、C1 倾倒区单独倾倒的情形，且较 2 个或 3 个倾倒区同时倾倒的情形影响大。较 3#与 C1 单个倾倒区倾倒疏浚物引起的疏浚物距离扩散，2 个倾倒区同时倾倒时悬浮物增量引起的最大影响距离有所增加，在扩散距离上表现为显著的叠加现象。3 个倾倒区同时倾倒时，相比 3#、C1 单个倾倒区倾倒扩散距离明显有所增加，然而较 2 个倾倒区同时倾倒时增加得不明显。2 个倾倒区同时倾倒时，最大影响距离总体表现为 3#和 1#>1#和 C1>3#和 C1。

表 3-8 小潮落急时悬浮物扩散影响距离统计（悬浮物浓度增量为 150 mg/L）

单位：km

倾倒区	潮型	水层	最大影响距离	水层	最大影响距离
1#	落急	表层	40.0	底层	40.0
3#	落急	表层	4.7	底层	18.0
C1	落急	表层	9.1	底层	23.8
1#和 3#	落急	表层	33.0	底层	32.7
1#和 C1	落急	表层	30.0	底层	33.1
3#和 C1	落急	表层	23.0	底层	23.6
1#、3#和 C1	落急	表层	36.7	底层	36.7

将疏浚物倾倒后引起的悬浮物扩散面积，以等效半径所致的面积进行分析，小潮落急时表层和底层水体中的结果如表 3-9 和表 3-10 所示。从表中可以看出，悬浮物不同浓度增量在表层与底层水体中扩散规律类似。浓度增量为 10 mg/L 的距离为 4.98~10.34 km，与小潮涨急时等效距离接近；超过 100 mg/L 浓度较高的悬浮物影响等效长度为 1.70~3.54 km；超过 150 mg/L 的等效距离为 1.47~3.03 km，远小于相应浓度的最大扩散距离。

表 3-9 小潮落急时表层悬浮物扩散影响距离统计（等效距离，km）

倾倒区	潮型	水层	超一类、二类（增量 10 mg/L）	超三类（增量 100 mg/L）	超四类（增量 150 mg/L）
1#	落急	表层	6.92	2.52	2.21
3#	落急	表层	8.72	1.99	1.55
C1	落急	表层	9.58	1.70	1.47
1#和 3#	落急	表层	9.66	3.09	2.45
1#和 C1	落急	表层	10.34	2.97	2.66
3#和 C1	落急	表层	9.73	2.54	1.89
1#、3#和 C1	落急	表层	10.29	3.49	2.78

表 3-10　小潮落急时底层悬浮物扩散影响距离统计（等效距离，km）

倾倒区	潮型	水层	超一类、二类（增量 10 mg/L）	超三类（增量 100 mg/L）	超四类（增量 150 mg/L）
1#	落急	底层	4.98	2.59	2.37
3#	落急	底层	8.77	2.16	1.55
C1	落急	底层	8.98	1.80	1.47
1#和 3#	落急	底层	6.99	3.19	2.49
1#和 C1	落急	底层	9.83	3.10	2.77
3#和 C1	落急	底层	9.50	2.66	1.94
1#、3#和 C1	落急	底层	8.30	3.54	3.03

从疏浚物倾倒后受影响的面积看，小潮落急时表层水体中（表 3-11），随着悬浮物云团增量浓度的增加，其面积不断减少。悬浮物浓度增量超过一类、二类水质的影响面积为 150.5～332.8 km^2，而超过三类和四类水质标准的影响面积分别为 9.1～38.2 km^2、6.8～24.3 km^2，总体上与小潮涨急时影响面积接近。悬浮物增量为 10 mg/L的影响面积为增量超过三类水质的影响面积的 8.7～31.7 倍，为超过 150 mg/L影响面积的 13.7～42.4 倍，高浓度云团面积远小于 10 mg/L 的云团。3 个倾倒区分别单独倾倒时，不同悬浮物增量下的影响面积大小总体表现为：1#>3#>C1。在较高浓度悬浮物云团增量（>100 mg/L）的情况下，3 个倾倒区同时倾倒远大于 2 个倾倒区同时倾倒的面积，而 2 个倾倒区同时倾倒的面积远大于 3#、C1 倾倒区分别单独倾倒时的影响面积。在疏浚物倾倒引起的悬浮物浓度扩散影响面积方面，较高浓度云团表现出多倾倒区同时倾倒的叠加环境影响，即 3 个倾倒区同时倾倒的疏浚物影响面积远大于其他单个或 2 个倾倒区同时倾倒的范围。

表 3-11　小潮落急时表层悬浮物扩散影响范围统计

倾倒区	潮型	水层	影响面积（km^2）		
			超一类、二类（增量 10 mg/L）	超三类（增量 100 mg/L）	超四类（增量 150 mg/L）
1#	落急	表层	150.5	20.0	15.4

续表 3-11

倾倒区	潮型	水层	影响面积（km^2）		
			超一类、二类（增量 10 mg/L）	超三类（增量 100 mg/L）	超四类（增量 150 mg/L）
3#	落急	表层	238.9	12.5	7.5
C1	落急	表层	288.2	9.1	6.8
1#和 3#	落急	表层	293.3	30.0	18.9
1#和 C1	落急	表层	335.7	27.8	22.2
3#和 C1	落急	表层	297.7	20.2	11.2
1#、3#和 C1	落急	表层	332.8	38.2	24.3

底层水体中，悬浮物扩散影响面积总体上表现出与表层水体中类似的规律（表 3-12）：低浓度增量云团影响面积大于高浓度增量云团范围。悬浮物浓度增量超过一类、二类水质标准的影响面积为 77.8～303.3 km^2，与小潮涨急时接近。悬浮物增量超过三类水质标准的影响面积为 10.2～39.3 km^2，面积高于表层水体中对应倾倒方案下的悬浮物增量面积；而超过四类水质标准的影响面积为 7.5～28.9 km^2，引起的增量面积为表层水体中的 1～1.6 倍。与表层水体扩散规律类似，疏浚物扩散浓度增量超过 100 mg/L 的云团的影响面积表现为：3 个倾倒区同时倾倒>2 个倾倒区同时倾倒>单个倾倒区倾倒。

表 3-12 小潮落急时底层悬浮物扩散影响范围统计

倾倒区	潮型	水层	影响面积（km^2）		
			超一类、二类（增量 10 mg/L）	超三类（增量 100 mg/L）	超四类（增量 150 mg/L）
1#	落急	底层	77.8	21.0	17.7
3#	落急	底层	241.8	14.6	7.5
C1	落急	底层	253.1	10.2	6.8
1#和 3#	落急	底层	153.5	32.0	19.5
1#和 C1	落急	底层	303.3	30.2	24.1
3#和 C1	落急	底层	283.3	22.2	11.8
1#、3#和 C1	落急	底层	216.4	39.3	28.9

小潮落急情况下，不同倾倒方式倾倒疏浚物到海域中对表层和底层水中悬浮物浓度产生的影响如图3-21至图3-23所示。从扩散的形态上来看，扩散运动基本分为两部分：一部分是中心高浓度区随水流运动；另一部分是中心周围区域随水流扩散。较高浓度的悬浮物包络线整体形态从均匀圆形逐渐运动成椭圆形，最终成狭长条形，椭圆长轴方向基本与主流方向一致。

综合以上分析，小潮落急时，在扩散最大距离上，单个倾倒区单独倾倒与两个或多个倾倒区同时倾倒的影响距离在表层与底层水体上接近，且较高浓度增量悬浮物云团（100 mg/L或150 mg/L）的距离大于较低浓度云团（10 mg/L），且C1与1#、C1与3#同时倾倒两种方案下疏浚物影响最大距离小于小潮涨急时。在扩散影响面积上，C1吹泥站倾倒引起的悬浮物增量高浓度云团影响面积低于1#、3#单独倾倒的情形。1#和C1两个倾倒区同时倾倒时，其悬浮物扩散出现叠加影响：其影响面积大于1#、C1单独倾倒影响面积的线性加和。类似地，3个倾倒区同时倾倒时，其产生的影响面积大于3个倾倒区单独倾倒面积的算术相加之和。在特定悬浮物浓度增量减半的耗时上，2个或3个倾倒区同时倾倒耗时小于单个倾倒的情况。不同倾倒方案下的疏浚物倾倒，引起的不同海底厚度增加较为一致，且表现为低厚度增量面积（13.6~16.0 km^2）远高于高厚度增量影响面积（0.2~0.6 km^2），小潮涨急与小潮落急时海底增厚高度较为接近。

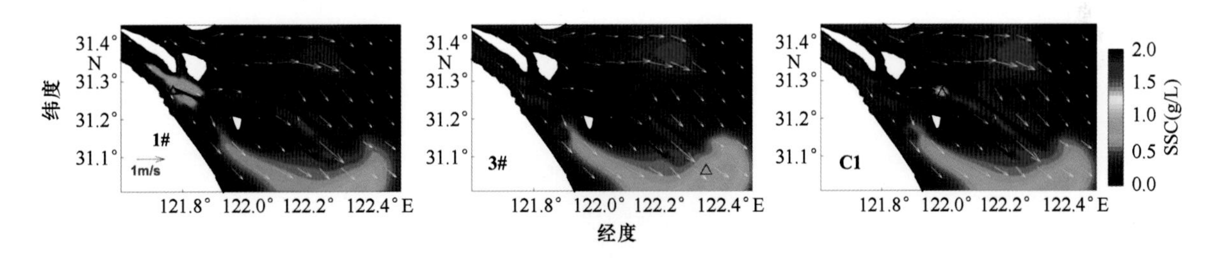

图3-21　小潮落急时单个倾倒区倾倒表层水体中悬浮物扩散

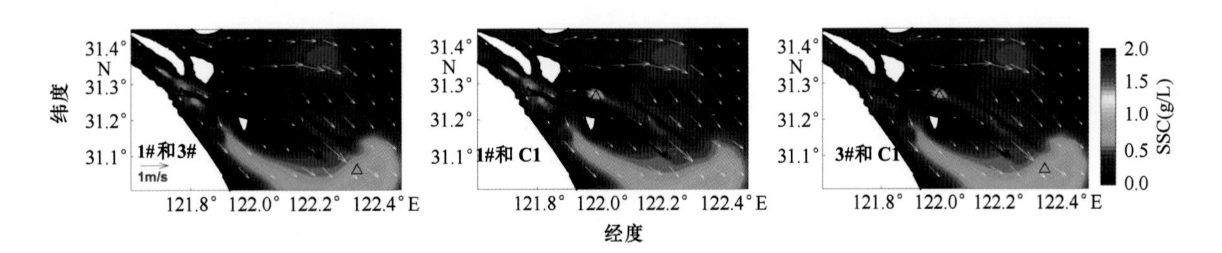

图3-22　小潮落急时2个倾倒区倾倒表层水体中悬浮物扩散

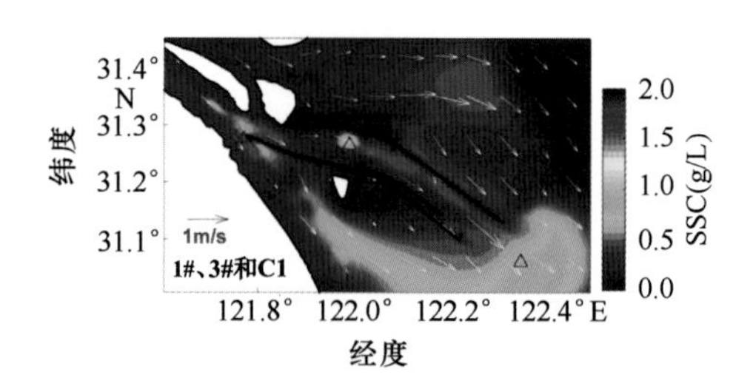

图 3-23　小潮落急时 3 个倾倒区倾倒表层水体中悬浮物扩散

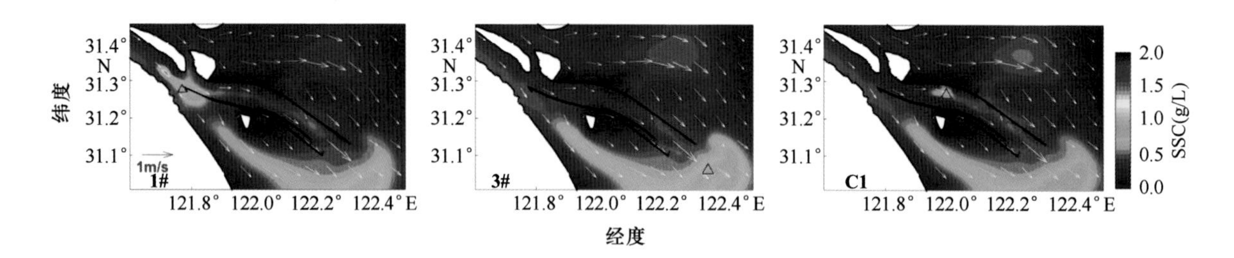

图 3-24　小潮落急时单个倾倒区倾倒底层水体中悬浮物扩散

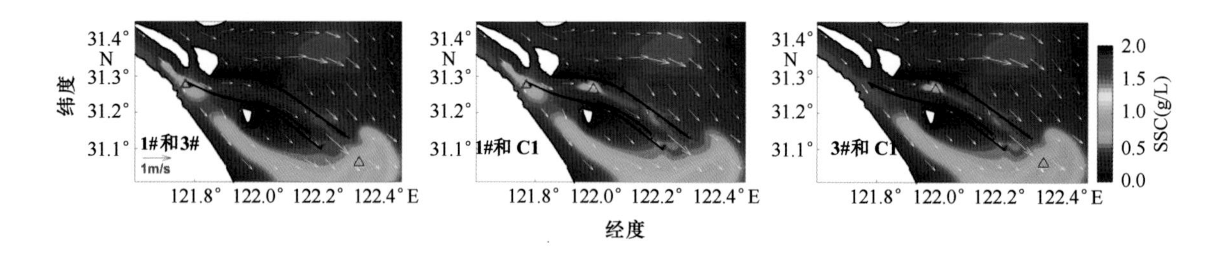

图 3-25　小潮落急时 2 个倾倒区倾倒底层水体中悬浮物扩散

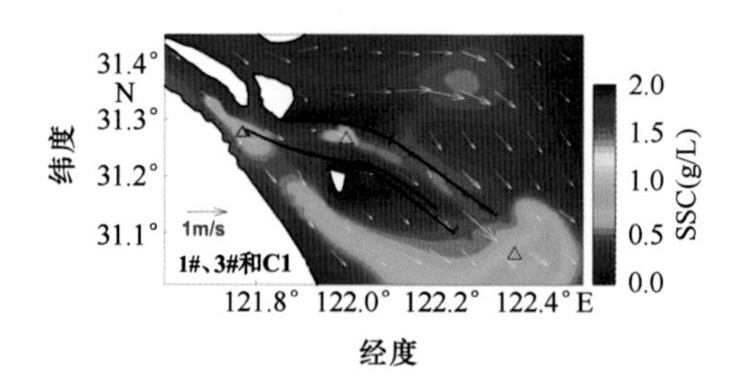

图 3-26　小潮落急时 3 个倾倒区倾倒底层水体中悬浮物扩散

3.4.4　大潮涨急倾倒方案模拟结果

大潮涨急情况下，表层和底层水体中悬浮物扩散最大影响距离如表 3-13 所示。在表层水体中，悬浮物浓度增量超过四类水质的距离为 28.2~59 km，较小潮涨急时倾倒疏浚物而引起的悬浮物扩散距离升高了 1.5~6 倍；而在底层水体中悬浮物扩散的距离为 32.2~62.3 km，较小潮涨急时扩散距离也有明显增加。在大潮情况下，潮流流速较小潮情况要大；较大的潮流流速产生的切应力大于悬浮物沉降的阈值（颗粒物间的黏性力），促使疏浚物在水体中停留时间延长。在表层水体中，3#倾倒区倾倒时影响距离最长，为 59.4 km，而在底层水体中 C1 倾倒区单独倾倒时悬浮物迁移的路径最长。较单个倾倒区倾倒疏浚物引起的疏浚物距离扩散，2 个或 3 个倾倒区同时倾倒时悬浮物增量引起的最大影响距离没有增加，在扩散距离上未表现出显著的叠加现象。

表 3-13 大潮涨急时悬浮物扩散影响距离统计（悬浮物浓度增量为 150 mg/L） 单位：km

倾倒区	潮型	水层	最大影响距离	水层	最大影响距离
1#	涨急	表层	47.1	底层	59.4
3#	涨急	表层	59.4	底层	32.2
C1	涨急	表层	28.2	底层	62.3
1#和 3#	涨急	表层	42.0	底层	49.1
1#和 C1	涨急	表层	40.8	底层	39.3
3#和 C1	涨急	表层	39.3	底层	37.2
1#、3#和 C1	涨急	表层	38.6	底层	50.6

将疏浚物倾倒后引起的悬浮物扩散面积，以等效半径所致的面积进行分析，大潮涨急时表层和底层水体中的结果如表 3-14 和表 3-15 所示。从表中可以看出，悬浮物不同浓度增量在表层与底层水体中扩散规律类似。浓度增量为 10 mg/L 的距离为 9.67~14.16 km，均大于小潮涨急时的影响程度（5.63~10.27 km）；超过 100 mg/L 浓度较高的悬浮物影响等效长度为 1.99~3.10 km；超过 150 mg/L 的等效距离为 1.52~2.46 km，远小于相应浓度的最大扩散距离。

表 3-14 大潮涨急时表层悬浮物扩散影响距离统计（等效距离，km）

倾倒区	潮型	水层	超一类、二类（增量 10 mg/L）	超三类（增量 100 mg/L）	超四类（增量 150 mg/L）
1#	涨急	表层	10.36	2.21	1.38

续表 3-14

倾倒区	潮型	水层	超一类、二类（增量 10 mg/L）	超三类（增量 100 mg/L）	超四类（增量 150 mg/L）
3#	涨急	表层	10. 38	1. 99	1. 52
C1	涨急	表层	10. 39	3. 10	1. 70
1#和 3#	涨急	表层	10. 69	2. 50	2. 00
1#和 C1	涨急	表层	9. 67	2. 71	2. 00
3#和 C1	涨急	表层	10. 48	2. 48	2. 01
1#、3#和 C1	涨急	表层	11. 48	3. 09	2. 46

表 3-15　大潮涨急时底层悬浮物扩散影响距离统计（等效距离，km）

倾倒区	潮型	水层	超一类、二类（增量 10 mg/L）	超三类（增量 100 mg/L）	超四类（增量 150 mg/L）
1#	涨急	底层	12. 49	2. 09	1. 56
3#	涨急	底层	12. 50	1. 99	1. 53
C1	涨急	底层	11. 27	2. 10	1. 75
1#和 3#	涨急	底层	14. 16	2. 54	2. 06
1#和 C1	涨急	底层	13. 43	2. 90	2. 28
3#和 C1	涨急	底层	10. 39	2. 50	2. 02
1#、3#和 C1	涨急	底层	12. 35	3. 00	2. 44

从疏浚物倾倒后受影响的面积看，大潮涨急时表层水体中，随着悬浮物云团增量浓度的增加，其面积不断减少（表 3-16）。悬浮物浓度增量超过一类、二类水质的最大影响面积为 293. 5~413. 9 km^2，除 1#倾倒区影响面积小于小潮涨急时表层水体外，其他 6 种方案下为相应小潮影响面积的 1. 37~2. 96 倍；超过三类、四类水质标准的最大影响面积分别为 12. 5~30. 2 km^2、6. 0~19. 0 km^2，均高于相应的小潮扩散影响面积。悬浮物增量为 10 mg/L 的影响面积为增量超过三类水质影响面积的 13. 8~27. 0 倍，为超过 150 mg/L 影响面积的 21. 8~56. 2 倍。3 个倾倒区分别单独倾倒时，不同悬浮物增量下的影响面积大小总体表现为 C1>1#>3#。在较高浓度悬浮物云团增量

(>100 mg/L) 的情况下，3 个倾倒区同时倾倒大于 C1 分别和 1#、3#两个倾倒区同时倾倒的面积。在疏浚物倾倒引起的悬浮物浓度扩散影响面积方面，较高浓度云团表现出多倾倒区同时倾倒的叠加环境影响，即 3 个倾倒区同时倾倒的疏浚物影响面积远大于其他单个或两个倾倒区同时倾倒的范围。

表 3-16 大潮涨急时表层悬浮物扩散影响范围统计

倾倒区	潮型	水层	影响面积（km^2）		
			超一类、二类（增量 10 mg/L）	超三类（增量 100 mg/L）	超四类（增量 150 mg/L）
1#	涨急	表层	337. 2	15. 3	6. 0
3#	涨急	表层	338. 4	12. 5	7. 3
C1	涨急	表层	339. 1	30. 2	9. 1
1#和 3#	涨急	表层	359. 1	19. 6	12. 6
1#和 C1	涨急	表层	293. 5	23. 0	12. 6
3#和 C1	涨急	表层	344. 9	19. 4	12. 7
1#、3#和 C1	涨急	表层	413. 9	30. 0	19. 0

底层水体中，悬浮物扩散影响面积总体上表现出与表层水体中类似的规律（表 3-17）：低浓度增量云团影响面积大于高浓度增量云团范围。悬浮物浓度增量超过一类、二类水质标准的影响面积为 338. 9~630. 2 km^2，其影响面积远大于小潮涨急时范围（99. 5~331. 2 km^2）。悬浮物增量超过三类水质标准的影响面积为 12. 5~28. 2 km^2，面积高于表层水体中对应倾倒方案下的悬浮物增量面积；而超过四类水质标准的影响面积为 7. 4~18. 7 km^2，大于小潮涨急时的扩散面积（3. 9~14. 8 km^2）。与表层水体扩散规律类似，疏浚物扩散较高浓度云团的影响面积表现为：C1 与 1#、C1 与 3#两个倾倒区同时倾倒>3#单个倾倒区倾倒>3 个倾倒区同时倾倒>1#与 3#同时倾倒>C1、1#单独倾倒。

表 3-17 大潮涨急时底层悬浮物扩散影响范围统计

倾倒区	潮型	水层	影响面积（km^2）		
			超一类、二类（增量 10 mg/L）	超三类（增量 100 mg/L）	超四类（增量 150 mg/L）
1#	涨急	底层	490. 2	13. 7	7. 6

续表 3-17

倾倒区	潮型	水层	影响面积（km^2）		
			超一类、二类（增量 10 mg/L）	超三类（增量 100 mg/L）	超四类（增量 150 mg/L）
3#	涨急	底层	491.0	12.5	7.4
C1	涨急	底层	398.9	13.9	9.6
1#和 3#	涨急	底层	630.2	20.3	13.3
1#和 C1	涨急	底层	566.5	26.4	16.3
3#和 C1	涨急	底层	338.9	19.7	12.8
1#、3#和 C1	涨急	底层	478.9	28.2	18.7

大潮涨急情况下，不同倾倒方式倾倒疏浚物到海域中对表层和底层水中悬浮物浓度产生的影响如图 3-27 至图 3-32 所示。从扩散的形态上来看，扩散运动基本分为两部分：一部分是中心高浓度区随水流运动；另一部分是中心周围区域随水流扩散。较高浓度的悬浮物包络线整体形态从均匀圆形逐渐运动成椭圆形最终成狭长条形，椭圆长轴方向基本与主流方向一致。

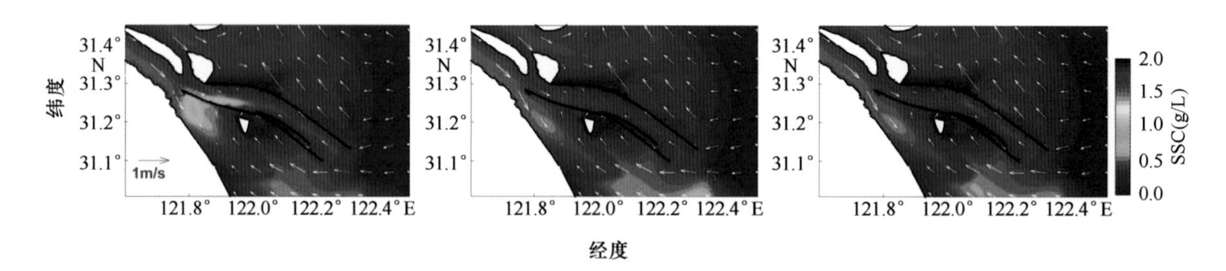

图 3-27　大潮涨急时单个倾倒区倾倒表层水体中悬浮物扩散

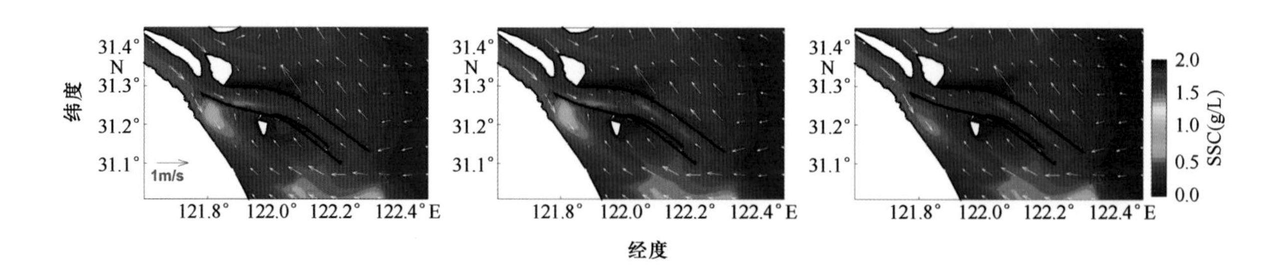

图 3-28　大潮涨急时 2 个倾倒区倾倒表层水体中悬浮物扩散

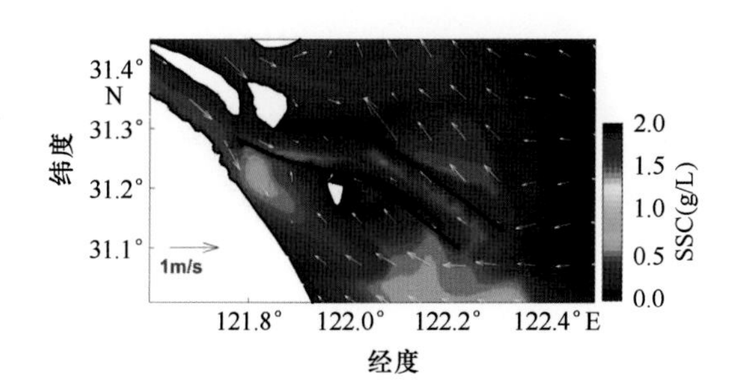

图 3-29 大潮涨急时 3 个倾倒区倾倒表层水体中悬浮物扩散

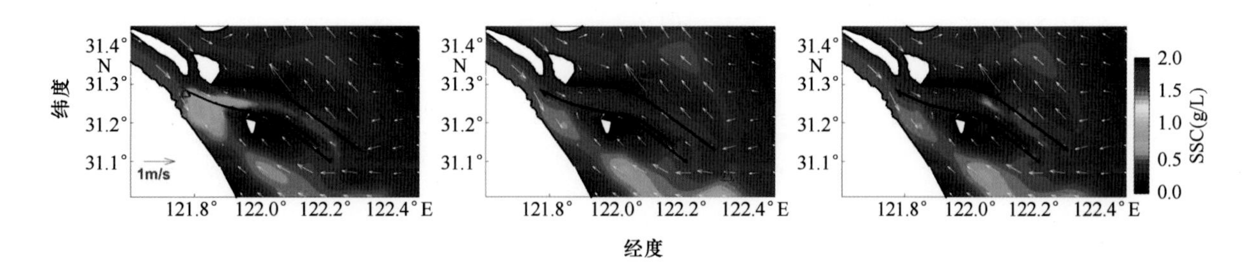

图 3-30 大潮涨急时单个倾倒区倾倒底层水体中悬浮物扩散

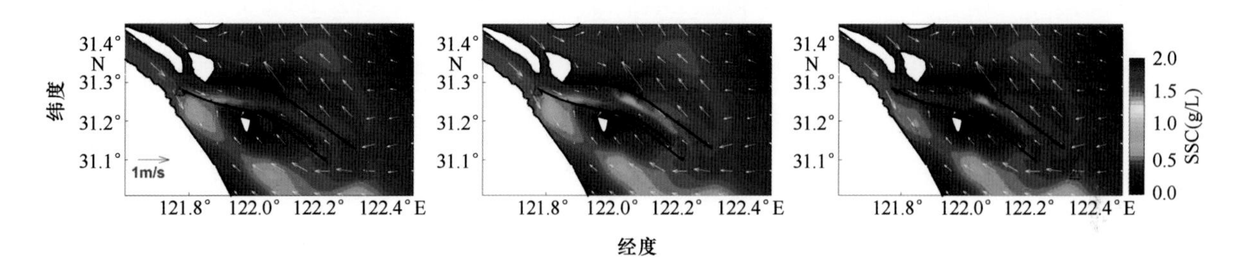

图 3-31 大潮涨急时 2 个倾倒区倾倒底层水体中悬浮物扩散

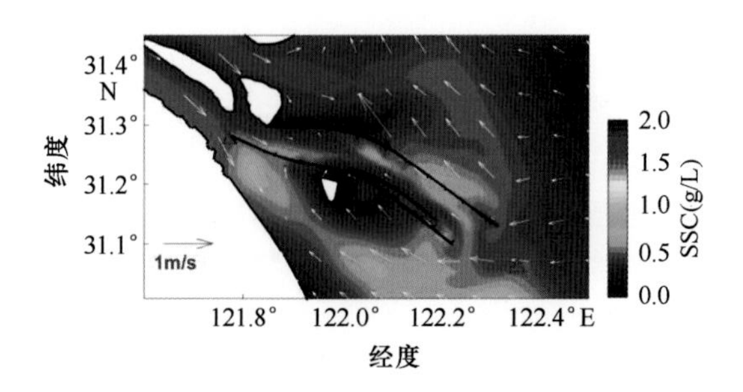

图 3-32 大潮涨急时 3 个倾倒区倾倒底层水体中悬浮物扩散

综合以上分析，大潮涨急时，单个倾倒区单独倾倒与两个或多个倾倒区同时倾倒的影响距离在表层与底层水体中，较低浓度悬浮物增量（10 mg/L）的扩散最大距离接近，且较高浓度增量悬浮物云团（100 mg/L 或 150 mg/L）的距离小于较低浓度云团（10 mg/L）。1#与3#同时以及3个倾倒区同时倾倒时，其影响距离小于3#单独倾倒时的情形。在扩散影响面积上，C1吹泥站倾倒引起的悬浮物增量高浓度云团影响面积低于1#、3#单独倾倒的情形。1#和C1两个倾倒区同时倾倒时，其悬浮物扩散出现叠加影响：其影响面积大于1#、C1单独倾倒影响面积的线性加和。相反，3个倾倒区同时倾倒时，其产生的影响面积小于3个倾倒区单独倾倒面积的加和。在特定悬浮物浓度增量减半的耗时上，2个或3个倾倒区同时倾倒耗时小于单个倾倒的情况。不同倾倒方案下的疏浚物倾倒，引起的不同海底厚度增加较为一致，且表现为低厚度增量面积（13.6~28.7 km^2）远高于高厚度增量影响面积（1.3~2.2 km^2）。

3.4.5 大潮落急倾倒方案模拟结果

大潮落急情况下，表层和底层水体中悬浮物扩散最大影响距离如表3-18所示。在表层水体中，悬浮物浓度增量超过四类水质的距离为28.4~56.9 km，较小潮涨急时倾倒疏浚物而引起的悬浮物扩散距离有所增加，与大潮涨急时各倾倒区表现出较为一致的变化规律；而在底层水体中悬浮物扩散的距离为32.7~82.1 km，为小潮涨急时扩散距离的近2倍。在大潮情况下，潮流流速较小潮情况要大；较大的潮流流速产生的切应力大于悬浮物沉降的阈值（颗粒物间的黏性力），促使疏浚物在水体中停留的时间延长。在表层水体中，1#倾倒区倾倒时影响距离最长为56.9 km，而在底层水体中3#倾倒区单独倾倒时悬浮物迁移的路径最长。较单个倾倒区倾倒疏浚物引起的疏浚物距离扩散，2个或3个倾倒区同时倾倒时悬浮物增量引起的最大影响距离没有增加，在扩散距离上未表现出显著的叠加现象。

表3-18 大潮落急时悬浮物扩散影响距离统计（悬浮物浓度增量为150 mg/L）

单位：km

倾倒区	潮型	水层	最大影响距离	水层	最大影响距离
1#	落急	表层	56.9	底层	51.3
3#	落急	表层	51.6	底层	52.1
C1	落急	表层	28.4	底层	33.0
1#和3#	落急	表层	32.7	底层	32.7
1#和C1	落急	表层	37.6	底层	43.2
3#和C1	落急	表层	44.1	底层	44.1
1#、3#和C1	落急	表层	36.4	底层	36.4

将疏浚物倾倒后引起的悬浮物扩散面积，以等效半径所致的面积进行分析，大潮落急时表层和底层水体中的结果如表3-19和表3-20所示。从表中可以看出，悬浮物不同浓度增量在表层与底层水体中扩散规律类似。浓度增量为10 mg/L的距离为9.52~14.10 km，大于小潮落急时的扩散等效长度（4.98~10.34 km）；超过100 mg/L浓度较高的悬浮物影响等效距离为1.76~3.99 km；超过150 mg/L的等效距离为1.45~3.07 km，远小于相应浓度的最大扩散距离。

表3-19　大潮落急时表层悬浮物扩散影响距离统计（等效距离，km）

倾倒区	潮型	水层	超一类、二类（增量10 mg/L）	超三类（增量100 mg/L）	超四类（增量150 mg/L）
1#	落急	表层	9.77	1.99	1.80
3#	落急	表层	9.67	1.97	1.61
C1	落急	表层	9.52	1.76	1.45
1#和3#	落急	表层	9.85	3.19	2.74
1#和C1	落急	表层	9.98	3.28	2.92
3#和C1	落急	表层	10.70	2.51	2.12
1#、3#和C1	落急	表层	10.82	3.59	3.06

表3-20　大潮落急时底层悬浮物扩散影响距离统计（等效距离，km）

倾倒区	潮型	水层	超一类、二类（增量10 mg/L）	超三类（增量100 mg/L）	超四类（增量150 mg/L）
1#	落急	底层	11.70	2.00	1.79
3#	落急	底层	11.59	2.67	1.51
C1	落急	底层	10.53	3.16	2.75
1#和3#	落急	底层	12.00	3.32	2.92
1#和C1	落急	底层	12.78	2.50	2.27
3#和C1	落急	底层	14.10	3.57	3.07
1#、3#和C1	落急	底层	11.70	2.00	1.79

从疏浚物倾倒后受影响的面积看，大潮落急时表层水体中，随着悬浮物云团增量

浓度的增加，其面积不断减少（表3-21）。悬浮物浓度增量超过一类、二类水质的最大影响面积为284.6～367.5 km^2，超过三类水质标准的最大影响面积为9.7～40.6 km^2，而超过四类水质的影响面积为6.6～29.5 km^2。悬浮物增量为10 mg/L的影响面积为增量超过三类水质标准影响面积的9.1～29.3倍，为超过150 mg/L影响面积的11.7～43.1倍。3个倾倒区分别单独倾倒时，不同悬浮物增量下的影响面积大小总体表现为：1#>3#>C1。在较高浓度悬浮物云团增量（>100 mg/L）的情况下，3个倾倒区同时倾倒大于任意2个倾倒区同时倾倒的面积，为其面积的1.2～2.1倍；而在悬浮物浓度超过四类水质标准时，其影响面积为单个倾倒区倾倒的3.2～4.2倍，表现出明显的叠加效果。

表3-21 大潮落急时表层悬浮物扩散影响范围统计

倾倒区	潮型	水层	影响面积（km^2）		
			超一类、二类（增量10 mg/L）	超三类（增量100 mg/L）	超四类（增量150 mg/L）
1#	落急	表层	300.1	12.5	10.2
3#	落急	表层	293.9	12.2	8.1
C1	落急	表层	284.6	9.7	6.6
1#和3#	落急	表层	305.0	31.9	23.5
1#和C1	落急	表层	313.2	33.9	26.8
3#和C1	落急	表层	360.0	19.8	14.1
1#、3#和C1	落急	表层	367.5	40.6	29.5

底层水体中，悬浮物扩散影响面积总体上表现出与表层水体中类似的规律（表3-22）。低浓度增量云团影响面积大于高浓度增量云团范围。悬浮物浓度增量超过一二类水质标准的影响面积为348.4～624.6 km^2。悬浮物增量超过三类水质标准的影响面积为12.2～40.1 km^2，面积高于表层水体中对应倾倒方案下的悬浮物增量面积；而超过四类水质标准的影响面积为7.2～29.2 km^2，引起的增量面积为表层水体中的0.6～1.2倍。

表 3-22 大潮落急时底层悬浮物扩散影响范围统计

倾倒区	潮型	水层	影响面积（km²）		
			超一类、二类（增量 10 mg/L）	超三类（增量 100 mg/L）	超四类（增量 150 mg/L）
1#	落急	底层	430. 1	12. 6	10. 1
3#	落急	底层	422. 1	22. 4	7. 2
C1	落急	底层	348. 4	31. 4	23. 8
1#和 3#	落急	底层	452. 1	34. 6	26. 8
1#和 C1	落急	底层	512. 8	19. 7	16. 2
3#和 C1	落急	底层	624. 6	40. 1	29. 6
1#、3#和 C1	落急	底层	430. 1	12. 6	10. 1

大潮落急情况下，不同倾倒方式倾倒疏浚物到海域中对表层和底层水中悬浮物浓度产生的影响如图 3-33 至图 3-38 所示。从扩散的形态上来看，扩散运动基本分为两部分：一部分是中心高浓度区随水流运动；另一部分是中心周围区域随水流扩散。较高浓度的悬浮物包络线整体形态从均匀圆形逐渐运动成椭圆形，最终成狭长条形，椭圆长轴方向基本与主流方向一致。

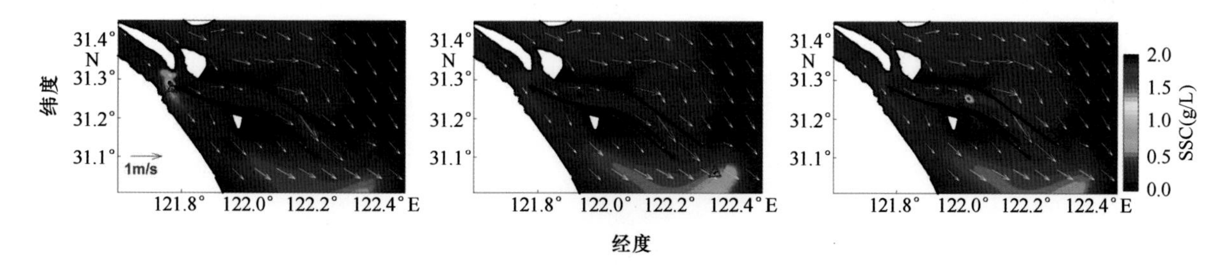

图 3-33 大潮落急时单个倾倒区倾倒表层水体中悬浮物扩散

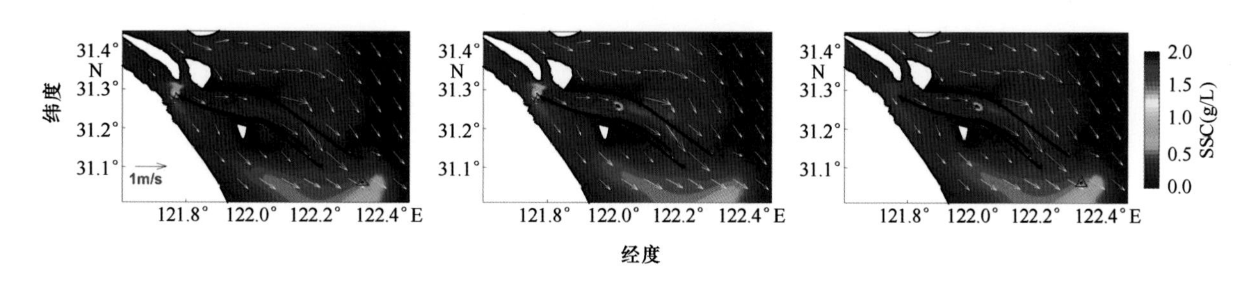

图 3-34 大潮落急时 2 个倾倒区倾倒表层水体中悬浮物扩散

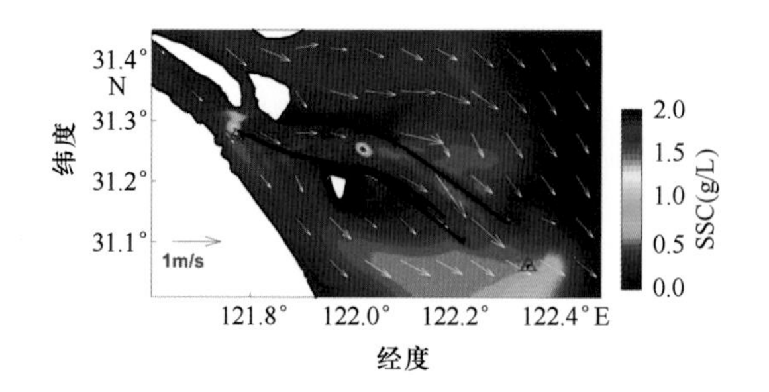

图 3-35　大潮落急时 3 个倾倒区倾倒表层水体中悬浮物扩散

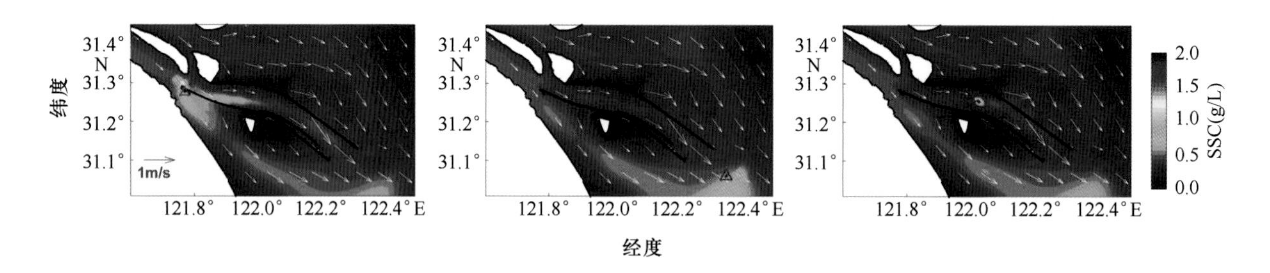

图 3-36　大潮落急时单个倾倒区倾倒底层水体中悬浮物扩散

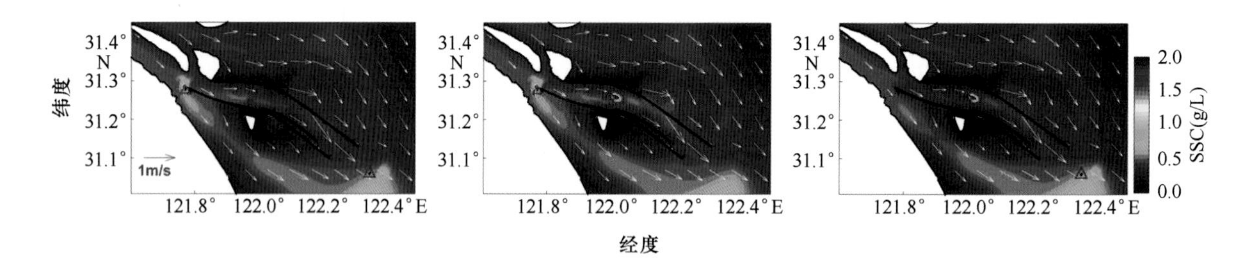

图 3-37　大潮落急时 2 个倾倒区倾倒底层水体中悬浮物扩散

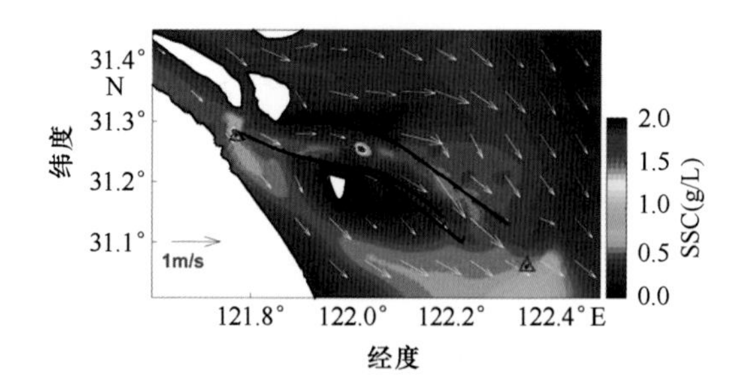

图 3-38　大潮落急时 3 个倾倒区倾倒底层水体中悬浮物扩散

综合以上分析，大潮落急时，在扩散最大距离上，单个倾倒区单独倾倒与两个或多个倾倒区同时倾倒的影响距离在表层与底层水体上接近（增量为 10 mg/L），且较高浓度增量悬浮物云团（100 mg/L 或 150 mg/L）的距离大于较低浓度云团

（10 mg/L）。在扩散影响面积上，3#倾倒区倾倒引起的悬浮物增量高浓度云团影响面积大于1#、C1单独倾倒的情形。1#和C1两个倾倒区同时倾倒时，其悬浮物扩散出现叠加影响：其影响面积大于1#、C1单独倾倒影响面积的线性加和。在特定悬浮物浓度增量减半的耗时上，2个或3个倾倒区同时倾倒耗时小于单个倾倒的情况。不同倾倒方案下的疏浚物倾倒，引起的不同海底厚度增加较为一致，且表现为低厚度增量影响面积（13.6~28.7 km^2）远高于高厚度增量影响面积（1.3~2.2 km^2）。

3.4.6 长期倾倒引起海底增厚

在各倾倒区通过各种方案进行2个月的连续倾倒，小潮时疏浚物倾倒引起的海底增加厚度如表3-23所示。从疏浚物倾倒后引起的海底厚度增加情况上看（表3-23），1#倾倒区单独倾倒引起的最大海底厚度为6.6 m，低于其他6种倾倒方案下的最大增厚。不同倾倒方案中，海底增厚大于0.01 m的影响面积接近，在13.0~16.0 km^2之间；海底增厚超过0.1 m的影响中，表现为：C1单独>1#、3#和C1> 1#>3#和C1>3#≈1#和C1>1#和3#；海底增厚超过1 m的影响面积表现为1#和3#同时倾倒时最小（0.2 km^2），其他6种方案下，超过1 m的影响面积为0.5~0.6 km^2。由于长江口为非对称型潮流，涨潮与落潮历时不一致；1#、3#、C1等三个倾倒区所处的地理区位不同，致使其受到潮流流向、流速的影响均不一致，也不可避免地导致其海底沉积厚度不一致。

表3-23 小潮倾倒时悬浮物扩散影响海底厚度变化统计

倾倒区	最大增加厚度（m）	影响面积（km^2）		
		>0.01 m	>0.1 m	>1 m
1#	6.6	13.6	5.6	0.6
3#	7.3	14.1	4.9	0.5
C1	7.2	16.0	6.5	0.6
1#和3#	7.2	13.0	4.8	0.2
1#和C1	7.3	14.3	4.9	0.5
3#和C1	7.3	14.6	5.0	0.5
1#、3#和C1	7.1	14.8	6.3	0.5

从疏浚物倾倒后引起的海底厚度增加情况上看（表3-24），不同倾倒方案倾倒引起的最大海底厚度均为10 m。不同倾倒方案中，1#倾倒区单独倾倒引起海底增厚大于0.01 m的影响面积最小（13.6 km^2），而其他6种方案下的面积在25.6~28.7 km^2之间；类似地，1#倾倒区倾倒引起海底增厚超过0.1 m的影响面积最小，其他6种倾倒方案引起的面积为13.3~15.1 km^2；海底增厚超过1 m的影响面积表现为C1、1#和3#，三个倾倒区同时倾倒引起的增厚面积相对最小，依次为1.6 km^2、1.3 km^2和1.5 km^2，其他4种方案下，超过1 m的影响面积为2.2 km^2。

表3-24　大潮倾倒时悬浮物扩散影响海底厚度变化统计

倾倒区	增加厚度（m）	影响面积（km^2）		
		>0.01 m	>0.1 m	>1 m
1#	10.0	13.6	8.8	2.2
3#	10.0	26.3	14.2	2.2
C1	10.0	28.7	15.1	1.6
1#和3#	10.0	25.6	13.3	1.3
1#和C1	10.0	26.3	14.7	2.2
3#和C1	10.0	26.3	14.9	2.2
1#、3#和C1	10.0	26.9	14.6	1.5

3.5　倾倒量计算及其分配

3.5.1　倾倒总量计算

2016年9月国家海洋局东海分局最新公布的上海海域各倾倒区的疏浚物年倾倒限量，以及2011—2015年期间各倾倒区接纳受理疏浚物倾倒量及其年倾倒限量值，部分倾倒区倾倒量如表3-25所示。表中可以看出，3#倾倒区倾倒的疏浚物量最大，2011—2015年各年倾倒量均超过2016年新规定的倾倒限值。上海海域范围内，常用倾倒区每年最多可以倾倒疏浚物7 400万 m^3，因此上海海域该7个倾倒区最大的倾倒总量为7 400万 m^3疏浚物。本书将依据敏感目标影响程度、航道通航安全、疏浚物生态风险等方面，对上海海域内7个疏浚物倾倒总量及其在各倾倒区内的分配行为进行分析。

表3-25　2011—2015年上海海域7个倾倒区倾倒量统计

单位：万m^3

年份	1#倾倒区	2#倾倒区	3#倾倒区	C1吹泥站	C2吹泥站	C3吹泥站	C4吹泥站
2011	769.42	920.41	3109.86	911.65	784.81	697.35	744.46
2012	959.84	804.95	2605.78	787.7	799.66	825	805.68
2013	810.49	770.26	2072.95	759.62	950.28	758.7	869.94
2014	741.66	805.99	2517.73	389.96	365.25	280.11	282.57
2015	725.00	830.66	2005.89	684.16	733.69	742.01	738.56
平均	801.28	826.45	2462.44	706.62	726.74	660.63	688.24
限值	1000	800	2000	900	900	900	900
合计	4006.41	4132.27	12312.21	3533.09	3633.69	3303.17	3441.21

3.5.2　基于敏感目标影响的分配

以悬浮物对环境保护目标的影响作为计算倾倒区倾倒容量的依据，采用响应系数场计算倾倒区倾倒容量。所谓响应系数场，是指污染源单位负荷在研究区域所形成的响应浓度分布。

设$C_i(x_k, y_k)$为第i个污染源倾倒所形成的单独浓度场，$i=1, \cdots, m$（污染源编号），$k=1, \cdots, n$（网格点编号），则：

$$C_i(x_k, y_k) = \alpha_i(x_k, y_k) \times Q_i$$

式中，$\alpha_i(x_k, y_k)$为响应系数场，表征了海域内水质对某个点源的响应关系；Q_i为第i个污染源的倾倒量，单位根据实际需要而定。

首先，根据海区水动力情况，通过数值模拟，构建典型季节单位疏浚物倾倒在倾倒区及其周围海域形成的悬浮物增量浓度响应系数场。其次，根据附近环境保护目标分布情况，界定周围允许悬浮物浓度增量超标范围包络线。由悬浮物浓度增量超标范围包络线的界定，推算日允许倾倒量。

长江口海域倾倒区附近对悬浮物的敏感目标如表3-26所示。从表中可见，各倾倒区距C1吹泥站、九段沙等敏感目标的距离相对较近，距离介于19.6~21.4 km之间。

表 3-26　长江口各倾倒区附近敏感目标

倾倒区	敏感目标名称	敏感目标与倾倒区最短距离（km）	敏感目标与倾倒区方位	水质管控要求
1#倾倒区	东滩鸟类自然保护区	21.4	东北	I类
	青草沙水源地保护区	75.2	西北	I类
	中华鲟自然保护区	21.4	东北	I类
3#倾倒区	东滩鸟类自然保护区	66.8	西北	I类
	青草沙水源地保护区	134.7	西北	I类
	中华鲟自然保护区	66.8	西北	I类
C1 吹泥站	东滩鸟类自然保护区	19.6	西北	I类
	青草沙水源地保护区	92.4	西北	I类
	中华鲟自然保护区	19.6	西北	I类

经 FVCOM 模型对长江口海域内 7 种方案倾倒下，疏浚物在海水中的扩散影响模拟分析，发现小潮时 1#与 C1，1#、3#与 C1 同时倾倒会产生叠加影响；大潮时，3#倾倒区单独倾倒影响范围面积最大，3 个倾倒区同时倾倒产生的影响较小。结合模拟结果，得到特定倾倒量下的疏浚物扩散响应系数场和各倾倒区的日倾倒量。以得到的日倾倒量乘以相应的日期，即可得到该倾倒区的月倾倒量与年倾倒量。为保证敏感目标的生态环境安全性及实际倾倒情况，通过计算得到的月年倾倒量应当再乘以一个安全系数，本次取 0.85，具体结果如表 3-27 所示。从表中可以看出，1#倾倒区的日倾倒量为 3.1 万~6.8 万 m^3，2#倾倒区的日倾倒量为 2.3 万~7.8 万 m^3，3#的日倾倒量为 2.9 万~3.4 万 m^3。

表 3-27　各倾倒区疏浚物倾倒量

单位：万 m^3

倾倒量	1#倾倒区	2#倾倒区	3#倾倒区	C1 吹泥站
日均倾倒	2.74	2.19	5.48	2.47
日倾倒量	2.28~3.8	2.28~3.8	3.04~6.46	1.62~2.7
月倾倒量	58.14~96.9	58.14~96.9	77.52~13.66	41.31~68.85
年倾倒量	697.68~1162.80	697.68~1162.80	930.24~1627.90	495.72~826.20
	C2 吹泥站	C3 吹泥站	C4 吹泥站	
日均倾倒	2.47	2.47	2.47	

续表 3-27

	C2 吹泥站	C3 吹泥站	C4 吹泥站
日倾倒量	1.89~2.16	1.89~2.16	1.62~2.7
月倾倒量	48.20~55.08	48.195~55.08	41.31~68.85
年倾倒量	578.34~660.96	578.34~660.96	495.72~826.20

3.5.3 基于航道通航安全的分配

长江口深水航道位于九段沙湿地自然保护区东部与北部，疏浚物在1#至3#倾倒区、C1至C4吹泥站倾倒时，长期倾倒致使的悬浮物沉降会引起海底厚度增加而对航道通行安全构成威胁。与疏浚物倾倒后产生的扩散影响面积范围类似，对疏浚物倾倒后在海底增厚而对航道安全产生的影响采用海底增厚响应系数场，进行计算倾倒区的倾倒容量。为保证倾倒区海底厚度增加在允许的范围之内，设定每日倾倒区内厚度增量为0.01 m的面积大于该倾倒区面积的9.5%，增厚0.1 m的面积大于相应的倾倒区面积的2.5%。根据FVCOM模拟结果，大潮与小潮时，涨急与落急时，单个倾倒区倾倒与多个倾倒区同时倾倒时，其产生的海底增厚均不一致。基于模拟结果得到的，长江口海域各倾倒区倾倒的海底增厚响应场系数，计算得到的倾倒量如表3-28所示。

表 3-28 各倾倒区疏浚物倾倒量

单位：万 m^3

倾倒区	1#倾倒区	2#倾倒区	3#倾倒区	C1 吹泥站
日倾倒量	1.71~4.25	1.71~4.25	2.58~7.18	1.62~3.19
月倾倒量	43.60~108.385	43.61~108.38	65.79~183.09	41.31~81.35
年倾倒量	523.26~1300.50	523.26~1300.50	789.48~2197.08	495.72~976.14
	C2 吹泥站	C3 吹泥站	C4 吹泥站	
日倾倒量	1.55~2.16	1.55~2.16	1.94~3.51	
月倾倒量	39.52~55.09	39.53~55.09	49.47~89.51	
年倾倒量	474.3~660.96	474.3~660.96	593.64~1074.06	

3.5.4 基于疏浚物生态风险的分配

上海市疏浚物主要来源于黄浦江长江码头、内河航道以及深水航道的疏浚工程，不同来源的疏浚物所受污染的类型与程度均不一致。不同倾倒区由于地理位置、水动力条件、受人为污染源影响的程度、盐度等条件的不同，其本底受污染的程度也不一致。以重金属造成的生态风险为例，根据疏浚物中重金属污染造成的潜在生态风险以及长江口海域本底受重金属生态风险结果，以区域内最小的生态风险指数值增加为最优目标，对疏浚物的分配进行计算求解。

潜在生态危害指数法是由瑞典科学家 Hakanson 建立的方法，其综合考虑了重金属元素含量的生态及环境效应，结合环境化学生物毒理学生态学等方面的内容，以定量的方法划分出重金属潜在危害的程度，表达公式如下：

$$RI = T_r \times C_f = T_r \times \frac{C_s}{C_n}$$

式中，C_s 为土壤重金属实测值（mg/kg）；C_n 为土壤环境中的背景浓度值；C_f 为重金属的污染系数；T_r 为重金属的毒性系数，反映重金属的毒性强度；RI 值为重金属的潜在生态危害系数。Hakanson 提出以现代工业化前沉积物中重金属的最高背景值为参比值。此外，疏浚物中重金属浓度越大，重金属的毒性水平越高，潜在生态危害指数 RI 值越大，表明其潜在危害也越大，具体分级标准如表 3-29 所示。

表 3-29 土壤生态风险指数分级标准

风险等级	轻微	中等	强	很强	极强
Rr	<40	40~80	80~160	160~320	>320
RI	<150	150~300	300~600	>600	

在风险的评估过程中，由浓度范围的波动、参与评价参数的选取等多种因素的组合，会对风险评价结果产生不确定性。目前，蒙特卡洛法（Monte Carlo）是风险评价的不确定性分析中最常用的一种方法，是一种概率分析方法。这种计算方法的基础依据是各参数变量的分布函数，随机抽取输入变量的数值，计算分析各种评价结果。目前，蒙特卡洛模拟方法已经被很多发达国家列为分析评估的常规方法。Crystal Ball 是应用最为广泛的一款风险不确定性评估软件，它易于操作，集风险分析和预测评估于一体。本研究采用基于蒙特卡洛法原理的 Crystal Ball 软件对疏浚物中重金属引起的生

态风险不确定性进行分析。其中各种参数对应的概率分布采用 Crystal Ball 提供的标准分布函数来表示。设置 Crystal Ball 运行模拟参数，运行中模拟次数的选择会影响运算结果的精度，综合考虑样本数量及运行结果的稳定性，设置模拟次数为10 000次。

经 Crystal Ball 后台模拟分析，得到 1#倾倒区接受的疏浚物中重金属造成的生态风险概率分布运算结果，如表 3-30 所示。从表中可以看出，疏浚物中的 Cd 和 Hg 不会对环境造成明显的生态风险；疏浚物倾倒增加的潜在生态风险有 70%的可能性处于中等到较强的生态危害水平。

表 3-30　1#倾倒区内疏浚物潜在生态风险值

潜在风险（%）	Cd	Cr	Hg	Pb	As	Cu	Zn	*RI*
0%	-0. 57	7. 29	-0. 15	31. 07	15. 44	84. 61	43. 08	319. 47
10%	5. 31	33. 02	2. 31	83. 21	68. 79	98. 79	79. 45	468. 6
20%	6. 23	38. 98	2. 86	96. 72	75. 48	112. 11	88. 92	495. 25
30%	6. 91	43. 78	3. 3	107. 89	79. 69	124. 96	96. 29	516. 67
40%	7. 44	48. 09	3. 69	118. 08	83. 27	138. 62	103. 1	536. 96
50%	7. 89	52. 89	4. 1	128. 13	86. 44	152. 89	110. 11	555. 7
60%	8. 33	57. 84	4. 51	139. 94	89. 47	167. 17	117	574. 33
70%	8. 81	64. 14	4. 96	152. 82	92. 82	182. 05	124. 97	595. 84
80%	9. 3	72. 26	5. 54	170. 5	97. 14	198. 9	135. 07	619. 87
90%	9. 97	85. 04	6. 38	198. 28	103. 67	218. 23	151. 17	657. 51
100%	12. 67	216. 94	12. 99	461. 84	159. 55	251. 14	273. 82	962. 71

2#倾倒区中，接受疏浚物倾倒后其由重金属增加引起的生态风险如表 3-31 所示。2#倾倒区内生态风险的增加主要是由 Cu、Pb 和 Zn 三种元素引起的，7 种重金属导致的累积风险值为 559. 85，处于中等至较强的生态危害的水平。

表 3-31　2#倾倒区疏浚物潜在生态风险值

	Cd	Cr	Hg	Pb	As	Cu	Zn	*RI*
平均值	7. 31	50. 95	4. 50	152. 34	73. 90	156. 56	114. 30	559. 85

续表 3-31

	Cd	Cr	Hg	Pb	As	Cu	Zn	*RI*
偏差	2.87	19.46	1.33	38.18	19.96	47.04	43.16	119.56
最小值	3.92	33.96	2.40	91.50	46.70	108.00	52.95	383.47
最大值	11.05	82.35	5.87	200.69	100.94	222.00	168.33	693.01

3#倾倒区中，接受疏浚物倾倒后其由重金属增加引起的生态风险如表 3-32 所示。3#倾倒区内生态风险的增加主要是由 Cu、Pb 和 Zn 三种元素引起的，占总风险的 73.16%。7 种重金属导致的累积风险值为 638.49，处于较强的生态危害的水平。

表 3-32　3#倾倒区疏浚物潜在生态风险值

	Cd	Cr	Hg	Pb	As	Cu	Zn	*RI*
平均值	8.40	68.78	3.93	173.63	87.41	173.72	122.62	638.49
偏差	2.02	29.85	0.57	53.37	12.83	48.76	38.59	161.51
最小值	5.46	37.80	3.51	132.00	75.76	117.00	78.40	479.54
最大值	11.08	107.20	4.88	265.50	104.00	227.50	174.00	874.32

金山倾倒区中，接受疏浚物倾倒后其由重金属增加引起的生态风险如表 3-33 所示。金山倾倒区内生态风险的增加主要是由 Pb、As 和 Cu 三种元素引起的，占总风险的 78.39%。7 种重金属导致的累积风险值为 389.74，处于中等的生态危害的水平。

表 3-33　金山倾倒区疏浚物潜在生态风险值

	Cd	Cr	Hg	Pb	As	Cu	Zn	*RI*
平均值	2.59	33.33	3.82	120.23	93.76	91.54	44.49	389.74
偏差	0.88	2.17	0.94	22.95	6.16	10.98	5.64	35.51
最小值	2.15	32.24	2.40	108.75	84.52	86.05	41.67	371.99
最大值	3.92	36.58	4.29	154.65	96.84	108.00	52.95	443.02

3.5.5 分配方案的优化

结合上述3.5.1至3.5.4小节的分析结果，分别以长江口各倾倒区的年倾倒量限值，多种方案下疏浚物倾倒对周边敏感目标影响的距离与面积，对航道的通行安全以及疏浚物倾倒后对倾倒区增加的潜在生态风险值最小等为约束条件，采用多目标最优化方法，计算各倾倒区每日、每月、每年的倾倒量的最优值。

建立多目标决策模型：

1）倾倒总量

$y=\sum_{i=1}^{12} x_i \leqslant 7\ 400$　$i=1, 2, \cdots, 7$，表示7个倾倒区，依次为1#至3#倾倒区，C1至C4吹泥站（基于2016年国家海洋局设定的上海各倾倒区倾倒总量）

$$y=\sum_{i=1}^{12} x_i \geqslant 5\ 383.3$$

（2011—2015年统计期间，倾倒量最小的年倾倒量，即2014年倾倒量）

2）基于敏感目标的倾倒量

$\mathrm{Min}M_i \leqslant x_i \leqslant \mathrm{Max}M_i$　M_i为根据FVCOM模型计算，基于扩散距离与面积得到的第i个倾倒区年倾倒量。

3）基于航道安全的倾倒量

$\mathrm{Min}N_i \leqslant x_i \leqslant \mathrm{Max}N_i$　N_i为根据FVCOM模型计算得到的，基于海底沉积厚度的第i个倾倒区年倾倒量。

4）基于生态风险增加的倾倒量

$\mathrm{Min}RI=\mathrm{Min}\sum_{i=1, j=1}^{i=12, j=7} C_{i,j} \times T_j^r$　C_j为第i个倾倒区中第j种重金属的浓度。

利用Matlab软件，对该最优化目标进行求解，计算结果如表3-34所示。

表3-34 最优化的各倾倒区疏浚物倾倒量

单位：万 m^3

倾倒量	1#倾倒区	2#倾倒区	3#倾倒区	C1吹泥站
日倾倒量	1.71~3.8	1.71~3.8	2.58~6.46	1.62~2.70
月倾倒量	43.60~96.90	43.61~96.90	65.79~138.66	41.31~68.85
年倾倒量	523.26~1162.80	523.26~1162.80	789.48~1627.90	495.72~826.20

续表 3-34

	C2 吹泥站	C3 吹泥站	C4 吹泥站
日倾倒量	1.89~2.16	1.89~2.16	1.94~3.51
月倾倒量	48.20~55.09	48.20~55.09	49.47~89.51
年倾倒量	578.34~660.96	578.34~660.96	593.64~1074.06

3.6 本章小结

（1）采用 FVCOM 数学模型，对长江口附近海域的流场进行了模拟，对 2015 年 4 月 11 日小潮与 2015 年 4 月 19 日大潮进行潮位模拟，t1 至 t5 潮位站点验证结果以及 kn0310、kn0304、kn0307、kn0312 和 kn0315 五个潮流流向流速验证站点，结果表明该模型模拟精度较高，模拟结果与实际的潮位、潮流相吻合，适用于该海域的流场模拟。

（2）选择 1#倾倒区、3#倾倒区和 C1 吹泥站 3 个倾倒区作为疏浚物倾倒模拟的目标倾倒区，分别对单个倾倒区单独倾倒、2 个倾倒区同时以及 3 个倾倒区同时倾倒共 7 种倾倒方案下的疏浚物在海水中迁移扩散进行了模拟。结果显示：疏浚物倾倒后，无论是单个倾倒区还是 2 个或 3 个倾倒区同时倾倒，在一定时间后悬浮物浓度场均会到达收敛并稳定；产生的悬浮物增量云团超过 10 mg/L 的最大扩散距离或面积均远大于超过三类（100 mg/L）或四类（150 mg/L）水质标准的距离或面积；底层水体中受悬浮物影响的距离与面积均较表层水体中要大。

受倾倒区区位影响，各倾倒区的潮流流向、流速、海水盐度等条件不同，悬浮物的絮凝、沉降、再悬浮及迁移的活动水平不一致，引起各倾倒区倾倒疏浚物后影响程度不一致；且不同的水动力条件，其影响程度差异也较大：无论大潮与小潮情况，多倾倒区同时倾倒与单个倾倒区单独倾倒相比，悬浮物增量为 10 mg/L 的云团影响距离与面积没有得到显著的增加；1#与 C1 倾倒区同时倾倒时，悬浮物扩散的影响最大距离与面积，在较高浓度云团区域（>100 mg/L 或 150 mg/L）时会产生显著的叠加现象，其影响面积低于单独倾倒面积线性相加的情况。

（3）在给定浓度云团影响面积衰减一半时，大于 600 mg/L 的耗时最少，大于

500 mg/L 的其次，而大于 400 mg/L 影响面积衰减一半耗时相对最长，这可能与较高浓度悬浮物浓度易絮凝沉降有关，致使沉降更快；疏浚物沉降导致的海底增厚区主要在航道导堤堤坝附近，伴随潮流及风浪水动力条件，随着倾倒区倾倒的增多引起的变化主要为增厚区域面积的增加而非增厚高度的增加。

（4）在对上海市 8 个倾倒区历年倾倒量梳理的基础上，以疏浚物倾倒后产生的潜在生态环境风险最小，模型模拟对周边敏感目标的影响最小，疏浚物倾倒后产生的海底增厚对航道通行影响最小等条件作为约束，以最优化方法获得了适宜倾倒量及其在各个倾倒区的分配方案。

第4章　恢复吴淞口北倾倒区对青草沙水源敏感区影响的评价研究

为研究恢复吴淞口北倾倒区后，在其海域范围倾废对青草沙水源地敏感区的生态环境影响，本项目对吴淞口北倾倒区进行了研究。吴淞口北倾倒区位于吴淞江入长江口北侧海域，主要用于黄浦江内河航道、码头疏浚泥的倾倒。其于1990年投入使用，自2013年5月起为保障长江口深水航道和南槽航道的通航安全，确保吴淞口锚地、外高桥沿岸和新港区的安全使用被暂时关闭。吴淞口北倾倒区的主要敏感目标为其西北部的青草沙水源地保护区，其直线最短距离约为4.55 km。青草沙位于长江口长兴岛的西北水域，其总面积约67.2 km^2，可形成有效库容4.35亿 m^3，日原水供应规模达719万 m^3。吴淞口北倾倒区的使用，疏浚物将在海洋中迁移扩散，可能会对青草沙水库水源地的生态环境造成影响。

本章通过对吴淞口附近海域潮流泥沙的实测，利用FVCOM数值模型模拟该海域的潮流场，并与实际的潮位、潮流比较验证，然后利用FVCOM数值模型进行泥沙扩散场的模拟，进而分析吴淞口北倾倒区泥沙倾倒对青草沙水库的影响。

4.1　潮流泥沙分析

4.1.1　水文泥沙调查概况

2015年7月国家海洋局东海环境监测中心在监测区域布置了4个水文测站。其中，WSD01站位于倾倒区上游南支水道，WSD02站位于新桥通道，离青草沙水库较近，WSD03站位于倾倒区内，WSD04站位于倾倒区下游南港水道，观测时间为2015年7月15—16日（大潮）和2015年7月22—23日（小潮），具体测站信息如图4-1、表4-1所示。每小时整点实测流速、流向、含沙量，连续测26个小时以上，确保2

涨2落完整潮周期。转流时，每半小时加测一次流速、流向。测流和含沙量采样层次为6点法（表层、0.2H、0.4H、0.6H、0.8H、底层）。同时收集水文测验期间吴淞口和堡镇潮位站的整点潮位资料，及高、低潮位数据。

表4-1 水文观测点位置

序号	站位号	东经（E）	北纬（N）	备注
1	WSD01	121°21′56.9″	31°32′48.5″	倾倒区上游南支水道
2	WSD02	121°30′21.8″	31°30′25.6″	新桥通道
3	WSD03	121°30′42.9″	31°26′20.6″	倾倒区内
4	WSD04	121°42′19.9″	31°20′20.7″	倾倒区下游南港水道

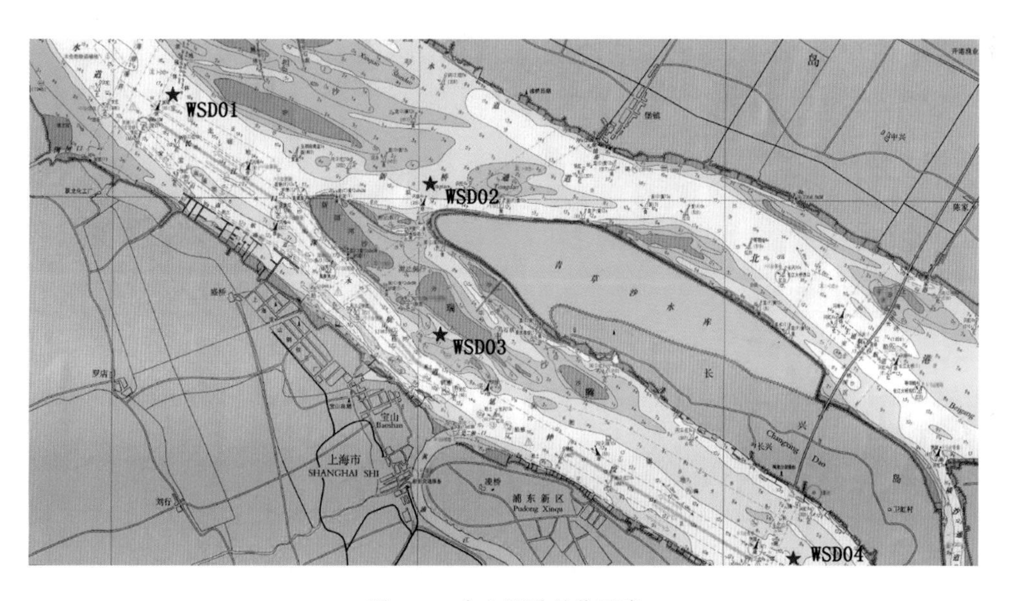

图4-1 水文测验站位示意

4.1.2 实测潮流分析

4.1.2.1 实测流速、流向

对实测的潮流数据进行统计与整理，大、小潮时段的平均流速、流向和涨、落潮期间的最大流速、流向分别如表4-2至表4-5所示。大、小潮期间的实测潮流矢量图如图4-2和图4-3所示。

从实测的潮流数据来看，各测站全潮的平均流速在78 cm/s左右，其中最大流速出现在落潮时段（WSD01）站，为 195 cm/s，涨潮期间表层平均流向为 291°，指向西北方向；落潮期间表层平均流向为 119°，指向东南方向。

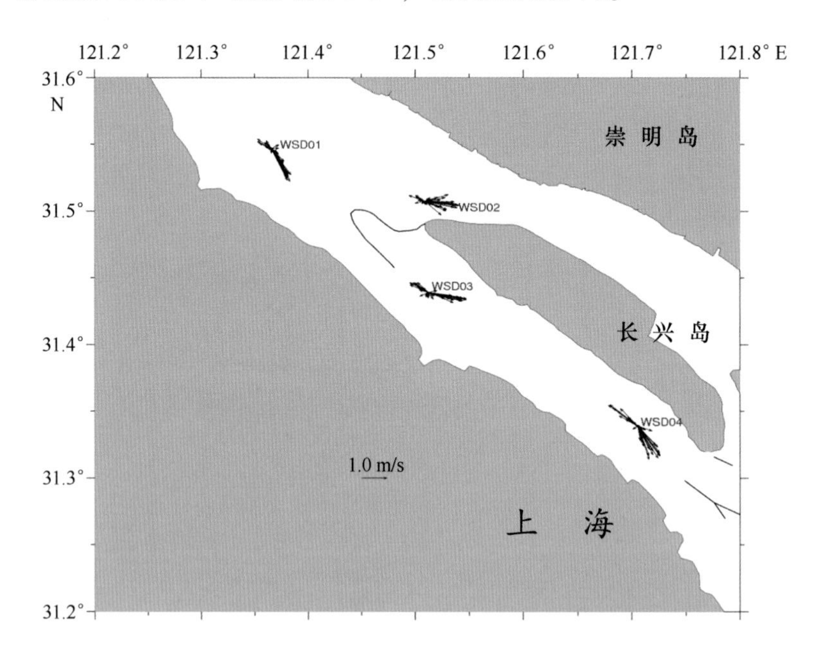

图 4-2　大潮期间实测潮流玫瑰图

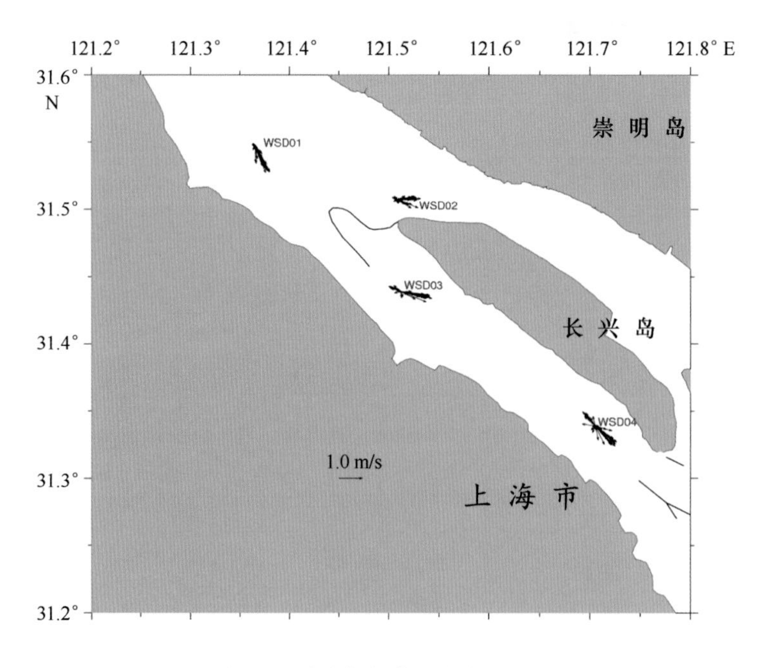

图 4-3　小潮期间实测潮流矢量图

表 4-2 实测全潮平均流速、流向（大潮）

单位：流速（cm/s），流向（°）

站位号	层次	表层		0. 2H		0. 4H		0. 6H		0. 8H		底层		垂线	
	潮时	流速	流向	流速	流向	流速	流向	流速	流向	流速	流向	流速	流向	流速	流向
WSD01	涨潮	39	298	45	309	38	299	32	272	29	273	27	255	35	284
	落潮	108	140	105	136	94	132	87	115	73	131	61	121	88	129
WSD02	涨潮	34	295	32	260	34	211	32	248	25	241	26	239	30	249
	落潮	98	95	99	103	91	105	83	90	66	99	44	119	80	102
WSD03	涨潮	52	299	51	252	49	279	43	266	41	262	36	289	45	275
	落潮	113	102	122	114	113	111	101	113	79	111	59	108	98	110
WSD04	涨潮	63	297	61	289	61	256	59	260	54	234	54	238	59	262
	落潮	117	148	112	150	106	150	99	147	88	146	82	145	100	148

表 4-3 实测全潮平均流速、流向（小潮）

单位：流速（cm/s），流向（°）

站位号	层次	表层		0. 2H		0. 4H		0. 6H		0. 8H		底层		垂线	
	潮时	流速	流向	流速	流向	流速	流向	流速	流向	流速	流向	流速	流向	流速	流向
WSD01	涨潮	10	299	14	187	10	291	15	236	22	246	13	219	14	236
	落潮	85	153	84	152	75	150	68	153	59	167	40	159	68	156
WSD02	涨潮	26	298	33	233	24	232	32	235	29	273	29	216	29	248
	落潮	58	96	63	92	59	102	52	96	41	98	35	126	51	102
WSD03	涨潮	39	294	38	295	36	290	30	280	30	292	26	292	33	291
	落潮	99	113	97	108	93	102	87	115	76	111	74	109	88	110
WSD04	涨潮	54	305	51	300	46	311	42	285	36	286	34	232	44	287
	落潮	82	108	80	144	77	145	74	133	71	146	65	148	75	137

表 4-4 实测涨、落潮最大流速、流向（大潮）

单位：流速（cm/s），流向（°）

站位号	层次	表层		0. 2H		0. 4H		0. 6H		0. 8H		底层		垂线	
	潮时	流速	流向	流速	流向	流速	流向	流速	流向	流速	流向	流速	流向	流速	流向
WSD01	涨潮	94	344	80	343	70	332	71	339	66	351	94	338	79	341
	落潮	195	153	184	153	169	151	142	147	123	149	128	151	157	151

续表 4-4

单位：流速（cm/s），流向（°）

站位号	层次	表层		0.2H		0.4H		0.6H		0.8H		底层		垂线	
	潮时	流速	流向	流速	流向	流速	流向	流速	流向	流速	流向	流速	流向	流速	流向
WSD02	涨潮	86	316	84	359	90	346	95	328	74	313	62	359	82	337
	落潮	156	115	166	118	151	109	143	117	121	104	95	133	139	116
WSD03	涨潮	101	325	96	324	95	359	80	319	60	316	60	333	82	329
	落潮	185	114	189	110	172	112	167	106	134	115	93	114	157	112
WSD04	涨潮	157	341	151	355	140	347	143	312	139	321	128	319	143	333
	落潮	175	163	165	161	168	166	159	165	136	162	137	154	157	162

表 4-5　实测涨、落潮最大流速、流向（小潮）

单位：流速（cm/s），流向（°）

站位号	层次	表层		0.2H		0.4H		0.6H		0.8H		底层		垂线	
	潮时	流速	流向	流速	流向	流速	流向	流速	流向	流速	流向	流速	流向	流速	流向
WSD01	涨潮	24	327	28	298	20	356	25	343	32	345	45	348	29	336
	落潮	147	157	138	155	139	159	124	161	123	158	89	159	127	158
WSD02	涨潮	26	342	23	329	20	329	31	347	28	338	44	351	29	339
	落潮	102	111	110	114	102	96	100	100	83	109	86	108	97	106
WSD03	涨潮	68	316	58	329	58	319	55	333	46	317	53	321	56	323
	落潮	141	112	141	112	137	107	134	114	121	104	118	119	132	111
WSD04	涨潮	94	342	78	330	88	352	68	352	64	348	78	348	78	345
	落潮	135	138	121	148	129	141	109	140	104	148	104	149	117	144

具体来看，对于流速大小而言，各测站、大小潮、涨落潮以及各层次之间均存在较大差异：① 全潮各测站的平均垂线流速，WSD01 和 WSD02 站较小，为 47～51 cm/s，WSD03 和 WSD04 站较大，为 66～70 cm/s；② 大潮流速明显大于小潮流速，大潮期间，WSD01 和 WSD02 站的平均垂线流速为 55～62 cm/s，WSD03 和 WSD04 站为 72～80 cm/s，而小潮期间平均流速则分别降到了 35～41 cm/s 以及 60～61 cm/s；③ 落潮期间流速明显大于涨潮期间流速，以大潮为例，在落潮过程中，观测期间各测站的垂线平均流速在 80～100 cm/s，而在涨潮过程中，平均流速只有 30～59 cm/s，落潮流速约为涨潮流速的 2 倍；④ 水体各层次之间流速存在差异，总体特

征为，除部分时刻外，表层流速最大，逐层减小，底层流速最小。

从极值上来看，落潮最大流速普遍大于涨潮最大流速，大潮最大流速普遍大于小潮最大流速，落潮时最大流速为 195 cm/s（WSD01 站），涨潮时最大流速为 157 cm/s（WSD04 站）。各站之间的极值有明显差异，WSD01 站的落潮与涨潮的最大流速比最大，小潮时达到了 5.4，WSD04 站最小，大潮时仅为 1.1，这表明 WSD01 站的落潮流速与涨潮流速差异最为明显，而 WSD04 站差异最小。

对于潮流的流向而言，差异则相对较小。从实测潮流的矢量图可以看到，4 个测站的潮流均为典型的往复流。以表层为例，在大潮期间，涨潮流的流向基本一致，在 295°~300°，落潮流的流向上，WSD01 和 WSD04 站较为接近，为 140°~150°，WSD02 和 WSDO3 站较为接近，为 100°~110°；小潮期间，涨潮流的流向特征与大潮基本一致，从落潮流的流向来看，WSD01 站、WSD02 站和 WSD03 站较为接近，为 95°~115°，而 WSD04 站的流向为 153°左右。

4.1.2.2 涨落潮流历时

大、小潮平均涨落潮历时如表 4-6 和表 4-7 所示。从涨落潮的潮流历时来看，所观测站点的落潮时间均大于涨潮时间。各站之间、大小潮之间均存在明显差异。从各站点来看，WSD01 站落潮时间最长，落潮时长达到 9 h 47 min，平均历时差为 7 h 32 min，WSD04 站落潮时间最短，落潮时长为 6 h 26 min，平均历时差为 1 h 02 min；从大、小潮来看，WSD02 和 WSD03 站的落潮时长较为接近，变化较小，而 WSD01 和 WSD04 站的落潮时长则变化较大，在 1 个小时左右。

表 4-6 大潮期间平均涨落潮流历时

单位：h：min

涨落潮历时	WSD01	WSD02	WSD03	WSD04
平均涨潮流历时	3：42	3：55	4：13	4：57
平均落潮流历时	8：43	8：12	8：10	7：21
平均历时差	5：01	4：17	3：57	2：24

表 4-7　小潮期间平均涨落潮流历时

单位：h：min				
涨落潮历时	WSD01	WSD02	WSD03	WSD04
平均涨潮流历时	2：15	3：16	4：24	5：24
平均落潮流历时	9：47	8：32	8：05	6：26
平均历时差	7：32	5：16	3：41	1：02

4.1.3　潮流调和分析

4.1.3.1　潮流性质

潮流调和分析采用实测的大、小潮数据，用准调和的方法计算，判别潮流的性质以及运动形式。潮流性质通常以全日分潮流与主要半日分潮流椭圆长轴的比值 $F = (W_{O1} + W_{K1})/W_{M2}$ 判别，浅水效应由 G 值判别，$G = (W_{M4} + W_{MS4})/W_{M2}$。

大、小潮期间各站潮流的 F、G 值分别如表 4-8 和表 4-9 所示。从表中可以看到，F 值均小于 0.5，具有半日潮流的性质，G 值在 0.3 左右，浅水分潮较显著，综合判据，观测水域潮流为非正规半日浅海潮流。

表 4-8　大潮期间各站 *F*、*G* 值

层次	WSD01		WSD02		WSD03		WSD04	
	F	*G*	*F*	*G*	*F*	*G*	*F*	*G*
表层	0.27	0.35	0.23	0.34	0.23	0.33	0.12	0.31
0.2H	0.28	0.33	0.21	0.31	0.21	0.31	0.26	0.28
0.4H	0.28	0.33	0.20	0.30	0.22	0.28	0.28	0.28
0.6H	0.28	0.32	0.21	0.30	0.21	0.30	0.28	0.31
0.8H	0.29	0.34	0.24	0.30	0.19	0.34	0.26	0.33
底层	0.25	0.35	0.25	0.29	0.19	0.38	0.27	0.39
垂线	0.28	0.34	0.22	0.31	0.21	0.32	0.25	0.32

表 4-9 小潮期间各站 *F*、*G* 值

层次	WSD01		WSD02		WSD03		WSD04	
	F	*G*	*F*	*G*	*F*	*G*	*F*	*G*
表层	0. 29	0. 37	0. 24	0. 36	0. 25	0. 32	0. 18	0. 36
0. 2H	0. 25	0. 37	0. 22	0. 36	0. 25	0. 34	0. 31	0. 33
0. 4H	0. 25	0. 34	0. 24	0. 34	0. 24	0. 29	0. 32	0. 33
0. 6H	0. 24	0. 34	0. 25	0. 32	0. 26	0. 32	0. 29	0. 36
0. 8H	0. 27	0. 35	0. 24	0. 30	0. 33	0. 35	0. 35	0. 37
底层	0. 24	0. 35	0. 26	0. 26	0. 26	0. 38	0. 33	0. 40
垂线	0. 26	0. 35	0. 24	0. 32	0. 27	0. 33	0. 30	0. 36

该区的潮流以半日潮为主，故以 M_2 分潮流椭圆率 *K* 值来判别潮流的运动形式（表 4-10）。$0 \leqslant |K| \leqslant 1$，$|K|$ 值越大潮流运动的旋转形态越强，反之则往复流性质越显著。根据计算，实测 $|K|$ 值在 0. 00 ~ 0. 05 之间，均接近于 0，为典型的往复流性质，这一点从潮流的矢量图也可以看出来。

表 4-10 观测期间各测站 *K* 值

层次	WSD01	WSD02	WSD03	WSD04
表层	-0. 01	0. 03	0. 00	0. 00
0. 2H	-0. 01	0. 05	0. 00	0. 00
0. 4H	0. 00	0. 03	-0. 01	0. 00
0. 6H	0. 00	-0. 02	-0. 02	-0. 01
0. 8H	0. 01	-0. 04	-0. 03	-0. 05
底层	-0. 01	-0. 02	-0. 02	-0. 03
垂线	0. 00	0. 01	-0. 01	-0. 01

4. 1. 3. 2 余流分析

水流经过滤波处理除去潮流部分，得到水流的余流，可反映悬浮物等的净传播方向。其受季节、径流等因素影响，本次计算所得余流为测流期间的余流。

计算所得余流大小、方向如表4-11，图4-4和图4-5所示，从图表中可知，大潮期间，WSD01和WSD02站的余流大小为50 cm/s左右，而WSD03和WSD04站余流为30 cm/s左右；从余流方向上来看，WSD02和WSD03站较为接近，在100°左右，而WSD01和WSD04站稍大，最大超过150°，余流方向基本沿深槽主流方向，指向东南；小潮期间，WSD01站余流最大，达到55cm/s，而WSD02，WSD03，WSD04站较小，均小于40cm/s，且基本呈现越往下游越小的趋势，小潮期间余流方向基本与大潮期间一致。

表4-11 各站垂线余流流速、流向

单位：V (cm/s)，D (°)

站位号	潮次	V	D
WSD01	大潮	52	151
	小潮	55	155
WSD02	大潮	50	96
	小潮	39	92
WSD03	大潮	35	100
	小潮	36	101
WSD04	大潮	30	138
	小潮	23	135

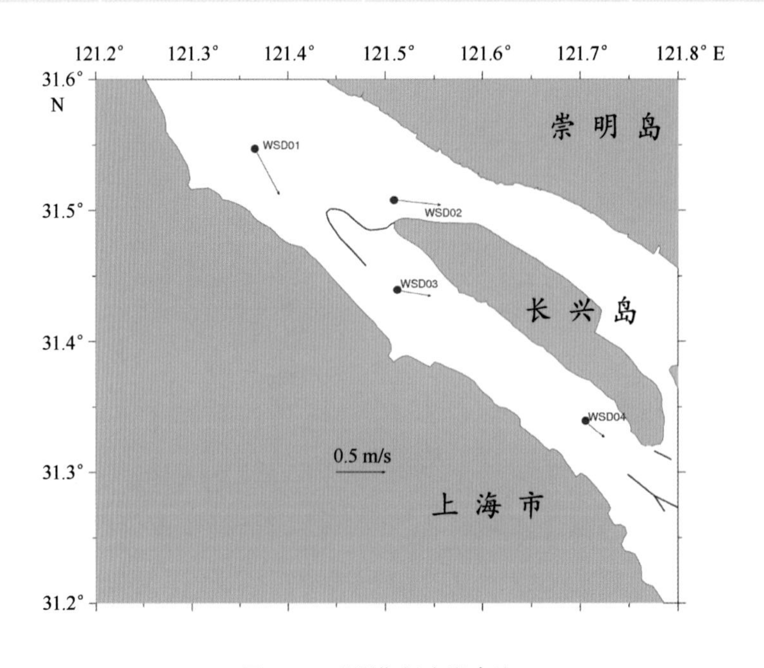

图4-4 观测期间大潮余流

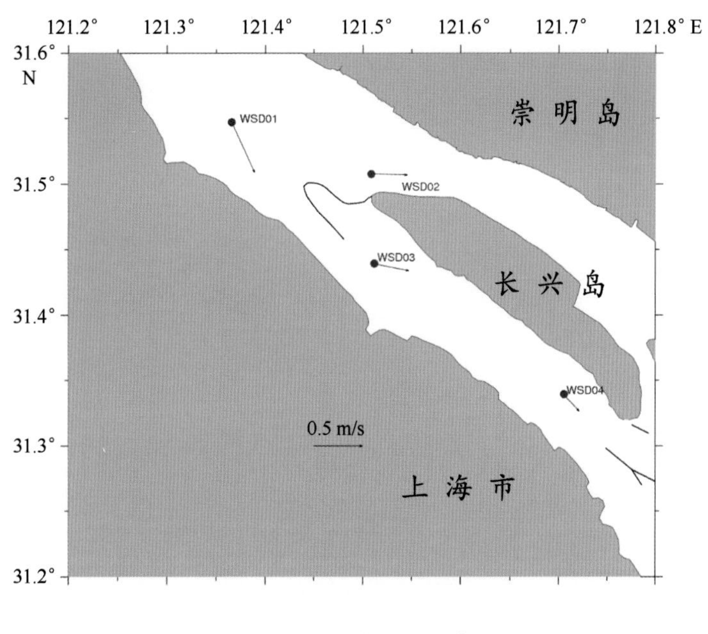

图 4-5　观测期间小潮余流

4.1.4　实测泥沙分析

4.1.4.1　含沙量时空分布

含沙量的观测站点与潮流一致，按 6 点法（表层、0.2H、0.4H、0.6H、0.8H、底层）进行采样，整理统计后的各站点大、小潮平均含沙量如表 4-12 所示。从平均含沙量来看，4 个测站的平均含沙量基本相当，均在 0.092 kg/m^3 到 0.163 kg/m^3 之间，大潮含沙量明显大于小潮含沙量，大潮含沙量约为小潮含沙量的 1.5 倍，从表层到底层基本呈现逐渐增大的趋势，底层含沙量基本为表层含沙量的 2 倍左右；从 4 个测站来看，由上游向下游测站含沙量有逐步增大的趋势，上游 WSD01 站较小，下游 WSD04 站较大；从极值上来看，含沙量最小为 0.024 kg/m^3（WSD03 站），最大值为 0.494 kg/m^3（WSD03）。

表 4-12　各站点大、小潮含沙量

单位：kg/m^3

站位号	潮次	表层	0.2H	0.4H	0.6H	0.8H	底层	垂线
WSD01	大潮	0.092	0.113	0.131	0.154	0.164	0.171	0.138
	小潮	0.065	0.078	0.083	0.097	0.103	0.112	0.090
WSD02	大潮	0.101	0.114	0.132	0.151	0.163	0.241	0.150
	小潮	0.063	0.081	0.094	0.103	0.109	0.143	0.099

续表 4-12

站位号	潮次	表层	0.2H	0.4H	0.6H	0.8H	底层	垂线
WSD03	大潮	0.133	0.141	0.148	0.154	0.159	0.164	0.150
	小潮	0.076	0.083	0.091	0.102	0.107	0.112	0.095
WSD04	大潮	0.113	0.124	0.152	0.161	0.192	0.213	0.159
	小潮	0.083	0.095	0.099	0.105	0.122	0.151	0.109

4.1.4.2 悬沙粒径

本次悬沙粒径监测与潮流观测同步，频次为 3 h/次，总共进行了 9 次，悬沙粒径采样层次包括表层、0.6H、底层。悬沙粒径组分如表 4-13 所示，悬沙粒径特征值如表 4-14 所示。

观测区域悬沙基本为粉砂或黏土质粉砂，其中粒径小于 4 μm 的悬沙占 19.29%~31.80%，粒径在 4~63 μm 的悬沙占 56.0%~84.9%，粒径大于 63 μm 的悬沙所占比重极少，最大仅为 1.07%，悬沙的中值粒径介于 6.52~9.69 μm 之间，平均粒径介于 6.01~9.54 μm 之间。从各采样站点来看，WSD01 站以粉砂为主，WSD02、WSD03 站粉砂质和黏土质粉砂质悬沙所占比重相当，WSD04 站均为黏土质粉砂，平均中值粒径，WSD01 站和 WSD03 站较大，WSD02 站和 WSD04 站较小。大潮与小潮相比，大潮期间粒径大于 63 μm 的悬沙多于小潮期间，除 WSD01 站以外，大潮期间中值粒径和平均粒径均小于小潮期间。从平均粒径和中值粒径来看，悬沙粒径从表层到底层基本特征是逐渐增大的趋势。

表 4-13 悬沙粒径组分

单位：%

站位号			<4 μm	4~8 μm	8~16 μm	16~32 μm	32~63 μm	>63 μm	类型
WSD01	大潮	表层	24.23	24.99	25.00	16.39	9.17	0.23	粉砂
		0.6H	21.79	22.91	24.63	18.48	11.16	1.04	粉砂
		底层	20.79	22.67	25.07	18.79	11.62	1.07	粉砂
	小潮	表层	26.17	26.86	26.03	17.19	3.71	0.04	黏土质粉砂
		0.6H	21.32	23.72	25.84	19.67	9.16	0.29	粉砂
		底层	19.29	23.24	26.32	19.63	10.67	0.84	粉砂

续表 4-13

站位号			<4 μm	4~8 μm	8~16 μm	16~32 μm	32~63 μm	>63 μm	类型
WSD02	大潮	表层	27.69	25.00	26.38	15.43	5.33	0.16	黏土质粉砂
		0.6H	24.94	23.78	25.76	18.38	7.02	0.12	粉砂
		底层	21.22	22.18	25.17	20.20	10.00	1.22	粉砂
	小潮	表层	26.16	25.48	26.19	17.77	4.25	0.16	粉砂
		0.6H	26.41	24.13	24.20	17.97	7.22	0.06	黏土质粉砂
		底层	24.68	23.46	24.69	19.11	8.01	0.05	黏土质粉砂
WSD03	大潮	表层	28.00	25.68	28.24	16.17	1.91	0.00	黏土质粉砂
		0.6H	25.58	23.67	27.82	19.64	3.29	0.00	黏土质粉砂
		底层	28.60	24.46	27.32	17.14	2.46	0.02	黏土质粉砂
	小潮	表层	23.11	24.62	26.56	19.00	6.50	0.20	粉砂
		0.6H	20.62	22.91	25.75	20.08	10.43	0.19	粉砂
		底层	19.79	23.33	26.27	19.58	10.54	0.50	粉砂
WSD04	大潮	表层	31.8	26.6	27.1	14.4	0.10	0.00	黏土质粉砂
		0.6H	29.61	23.57	25.40	19.60	1.82	0.00	黏土质粉砂
		底层	26.38	21.90	24.57	23.46	3.70	0.00	黏土质粉砂
	小潮	表层	30.07	26.65	26.99	15.59	0.70	0.00	黏土质粉砂
		0.6H	28.72	25.23	26.88	16.16	3.01	0.00	黏土质粉砂
		底层	28.69	25.88	28.09	16.44	0.90	0.00	黏土质粉砂

表 4-14 悬沙粒径特征值

单位：μm

站位号		表层		0.6H		底层	
		D_{MZ}	D_{50}	D_{MZ}	D_{50}	D_{MZ}	D_{50}
WSD01	大潮	8.10	8.20	9.15	9.24	9.44	9.52
	小潮	7.15	7.46	8.82	9.11	9.54	9.69
WSD02	大潮	7.11	7.51	7.93	8.30	9.30	9.61
	小潮	7.30	7.74	7.68	7.99	8.06	8.48
WSD03	大潮	6.73	7.30	7.51	8.18	6.79	7.42
	小潮	8.13	8.48	9.19	9.48	9.33	9.55
WSD04	大潮	6.01	6.52	6.77	7.36	7.72	8.40
	小潮	6.28	6.79	6.76	7.29	6.57	7.15

4.2 潮流场数值模拟与分析

吴淞口北倾倒区数值模拟计算采用 FVCOM 数值模型，其为三维自由网格、自由表面、原始方程、有限体积的海岸大洋数值模型。该模型结合了有限元法和有限差分法的优点，适合模拟浅海复杂边界，主要包括水质模块、生态模块、泥沙输运模块、流场-波浪-泥沙耦合模块等。

4.2.1 模型计算区域

本项目模型计算区域包括了长江口、杭州湾及邻近海域，西起 120°E，东至 124.5°E，北起 34.5°N，南至 28.5°N，长江上游至潮流界以上 200 km，杭州湾上游至钱塘江区界。地形资料采用中国人民解放军海军司令部航海保证部 2013 年东海海图数字化结果，高程为 1985 国家高程基准，深度为理论最低潮面。计算区域及吴淞口北倾倒区附近网格如图 4-6 所示，倾倒区附近水深地形如图 4-7 所示。整个计算区域共有 94 345 个三角单元，50 098 个网格点。

4.2.2 边界条件及初始条件

模型外海开边界由潮位驱动，本计算考虑 M2、S2、K1、O1、N2、K2、P1 和 Q1 八个主要分潮。上游的径流由长江水文网（http://www.cjh.com.cn/）上发布的大通水文站资料获得，风场由欧洲中期天气预报中心（ECMWF）网站（http://apps.ecmwf.int/datasets/）下载获得。该风场数据为 GFS 型 0.5 度精度，周期为 6 h，Hyb sigma-pres，站点上 ID 编号为 ZSPD（经度 121.80°E，纬度 31.15°N）该风场为再分析风场，结合了实际测量数据和分析数据，其精确度和准确性已被众多学者所检验。

模型计算所用的初始场由东海海洋图集上的月平均数据进行数字化并插值得到，采用 sigma 坐标，垂向分为 20 层。为了能够更好地模拟近岸的垂向混合，采用 Mellor-Yamada 2.5 阶湍流闭合模型，计算时间为 2015 年 7 月 1 日到 2015 年 7 月 31 日，计算结果为 1 个小时输出一次，计算时间步长为 10 s。由于水位和流速对于边界驱动的响应较快，因此采用冷启动，初始值取 0。

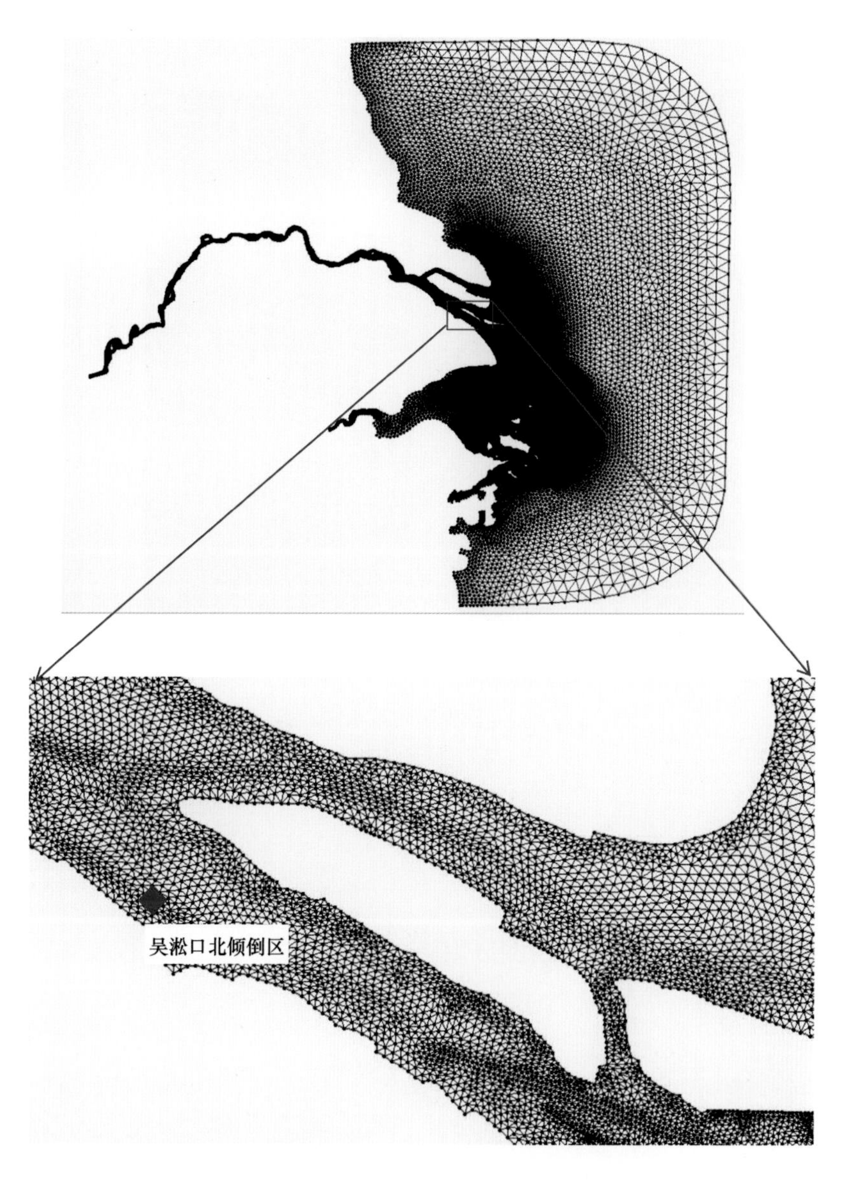

图 4-6 计算区域及吴淞口北倾倒区附近局部网格

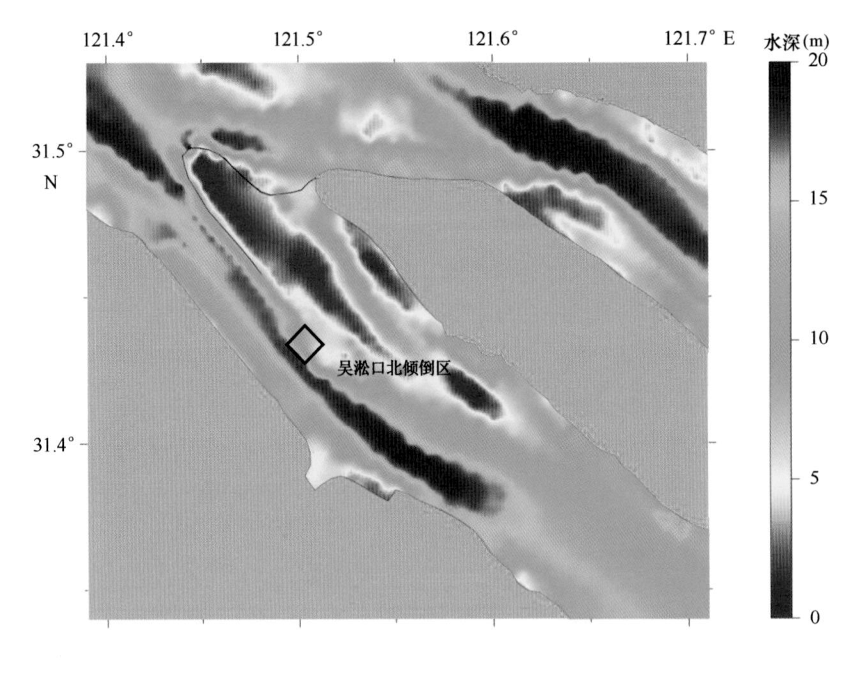

图 4-7　倾倒区附近水深地形

4.2.3　模型验证

根据项目实际需求，主要对倾倒区附近的潮位及实测潮流进行验证。潮位站分布如图 4-8 所示。

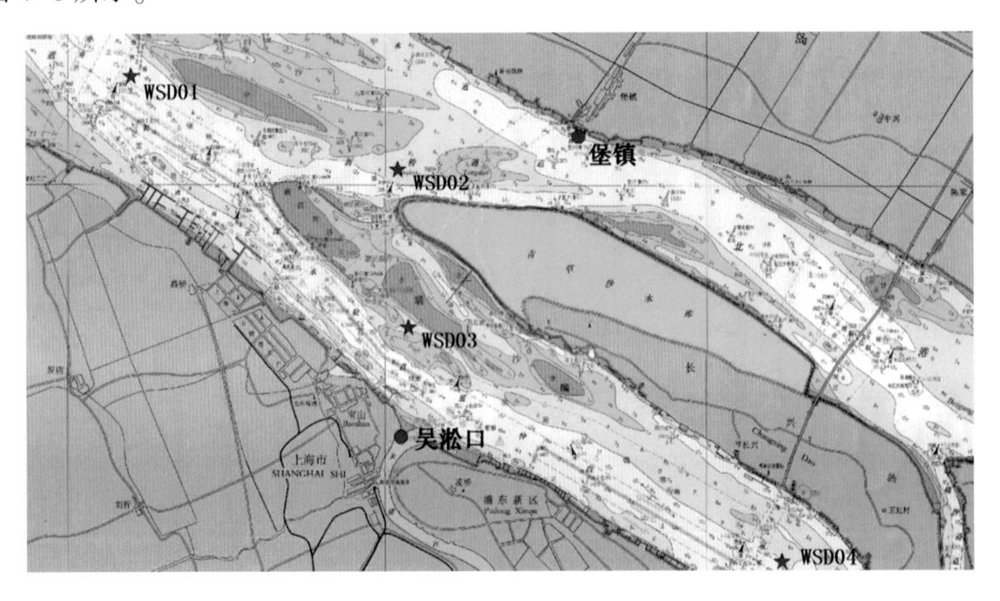

图 4-8　潮位站及测流站分布

潮位数据采用吴淞口和堡镇潮位站 2015 年 7 月 12—24 日数据（吴淞基面），验证结果如图 4-9 至图 4-18 所示，从结果来看，吴淞口和堡镇的潮位模拟结果吻合良好，趋势一致，误差较小，可以认为模拟得比较精确。

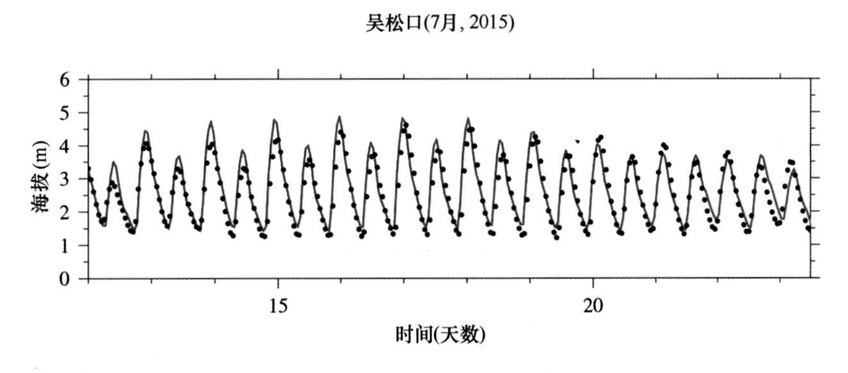

图 4-9　吴淞口潮位数据验证（实线：计算值；黑点：观测值）

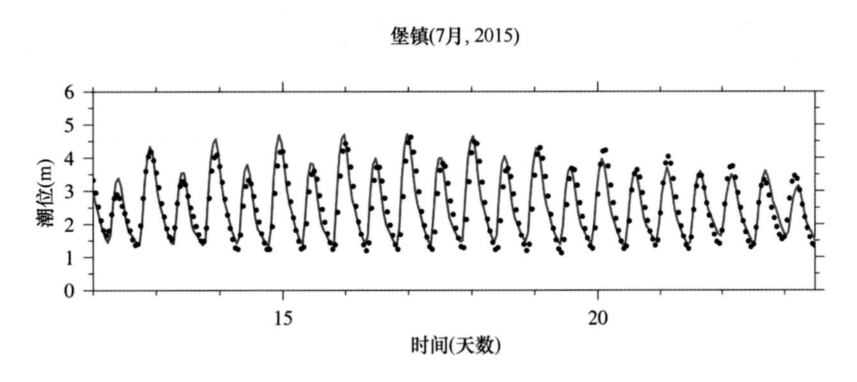

图 4-10　堡镇站潮位数据验证（实线：计算值；黑点：观测值）

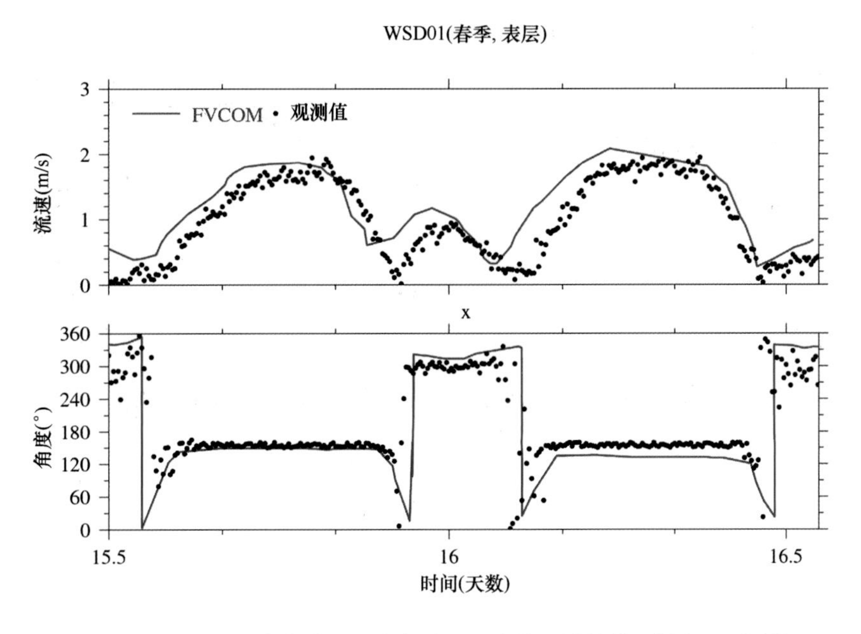

图 4-11　WSD01 站大潮流速、流向验证（实线：计算值；黑点：观测值）

潮流验证采用2015年7月15—16日（大潮）和2015年7月22—23日（小潮）实测数据，流速、流向的验证结果如图所示，可以看到计算结果与实测结果吻合良好，流速大小、趋势符合实际情况，流向误差基本在15°以内，可以认为计算结果精确可靠，可用于该区域流场的模拟。

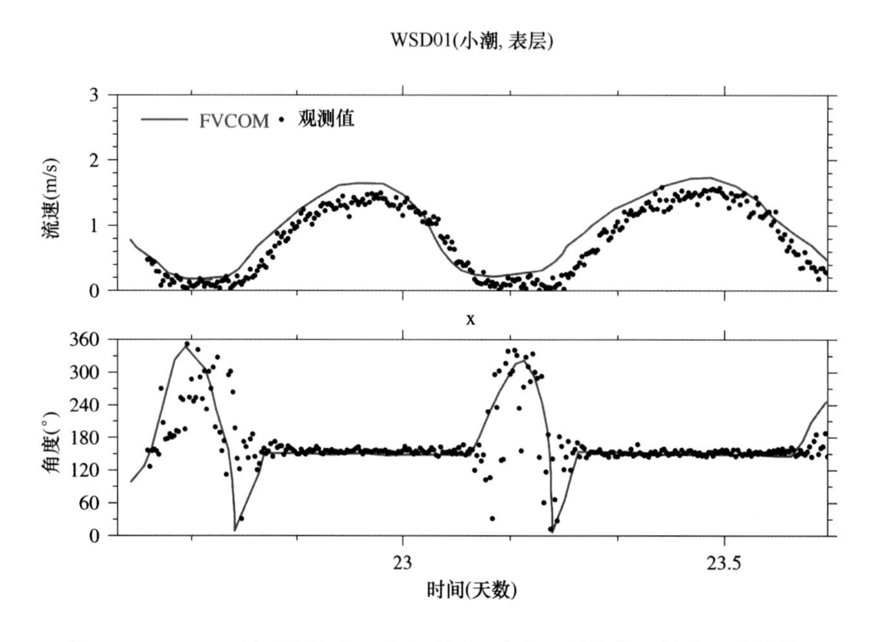

图4-12　WSD01站小潮流速、流向验证（实线：计算值；黑点：观测值）

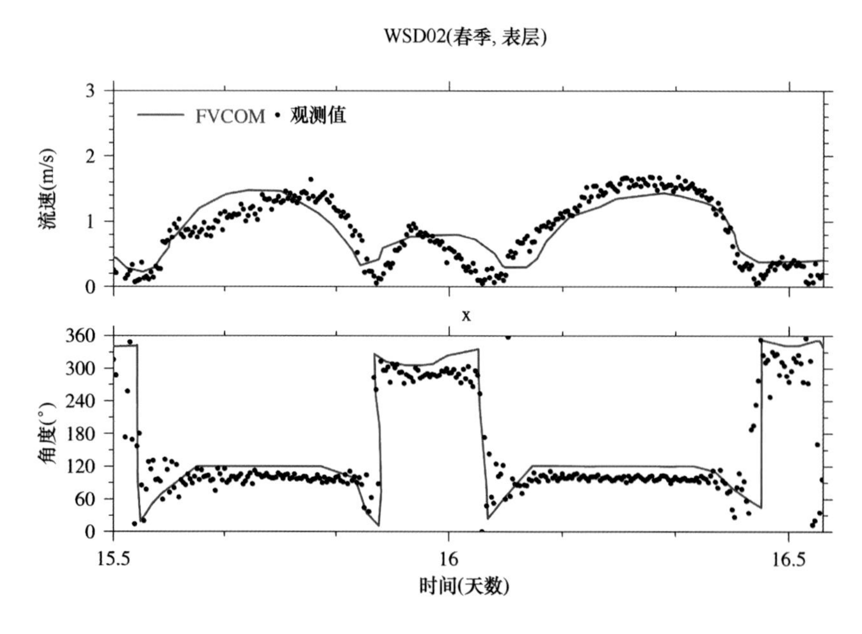

图4-13　WSD02站大潮流速、流向验证（实线：计算值；黑点：观测值）

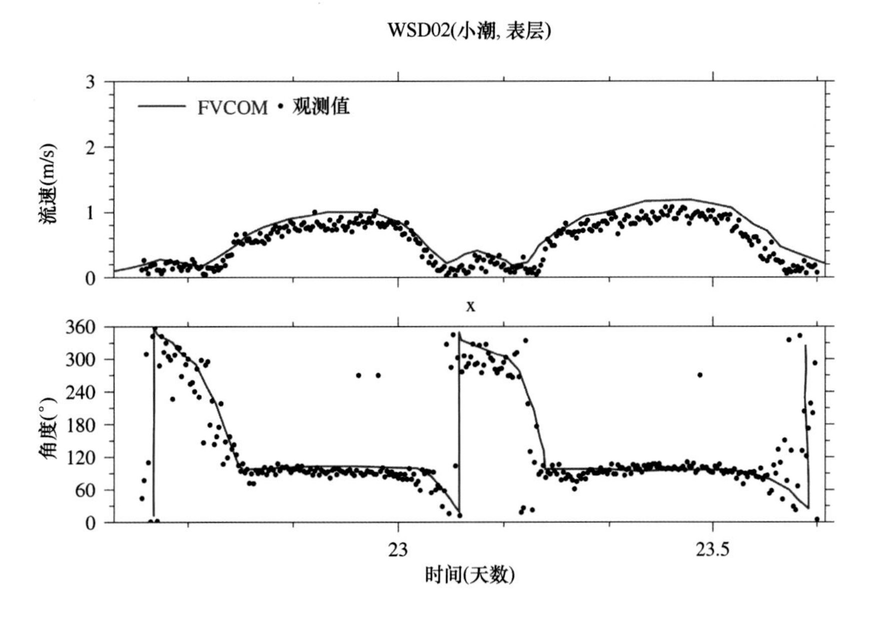

图 4-14 WSD02 站小潮流速、流向验证（实线：计算值；黑点：观测值）

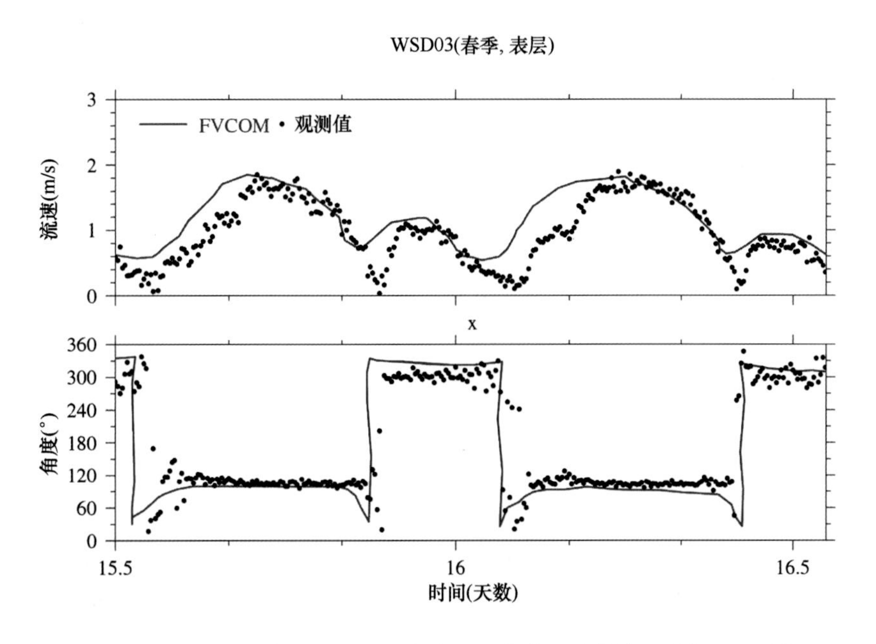

图 4-15 WSD03 站大潮流速、流向验证（实线：计算值；黑点：观测值）

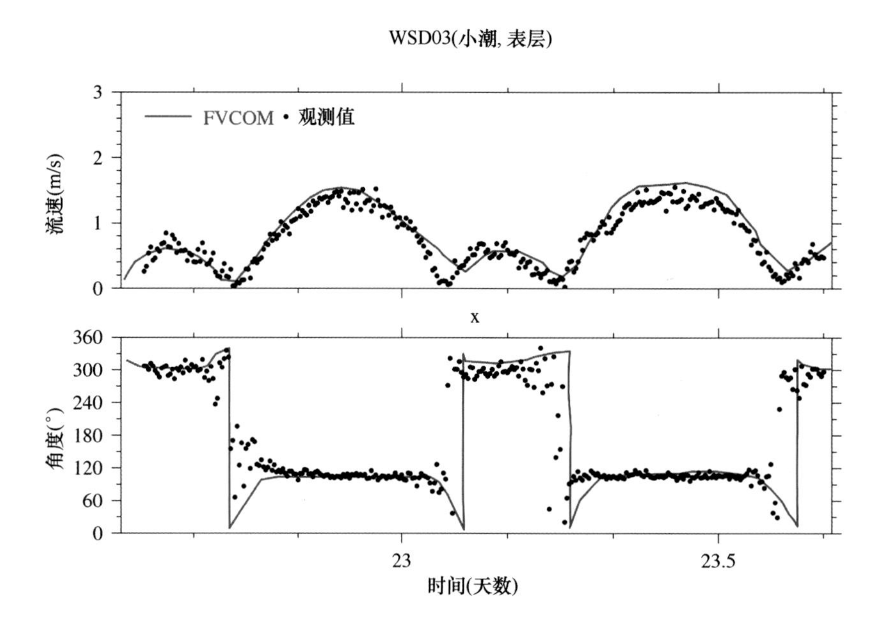

图 4-16　WSD03 站小潮流速、流向验证（实线：计算值；黑点：观测值）

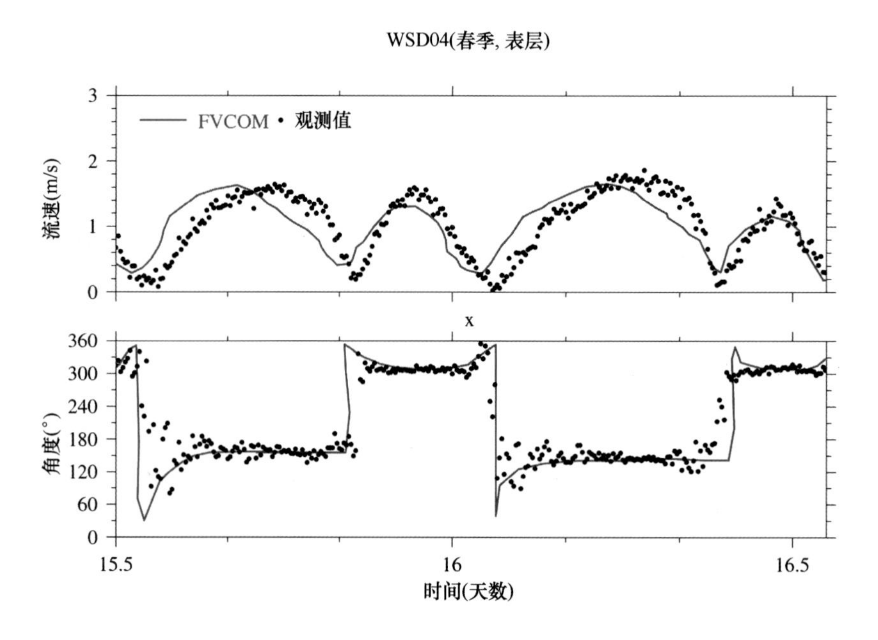

图 4-17　WSD04 站大潮流速、流向验证（实线：计算值；黑点：观测值）

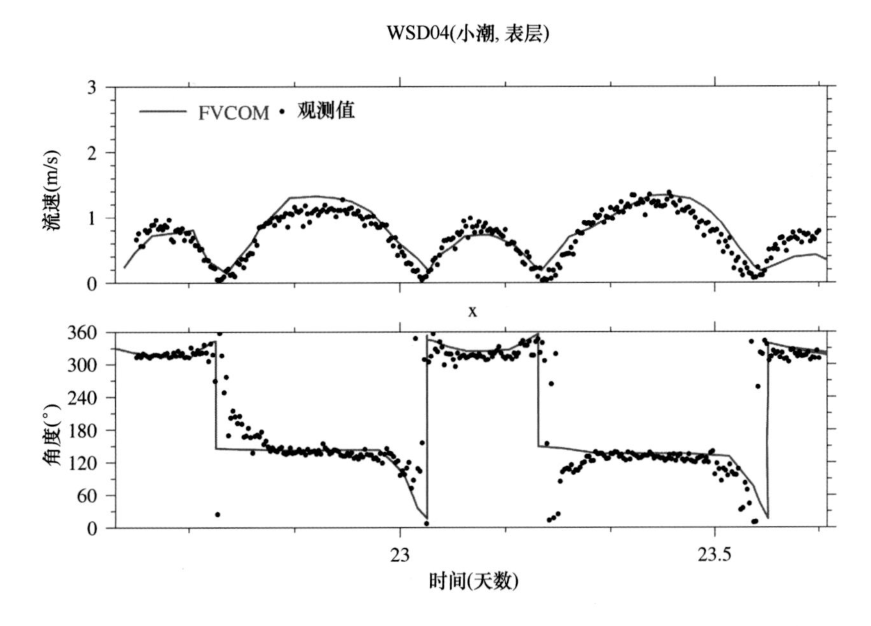

图 4-18 WSD04 站小潮流速、流向验证（实线：计算值；黑点：观测值）

4.2.4 潮流场模拟分析

在对潮位、流速、流向充分验证的基础上，对吴淞口北倾倒区附近区域的潮流场进行了模拟计算，大潮、小潮期间落急、落憩、涨急、涨憩时刻该区域的潮流场如图4-19至图4-26所示，分析可知，吴淞口北倾倒区附近潮流场有如下特征。

倾倒区及附近区域水流基本为往复流，流向基本与两侧岸线方向平行。南支水流到达长兴岛分为两股，在汊道口处流速显著变大。从空间上看，以新浏河沙护滩堤和航道为界，新浏河沙护滩堤附近区域水流变化较不均匀，大潮期间落急时刻，新浏河沙护滩堤以东流速较小，不足 0.5 m/s，而新浏河沙护滩堤以西平均流速基本在 1.5 m/s左右，南侧航道流速最大，达到 2.5~3.0 m/s。在吴淞口北倾倒区内，基本呈现北侧流速小、南侧流速大的特征。涨急时刻，受较强涨潮潮流影响，倾倒区内流速最大可至 1.5 m/s。从时间上来看，倾倒区附近落急时刻流速最大，涨憩时刻流速最小，落急时刻流速较涨急时刻大 0.5 m/s，落憩时刻和涨憩时刻，除航道及新浏河沙护滩堤以东外，流速均小于 0.5 m/s。小潮期间流速明显小于大潮，除落急时刻，最大流速仅 1.0 m/s。总体来看，倾倒区处于该区域流速相对较大区域，在落急时刻流速最大，最大流速可至 2.0 m/s。

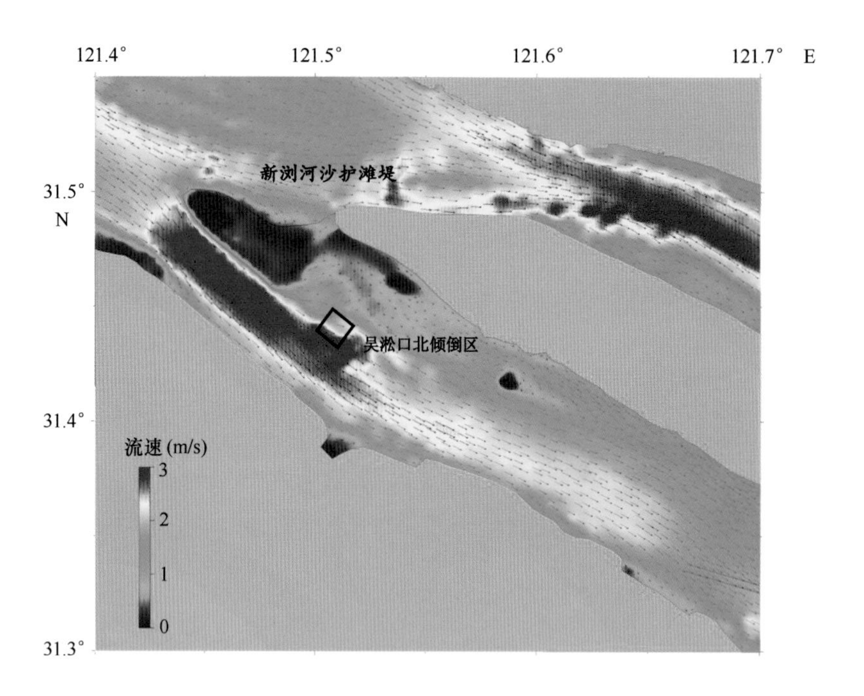

图 4-19　大潮期间倾倒区附近落急时刻流场

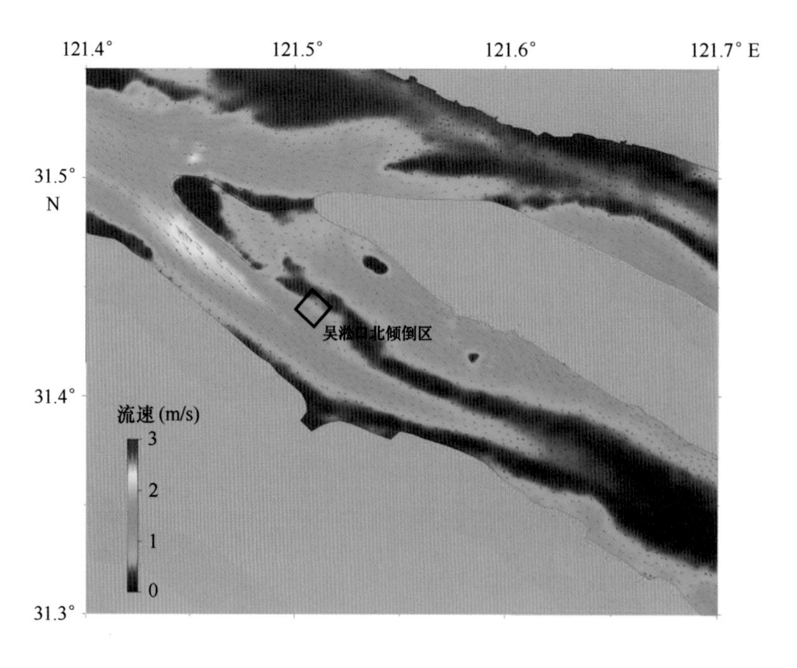

图 4-20　大潮期间倾倒区附近落憩时刻流场

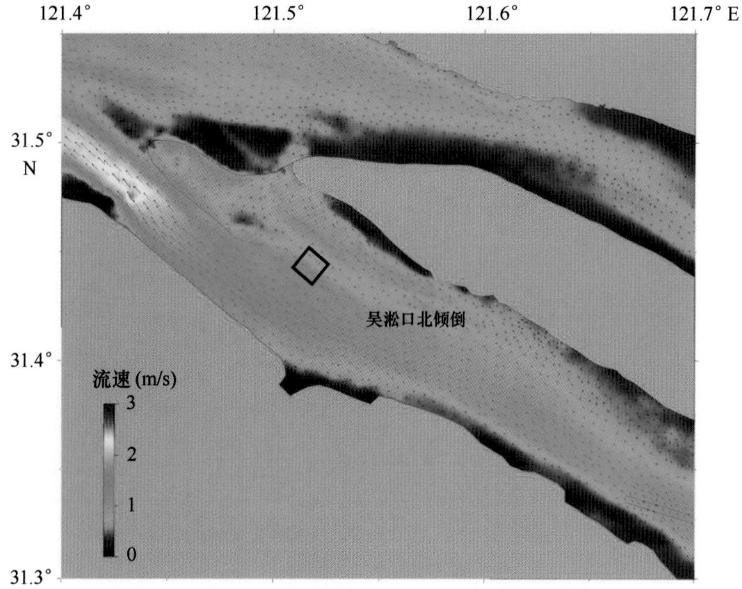

图 4-21 大潮期间倾倒区附近涨急时刻流场

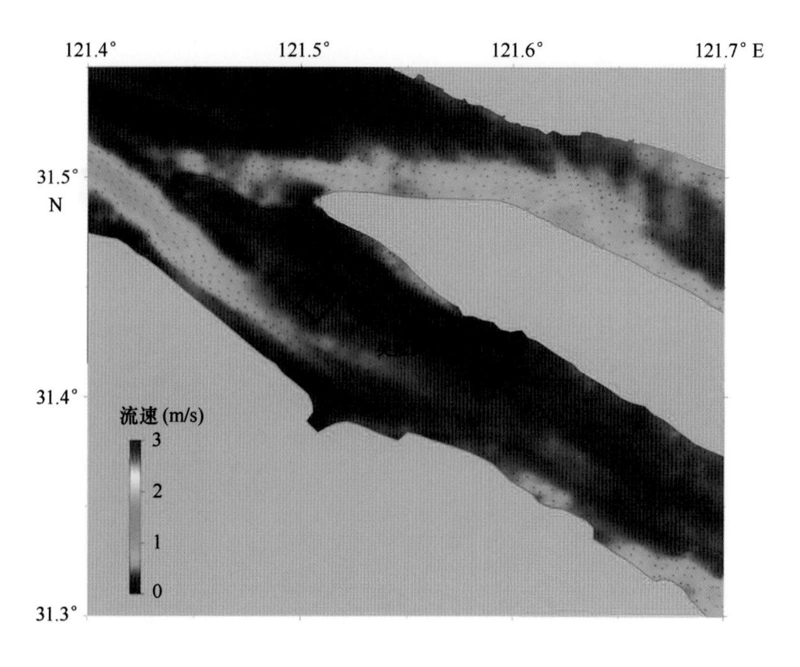

图 4-22 大潮期间倾倒区附近涨憩时刻流场

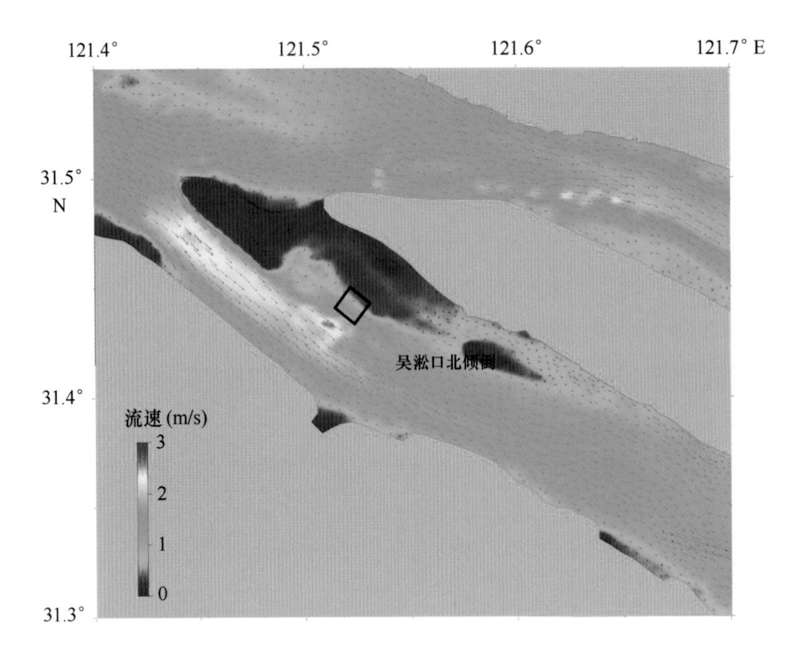

图 4-23　小潮期间倾倒区附近落急时刻流场

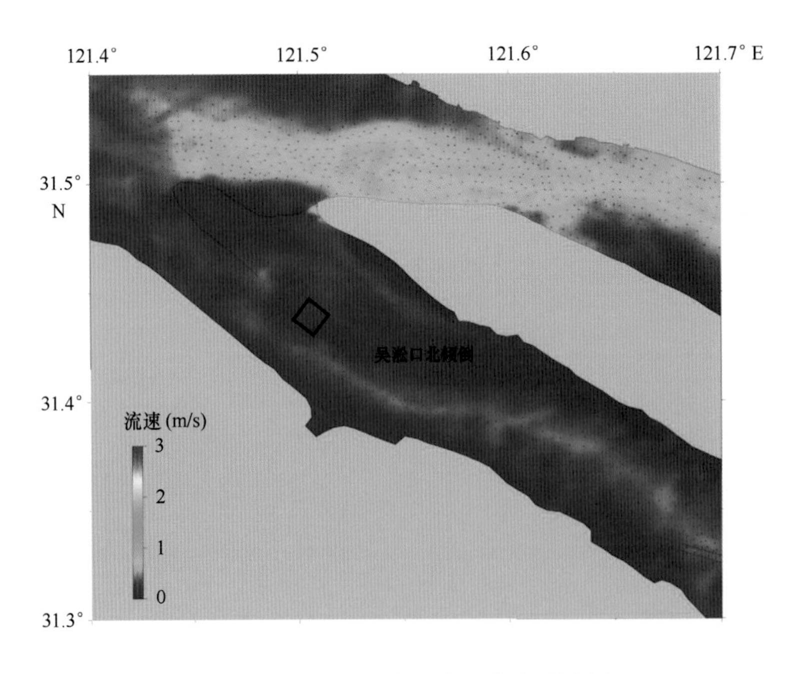

图 4-24　小潮期间倾倒区附近落憩时刻流场

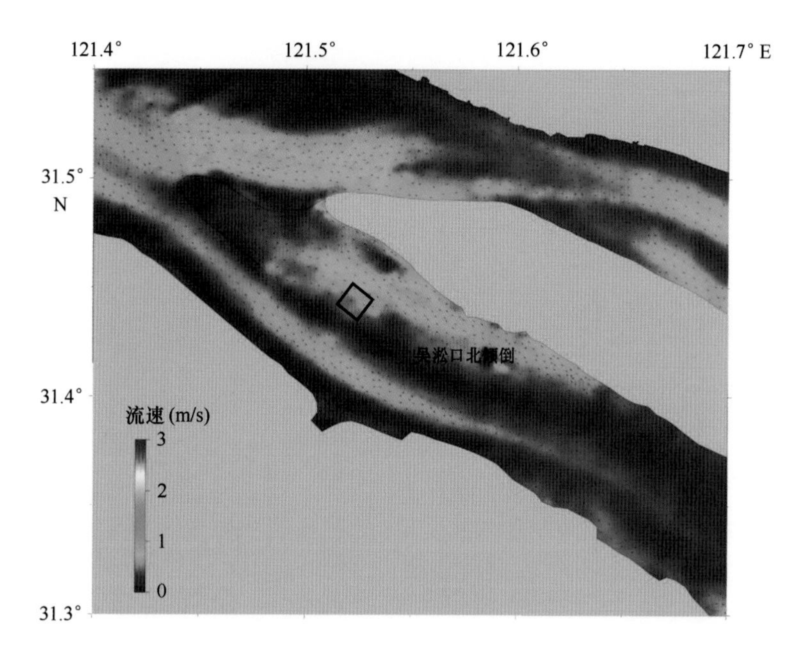

图 4-25　小潮期间倾倒区附近涨急时刻流场

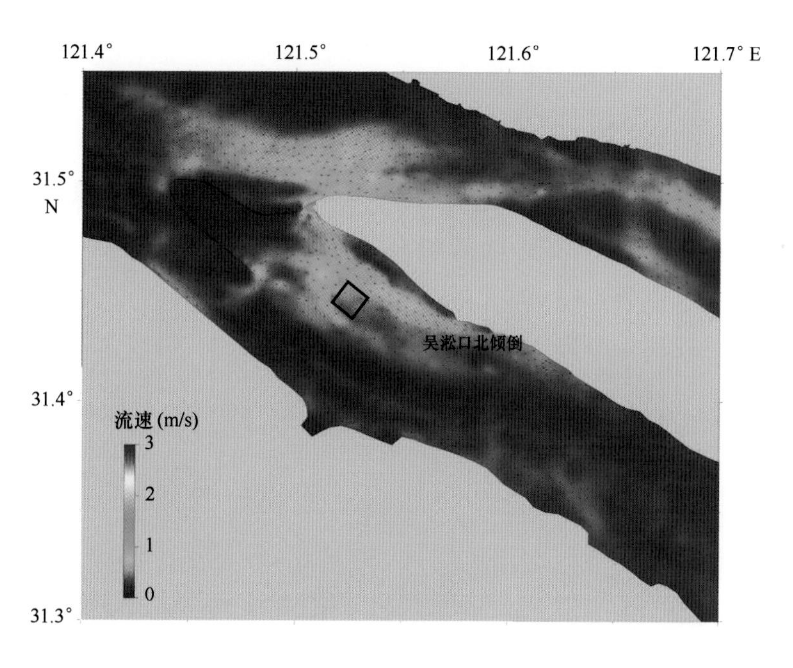

图 4-26　小潮期间倾倒区附近涨憩时刻流场

4.3 扩散场模拟与分析

4.3.1 悬浮物扩散模型

模型采用 FVCOM 数值模型，其中泥沙模块的基本扩散方程为：

$$\frac{\partial C_i}{\partial t}+\frac{\partial uC_i}{\partial x}+\frac{\partial vC_i}{\partial y}+\frac{\partial(\omega-\omega_i)C_i}{\partial z}=$$

$$\frac{\partial}{\partial x}(A_H\frac{\partial C_i}{\partial x})+\frac{\partial}{\partial x}(A_H\frac{\partial C_i}{\partial y})+\frac{\partial}{\partial x}(K_h\frac{\partial C_i}{\partial z})+S+W_0$$

其中，C_i 为悬浮物浓度（mg/L）；A_H 为水平旋转黏性系数；K_h 为垂直旋转黏性系数；ω 为沉降速度（m/s）；S 为各状态变量处于物理、化学、生物过程而产生的内部源汇项；W_0 为各状态变量外部输入源强（mg/L），包括点源和非点源排放。细颗粒泥沙沉降速度取决于其絮凝当量的大小，根据《海洋倾倒区选划技术导则》，当泥沙粒径在 0.015～0.03 mm 时，其相应的沉速为 0.04～0.05 cm/s，2012—2015 年的 115 个黄浦江疏浚物样品分析显示，疏浚物的粒径小于 63 μm 的粒度组分含量在 59.7%～100%之间，类型以粉砂和砂质粉砂为主，因此本研究中取沉速为 0.05 cm/s。

根据收集和现场采样的含水率在 32.4%～58.2%之间，相对密度在 2.26～2.53 g/cm^{3}之间。小于 4 μm 的粒度组分含量在 6.48%～21.4%之间，粉砂占绝大多数。

源汇函数表示为：

$$F_s=-\alpha\omega s+F'_s$$

其中，α 为泥沙沉降几率；ω 为泥沙沉降速度（m/s）；F'_s 为抛泥源函数[kg/(m^2·s)]。

4.3.2 倾倒方式、源强及参数

通常的抛泥漂流扩散过程：挖泥船到达倾倒区后，打开泥舱门抛泥，大部分泥沙直接沉积于倾倒区，有少部分细颗粒泥沙（占倾倒量的 5%～10%）在倾倒点附近形成一泥沙污水团，而后其随潮流漂移扩散（王长海等，2007）。

根据 2010—2013 年记录的吴淞口北倾倒区船只倾倒情况，对于舱容，计算考虑

最不利情况（900 m^3）以及平均情况（450 m^3）。

吴淞口北倾倒区距离疏浚区码头平均距离约为10 km，每倾倒一船泥，往返时间一般平均为3~4 h，按最不利时间间隔，取每隔1 h倾倒一船疏浚物。根据作业方式，分为3种情况分别计算：单船间隔一个小时作业、两条船同时间隔一个小时作业、单船连续抛泥作业。

源强的确定公式参照徐宏明在疏浚土扩散数学模型以其应用中使用的公式，如下：

$$s_0 = \frac{\frac{M}{T}P}{\sum \alpha_i A_i H_i} \qquad s_i = \alpha_i s_0 \qquad \gamma = \frac{\gamma_0}{1 + w} \qquad s_0 = \frac{\gamma Q P}{T}$$

式中，s_0 为单位源强（kg/m^3s）；s_i 为网格点源强（kg/m^3s）；M 为单船抛泥量（kg）；γ 为泥沙干容重（kg/m^3）；T 为抛泥时间（s）；P 为抛泥后悬移质的比例（%）；α_i 为网格点源强权系数；A_i 为网格点代表的面积（m^2）；H_i 为网格点水深（m）。

根据2012—2015年收集和采集的115个黄浦江疏浚物样品，平均含水率42.9%，平均相对密度2.43 g/cm^3，则疏浚土的干容重表示为：

$$\gamma = \frac{\gamma_0}{1 + \omega} = \frac{2\,430}{1 + 42.9\%} = 1\,700.5(kg/m^3)$$

其中，γ_0 为相对密度；ω 为含水率。

实际疏浚工程实测资料表明：疏浚满舱后原状土占舱容量的40%，抛泥船倾倒时，水体中的悬移质泥沙的增量受倾倒方式、粒径、成分含量、下落水深及海上水动力条件等的影响，一般情况下，在10%以下，从环境安全角度出发，取最大值10%作为抛泥后悬移质比例。不考虑在实际网格点处放入点源时，以舱容900 m^3 为例，考虑单船一次抛泥在5 min之内完成，单船抛泥的瞬时源强为：

$$s_0 = \frac{\gamma Q P}{T} = \frac{1\,700.5 \times 900 \times 40\% \times 10\%}{5 \times 60} = 204.06(kg/s)$$

4.3.3 悬浮物扩散计算与分析

4.3.3.1 扩散模型计算方案组

根据前述源强和相关参数的确定，按照船型、倾倒方式、间隔时间、倾倒量、抛泥时刻、潮型、径流量等影响因素，制定了不同的计算方案组，综合考虑悬浮物扩散影响范围和影响距离。计算方案组如表 4-15 所示。

表 4-15　扩散模型计算方案组

方案组	船只组合	抛泥间隔	舱容（m^3）	潮型	季节	倾倒量（m^3）	计算组次
方案组 1	单船	一次性	450/900	大潮（涨、落）	洪、枯季	450/900	8
方案组 2		1 h	900	大潮（涨、落）	-	450×15×24	2
方案组 3		连续 15 d	900	-	-	900×15×24	1
方案组 4	双船	一次性	450/900	大潮（涨、落）	洪、枯季	450/900	8

根据《海洋倾倒区选划与监测指南》，浓度场模拟得到的某种物质浓度场的分布，至少需要经过不少于 7 个潮周期连续计算，达到收敛并且稳定的浓度场，因此本次计算时间均为 15 d。

从实测的潮流数据来看，倾倒区附近的涨落潮流速受上游径流作用较大，因此本计算中分别考虑径流的极值情况，根据 1955—2009 年实测资料分析，长江大通站多年平均流量为 28 650 m^3/s，年洪季最大流量为 64 630 m^3/s，最小流量为 27 800 m^3/s，年枯季最大流量为 24 430 m^3/s，最小流量为 12 150 m^3/s（李义天等，2010），据此本计算中取洪季流量 60 000 m^3/s，枯季流量 20 000 m^3/s 为代表流量。

倾倒方式考虑 4 种方案；一次性倾倒考虑平均情况和最大情况，分别为单船倾倒和双船同时倾倒，舱容均各取 450 m^3（平均情况）和 900 m^3（最大情况）；间隔 1 h 倾倒取平均情况；连续倾倒考虑最大情况，模拟倾倒所产生悬浮物的最大影响范围。

4.3.3.2　单船一次性倾倒悬浮物扩散

单船一次性倾倒，不同情况下悬浮物的影响情况如表 4-16 所示，各情况的扩散过程如图 4-27 至图 4-34 所示。

表 4-16　悬浮物扩散影响范围统计

舱容（m^3）	季节	潮时	影响面积（km^2）			最大影响距离（km）（超一类、二类）
			超一类、二类（增量 10 mg/L）	超三类（增量 100 mg/L）	超四类（增量 150 mg/L）	
450	枯季	涨潮	1.324	0.301	0.137	3.4
		落潮	1.553	0.396	0.269	5.1
	洪季	涨潮	1.218	0.271	0.163	3.2
		落潮	1.429	0.381	0.229	4.2

续表 4-16

舱容（m^3）	季节	潮时	影响面积（km^2）			最大影响距离（km）（超一类、二类）
			超一类、二类（增量 10 mg/L）	超三类（增量 100 mg/L）	超四类（增量 150 mg/L）	
900	枯季	涨潮	1.851	0.384	0.237	7.1
		落潮	1.909	0.578	0.359	8.2
	洪季	涨潮	1.693	0.342	0.218	6.3
		落潮	1.824	0.554	0.307	7.9

从扩散的形态上来看，扩散运动基本分为两个部分：一部分是中心高浓度区随水流运动；另一部分是中心周围区域随水流扩散。10 mg/L 包络线整体形态从均匀圆形逐渐运动成椭圆形，最终成狭长条形，椭圆长轴方向基本与主流方向一致。

从扩散的范围来看，落潮时刻倾倒最大影响距离明显大于涨潮时刻倾倒最大影响距离，对于一次性倾倒，落潮时刻倾倒最大影响平均距离 5.0 km，涨潮时刻倾倒最大影响平均距离 6.4 km；同一舱容倾倒，洪季影响距离小于枯季影响距离，洪季最大影响平均距离 5.4 km，枯季最大影响平均距离 6.0 km；相同季节、潮时，不同舱容倾倒，舱容越大，影响距离越远。枯季、900 m^3 舱容、落潮时刻倾倒，影响距离最大，为 8.2 km，洪季、450 m^3 舱容、涨潮时刻倾倒，影响距离最小，为 3.2 km。最大影响距离与最大影响面积基本呈正相关，计算组次中，增量 10 mg/L 最大影响面积为 1.909 km^2，最小为 1.218 km^2，增量 100 mg/L 最大影响面积为 0.578 km^2，最小为 0.271 km^2，增量 150 mg/L 最大影响面积为 0.359 km^2，最小为 0.137 km^2。

从扩散的影响时间来看，对上述情况从开始倾倒到 10 mg/L 外缘线消失的时间进行统计（扩散模型每 5 min 输出一次结果），由表 4-17 可以看到，舱容 900 m^3 的扩散影响时间基本为舱容 450 m^3 倾倒影响时间的 2 倍，枯季时涨潮时刻倾倒扩散历时大于落潮时刻，洪季时则与之相反，除 450 m^3 舱容枯季外，其余情况涨落潮时刻倾倒影响历时基本相当，均相差 5 min 左右。

表 4-17 悬浮物扩散影响时间统计

舱容（m^3）	季节	潮时	影响时间（min）
450	枯季	涨潮	65
		落潮	50
	洪季	涨潮	55
		落潮	60
900	枯季	涨潮	115
		落潮	110
	洪季	涨潮	145
		落潮	150

从扩散影响的区域来看，单船一次性倾倒的影响区域基本位于河道的中间区域，对两侧岸边影响较小。

具体来看，落潮时刻倾倒，以洪季、舱容 900 m^3 为例，疏浚物倾倒后迅速形成高浓度悬浮物水团，整体随水流往下游移动，经 30 min 后增量大于 100 mg/L 的区域完全消失，水团的移动路径基本沿东南方向，随时间推移，在 60 min 后逐渐往南侧长兴岛偏移，此时 10 mg/L 外缘包络线明显减小，到 90 min 后 10 mg/L 包络线成狭长形，此后 10 mg/L 外缘线完全消失。

涨潮时刻倾倒，以洪季、舱容 900 m^3 为例，疏浚物倾倒后迅速形成水团，整体随水流往上移动，在经过 30 min 以后，超三类（增量 100 mg/L）的影响水体基本消失，此时水团运动到新浏河沙护滩堤下边界附近，随后继续往上游扩散，扩散形态变为更扁平的椭圆，运动路径基本沿新浏河沙护滩堤北侧向上，大约到 90 min 时到达影响最大距离处，位于整个护滩堤北侧中部区域。单船一次性倾倒，影响区域较小，往下游最远到长兴岛中上部，往上游最远到新浏河沙护滩堤北侧中部，且在较短的时间内悬浮物浓度将达到 10 mg/L 以下。

单船一次性倾倒，落潮时往下游长兴岛方向扩散，涨潮时沿新浏河沙护滩堤北侧往上游扩散，扩散范围及程度均较小，不会对青草沙水库敏感区造成影响。

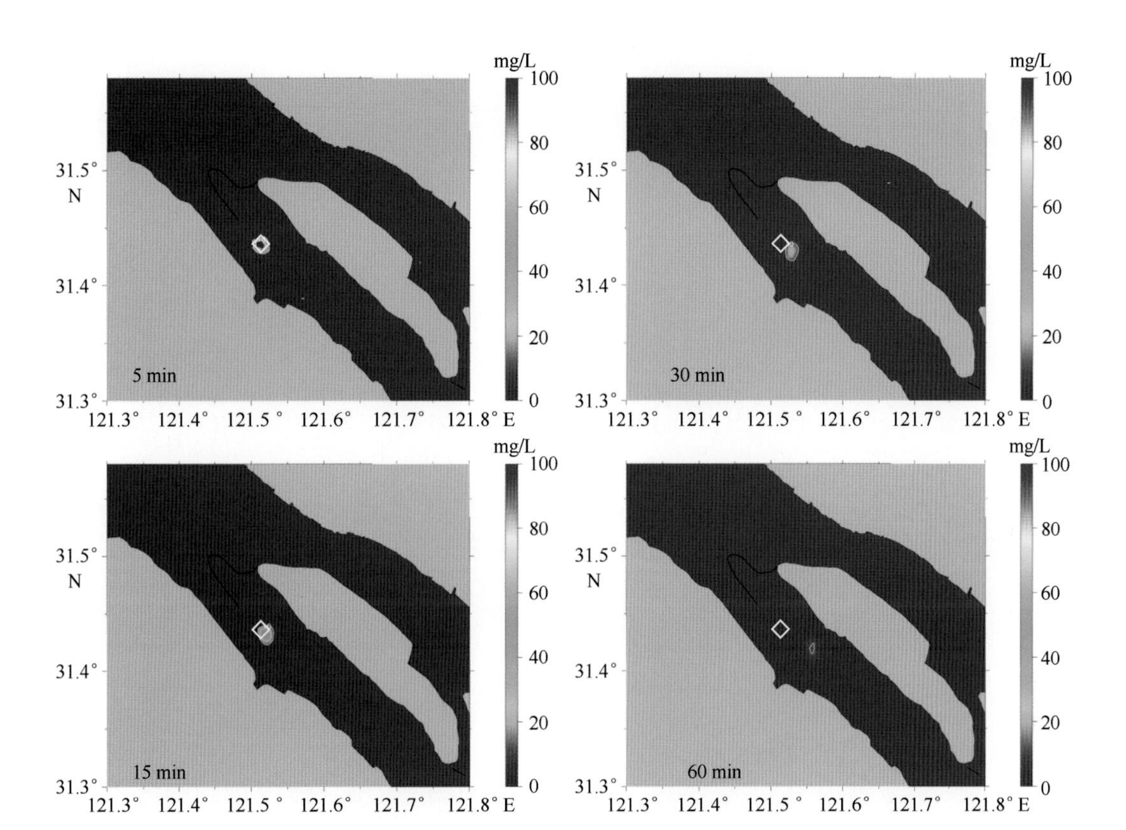

图 4-27 悬浮物扩散过程（落潮时刻投放，枯季，450 m³，单次）

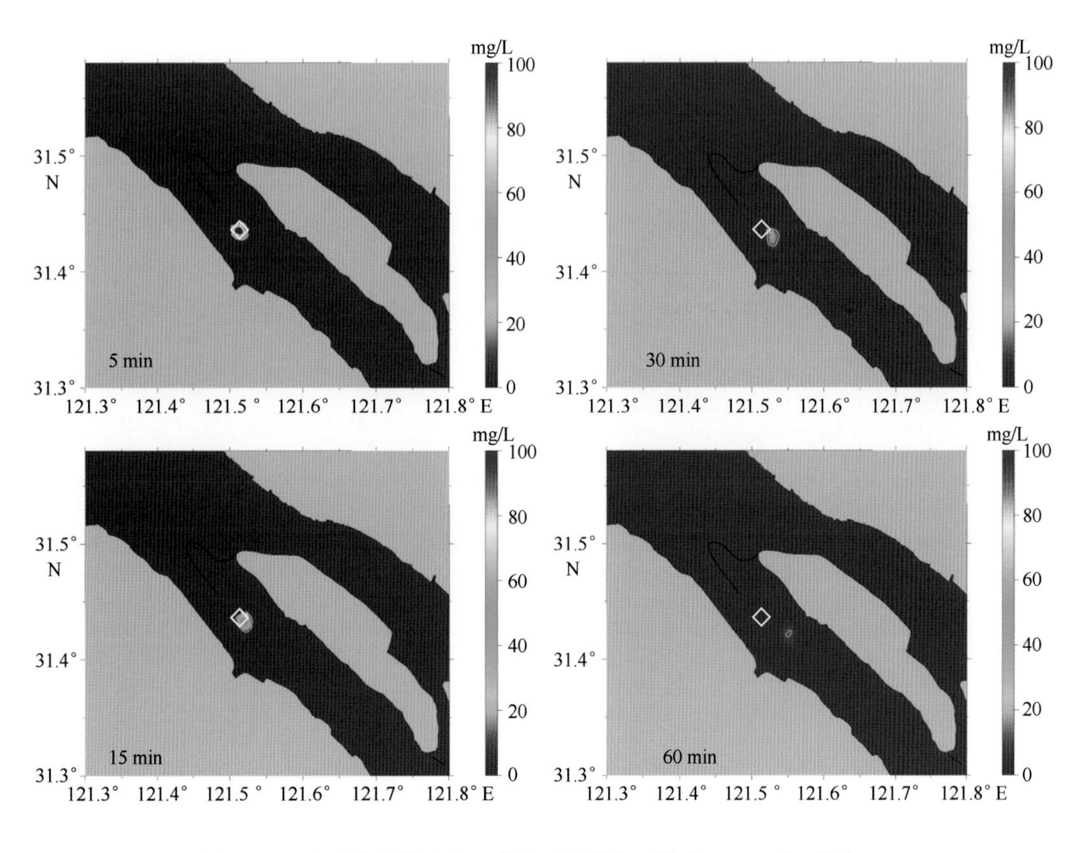

图 4-28 悬浮物扩散过程（落潮时刻投放，洪季，450 m³，单次）

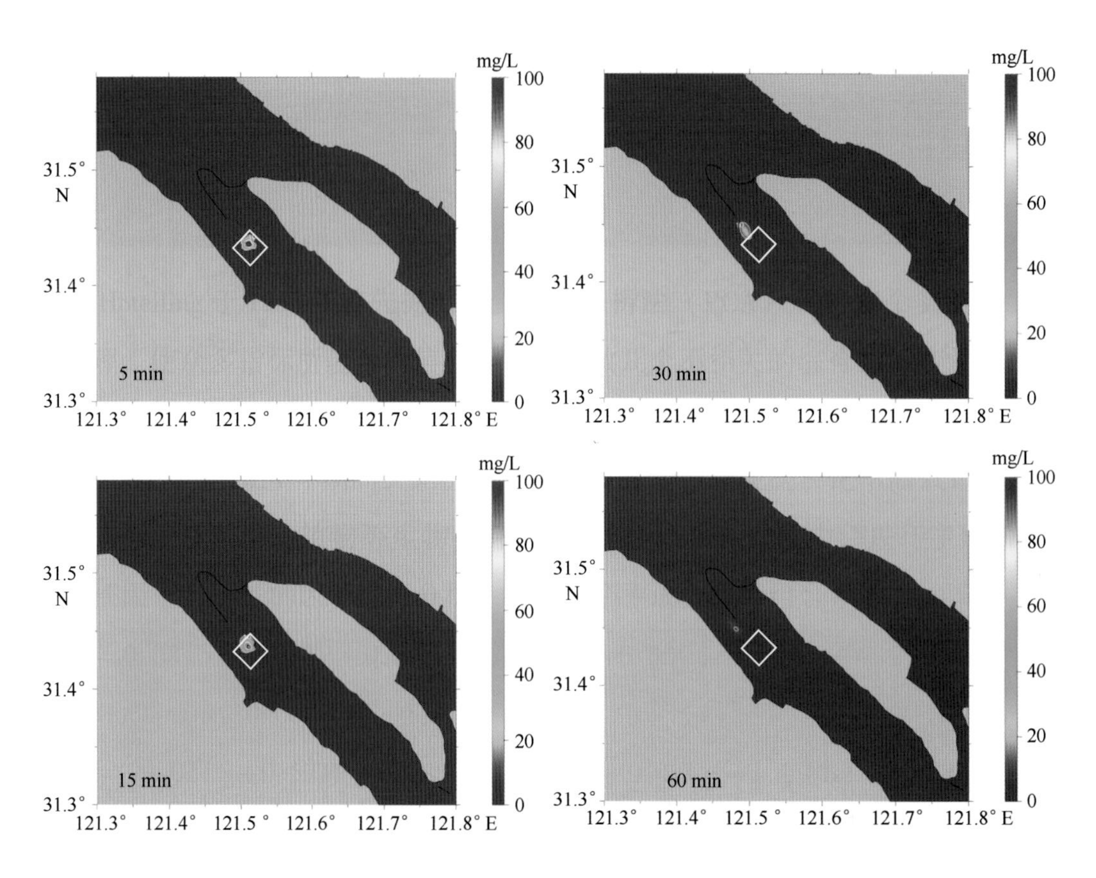

图 4-29 悬浮物扩散过程（涨潮时刻投放，枯季，450 m³，单次）

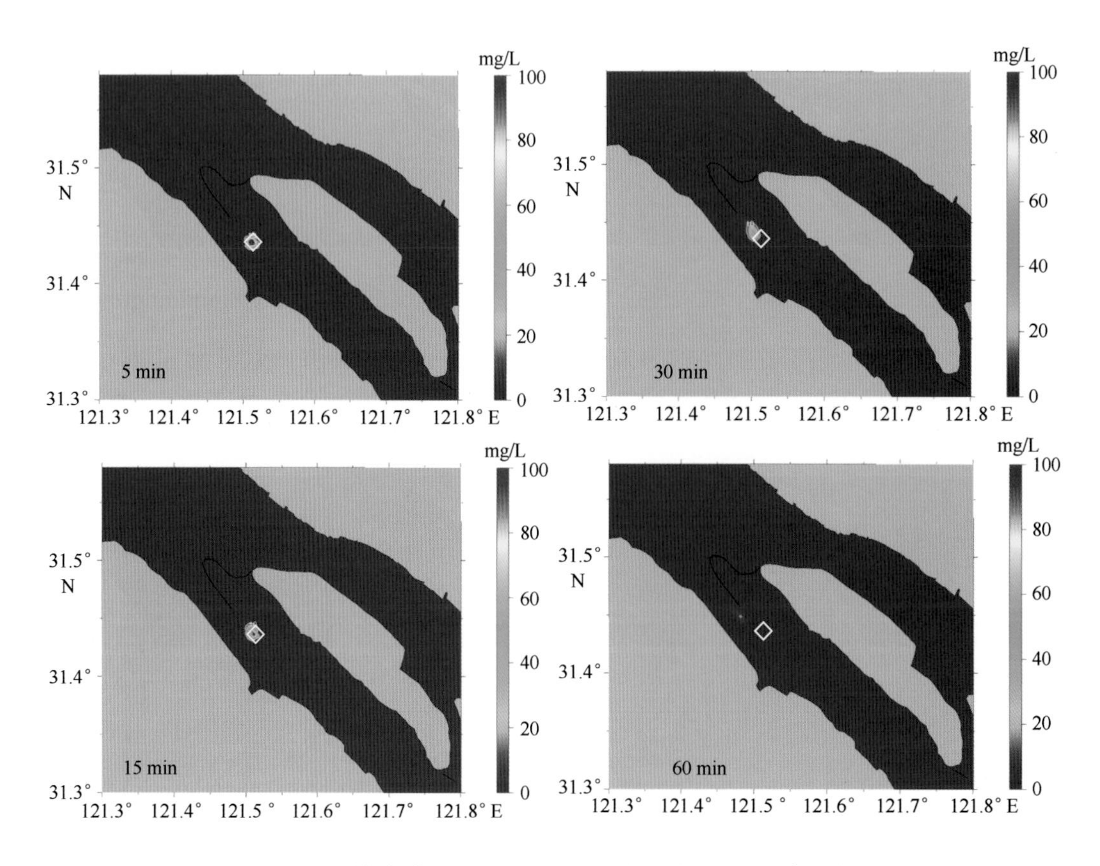

图 4-30 悬浮物扩散过程（涨潮时刻投放，洪季，450 m³，单次）

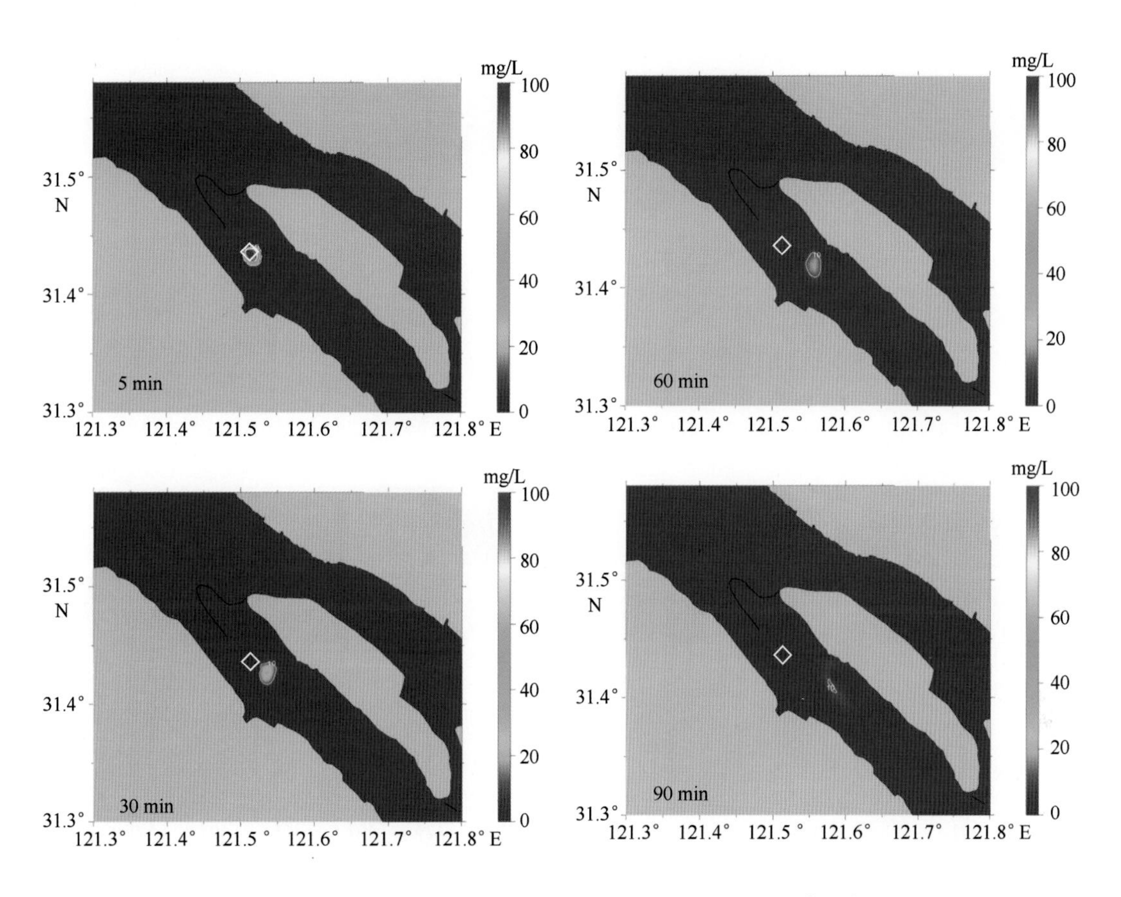

图 4-31 悬浮物扩散过程（落潮时刻投放，枯季，900 m³，单次）

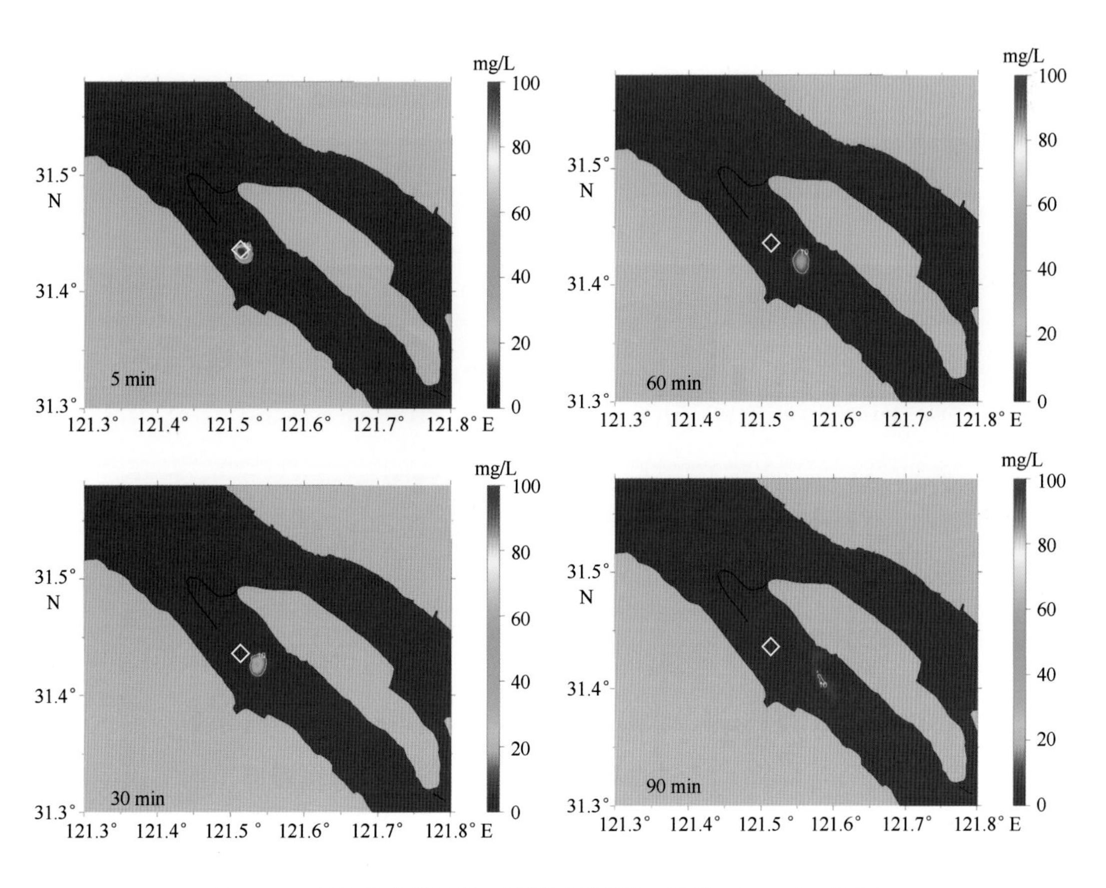

图 4-32 悬浮物扩散过程（落潮时刻投放，洪季，900 m³，单次）

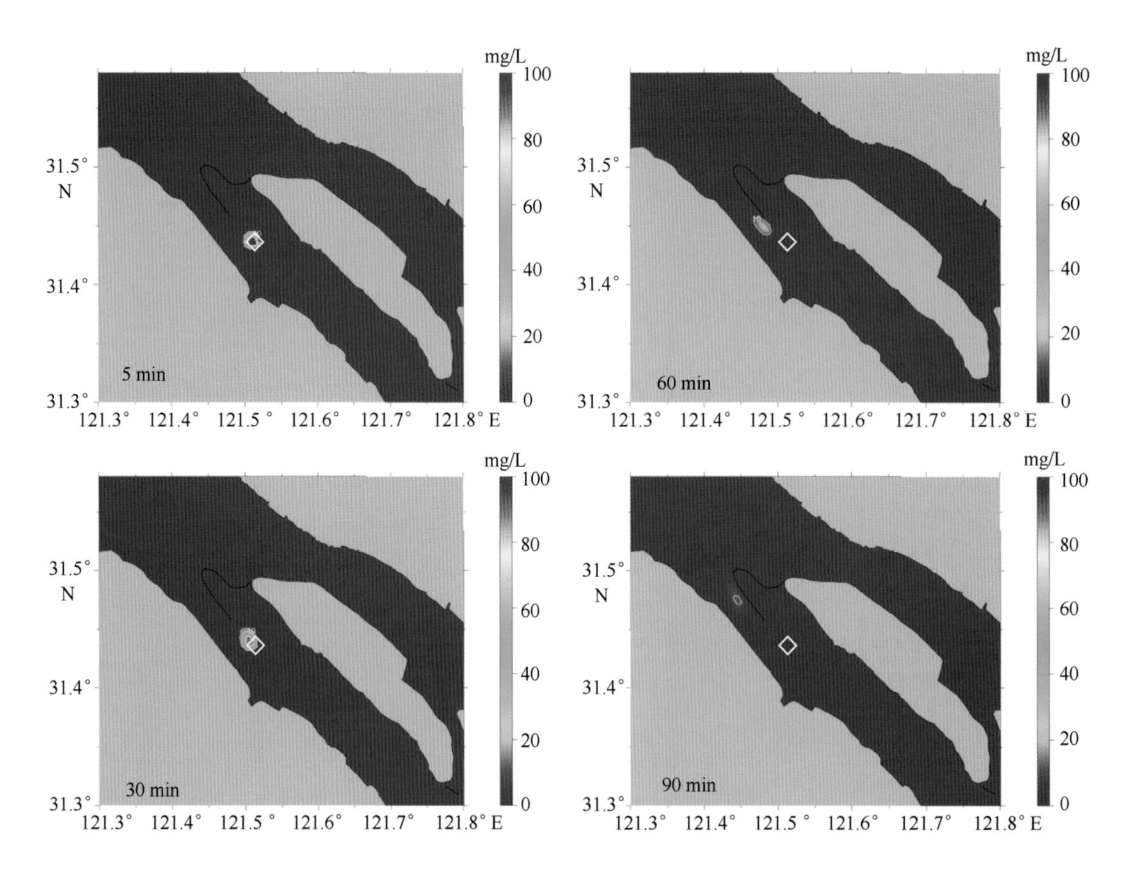

图 4-33 悬浮物扩散过程（涨潮时刻投放，枯季，900 m³，单次）

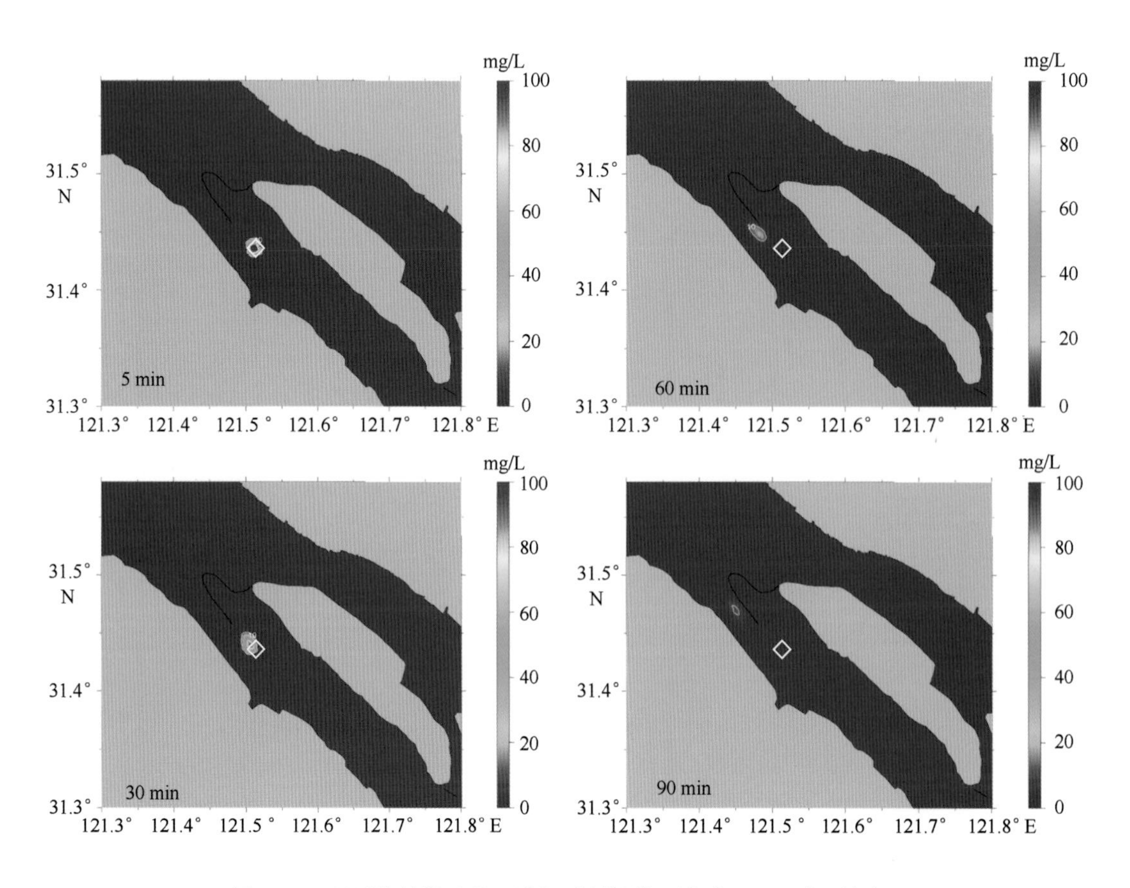

图 4-34 悬浮物扩散过程（涨潮时刻投放，洪季，900 m³，单次）

4.3.3.3 单船间隔 1 h 倾倒悬浮物扩散

由前述对一次性倾倒的模拟结果来看，450 m^3 舱容单次倾倒时，增量 10 mg/L 的扩散影响时间在 1 h 左右，也就是说，450 m^3 舱容船只倾倒疏浚物时，若间隔时间不到 1 h，可以认为其倾倒行为是独立行为，因此，考虑间隔 1 h 倾倒时，不考虑450 m^3 舱容的船只倾倒情况，只考虑 900 m^3 舱容船只倾倒。不同潮时 900 m^3 舱容船只单船间隔 1 h 倾倒时，结果如图 4-35 和表 4-18 所示。

从图表中可以看到，间隔 1 h 倾倒时，会形成两个较为明显的悬浮物水团，其中单个水团的扩散形态、扩散范围、扩散时间基本与单次倾倒时相同，两个水团随潮流同时往上游或下游扩散，两者并未在某一时刻汇合到一起形成更大范围水团。单船（900 m^3 舱容）间隔 1 h 倾倒，其扩散影响距离与单船一次性倾倒相同，影响范围会变大。从所模拟的情况来看，增量 100 mg/L 和 150 mg/L 的影响范围基本不变，因为倾倒时悬浮物会在短时间内（5～10 min）浓度降至 100 mg/L 以下，而增量 10 mg/L 的外缘线范围则增大一倍左右，落潮时刻倾倒最大影响范围由 1.553 km^2 增大至 2.929 km^2，涨潮时刻倾倒最大影响范围由 1.324 km^2 增大至 2.718 km^2。由模拟的结果可知，相对于一次性倾倒，间隔 1 h 倾倒（900 m^3 舱容）时悬浮物扩散的影响有限，主要的影响为增量 10 mg/L 的扩散影响，且影响范围仍处在单次倾倒的扩散运输路径上，不会产生新的叠加影响。

间隔 1 h 倾倒，悬浮物扩散的影响不超过一次性倾倒的范围，增量 10 mg/L 的包络线未达到青草沙水库敏感区范围。

表 4-18 不同倾倒方式下悬浮物扩散影响范围对比

舱容（m^3）	方式	潮时	影响面积（km^2）			最大影响距离（km）（超一类、二类）
			超一类、二类（增量 10 mg/L）	超三类（增量 100 mg/L）	超四类（增量 150 mg/L）	
900	单次	涨潮	1.324	0.301	0.137	3.4
		落潮	1.553	0.396	0.269	5.1
	间隔 1 h	涨潮	2.718	0.305	0.141	3.4
		落潮	2.929	0.399	0.266	5.1

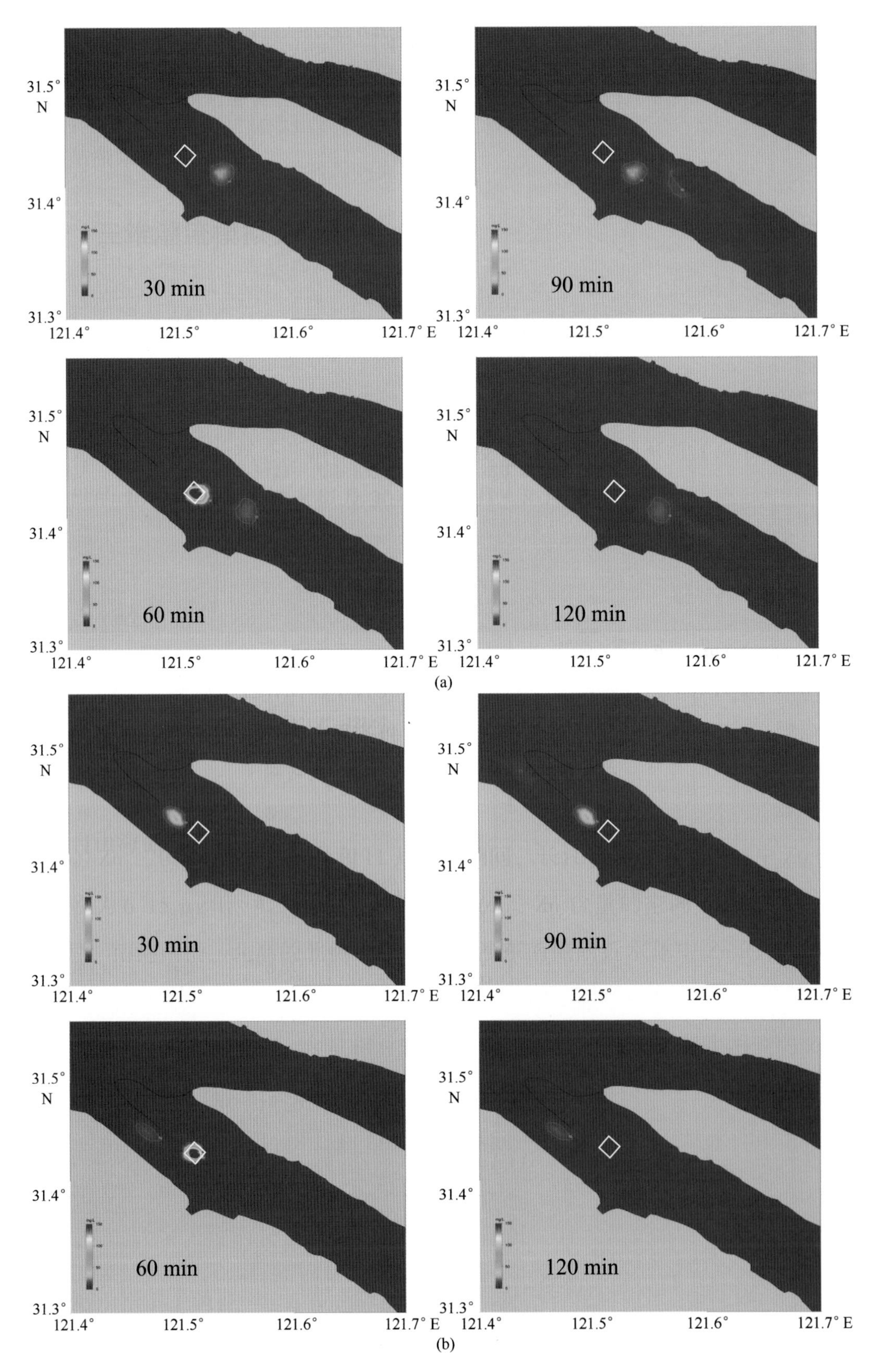

图 4-35 悬浮物扩散过程

（a）落潮时刻投放，枯季，900 m^3，间隔 1 h；（b）涨潮时刻投放，枯季，900 m^3，间隔 1 h

4.3.3.4 单船连续倾倒悬浮物扩散

单船连续倾倒的影响如图4-35和图4-36所示，连续抛泥后，以倾倒点为中心，往下游形成一个明显的扇形区域，扇形的尾部往北偏移，此后在涨潮水的影响下，往上游移动扩散，与一次性倾倒不同的是，此情形下悬浮物将在新浏河沙护滩堤东部附近富集，形成除倾倒源之外的另外一个高浓度区，此后在落潮流时，悬浮物将从这两个中心往下游扩散，向下游辐射的范围将显著增大，此后再往上游扩散时，新浏河沙护滩堤附近的中心区进一步增大，向下游运输辐散的范围也进一步增大，扩散循环往复，将会形成较大范围的高浓度区，此情形下悬浮物的浓度场将无法收敛稳定。

以900 m^3 舱容为例，短时间内的集中倾倒会对青草沙水库敏感区造成一定影响。连续倾倒时，16 h后在青草沙水库北侧头部局部出现悬浮物增量10 mg/L的区域，范围较小，约为0.5 km^2，继续倾倒，26 h后在青草沙水库北侧头部出现悬浮物增量100 mg/L的高浓度区，可见在吴淞口北倾倒区短时间内的高强度倾倒行为会对青草沙水库敏感区造成一定的影响。

4.3.3.5 双船一次性倾倒悬浮物扩散

在实际的工程中，双船甚至多船在倾倒区同时抛泥时有发生，因此有必要模拟该情形。考虑双船一次性倾倒，不同情况下悬浮物的影响情况如表4-19所示，各情况的扩散过程如图4-37至图4-44所示。

表4-19 悬浮物扩散影响范围

舱容（m^3）	季节	潮时	影响面积（km^2）			最大影响距离（km）（超一类、二类）
			超一类、二类（增量10 mg/L）	超三类（增量100 mg/L）	超四类（增量150 mg/L）	
450	枯季	涨潮	2.459	0.471	0.287	12.5
		落潮	3.023	0.954	0.668	8.6
	洪季	涨潮	2.319	0.456	0.297	8.9
		落潮	2.869	0.878	0.636	9.2
900	枯季	涨潮	2.949	1.083	0.774	16.8
		落潮	3.784	1.378	1.017	15.4
	洪季	涨潮	2.871	1.051	0.758	14.4
		落潮	3.714	1.304	0.961	15.4

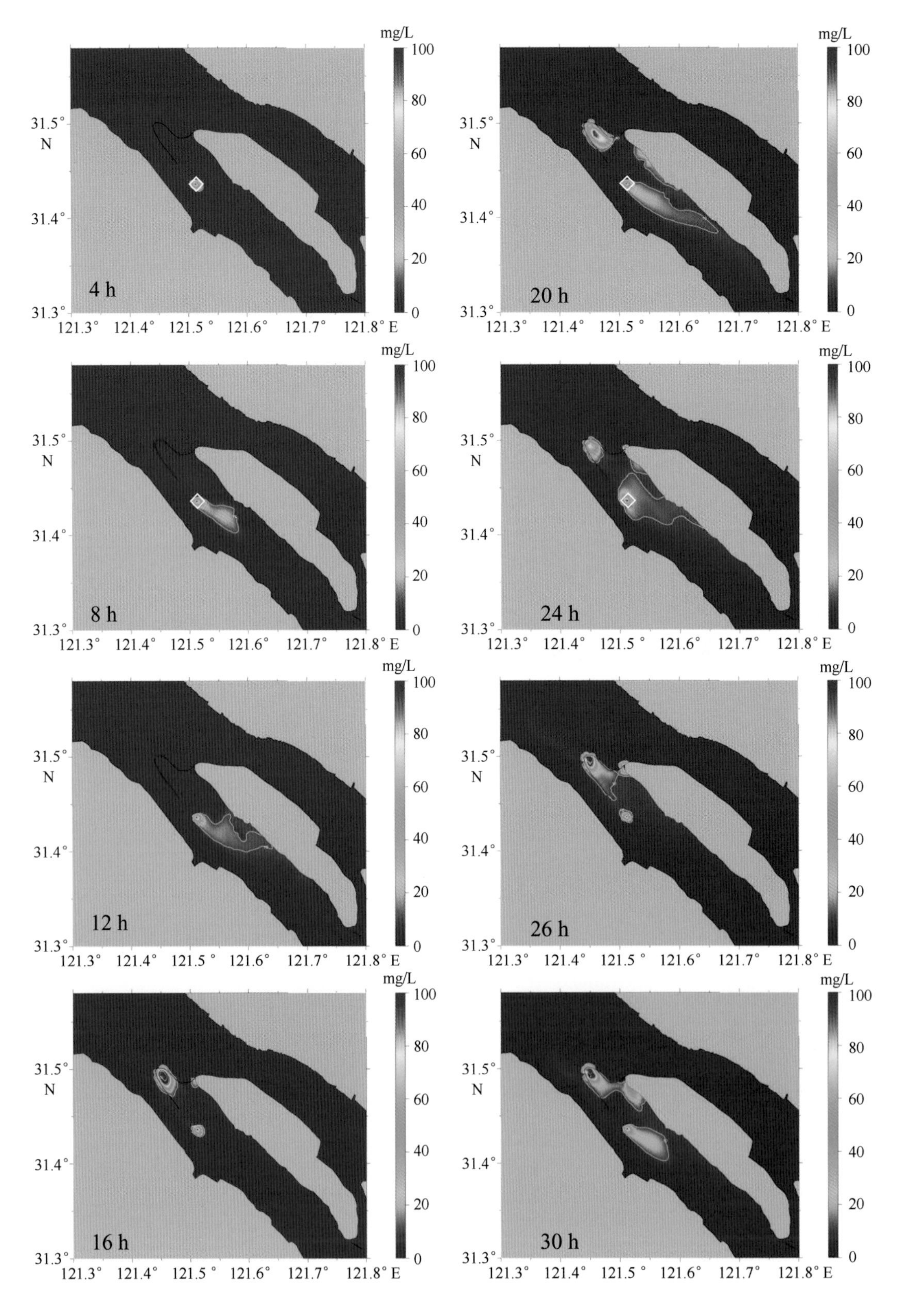

图 4-36　悬浮物扩散过程（900 m³，连续）

从扩散的形态上来看，双船同时抛泥作业时，悬浮物水团初始的形态有两种：一种是水团中心高浓度区域迅速汇合到一起，形成更大范围的高浓度水团，然后整体随水流移动扩散（如枯季、450 m^3 舱容、落潮时刻倾倒）；另一种是双船同时倾倒后，两个高浓度水团并未迅速汇合，而是同时往上游或者下游移动，此时有两个明显的高浓度中心，经过一段时间之后，在较低的浓度时汇合并随水流扩散运输（如枯季、450 m^3 舱容、涨潮时刻倾倒）。往下游扩散时，扩散形态与单船倾倒所不同的是，经过一段时间之后，10 mg/L 悬浮物水团呈狭长形然后分裂成两个范围较小的水团，最终消失。

从扩散的范围来看，落潮时刻倾倒最大影响距离与涨潮时刻倾倒最大影响距离不同情形有所不同，对于一次性倾倒，落潮时刻倾倒最大影响平均距离 12. 8 km，涨潮时刻倾倒最大影响平均距离 12. 4 km，枯季大潮时涨潮影响距离大于小潮，洪季时则与之相反；同一舱容倾倒，洪季影响距离小于枯季影响距离，洪季最大影响平均距离 11. 98 km，枯季最大影响平均距离 13. 33 km；相同季节、潮时，不同舱容倾倒，舱容越大，影响距离越远。枯季、900 m^3 舱容、落潮时刻倾倒，影响距离最大，为 16. 8 km，枯季、450 m^3 舱容、落潮时刻倾倒，影响距离最小，为 8. 6 km。最大影响距离与最大影响面积无明显关系，计算组次中，增量 10 mg/L 最大影响面积为 3. 784 km^2，最小为 2. 319 km^2，增量 100 mg/L 最大影响面积为 1. 378 km^2，最小为 0. 456 km^2，增量 150 mg/L 最大影响面积为 1. 017 km^2，最小为 0. 287 km^2。

从扩散的影响时间来看，对上述情况从开始倾倒到 10 mg/L 外缘线消失的时间进行统计（如表 4-20 所示，模型每 5 min 输出一次结果），从表中可以看到，舱容 900 m^3的扩散影响时间基本比舱容 450 m^3 倾倒影响时间多 1 h，枯季时涨潮时刻倾倒扩散历时与于落潮时刻相当，而洪季时 450 m^3 舱容倾倒扩散涨潮大于落潮，900 m^3 舱容倾倒则涨潮小于大潮。

表 4-20　悬浮物扩散影响时间统计

舱容（m^3）	季节	潮时	影响时间（min）
450	枯季	涨潮	135
		落潮	135
	洪季	涨潮	115
		落潮	90

续表 4-20

舱容（m^3）	季节	潮时	影响时间（min）
900	枯季	涨潮	185
		落潮	185
	洪季	涨潮	135
		落潮	150

从扩散影响的区域来看，双船一次性倾倒的影响区域基本位于河道的中间区域，但 10 mg/L 包络线对两侧岸边有一定影响。

具体来看，落潮时刻倾倒，以洪季、舱容 900 m^3 为例，双船疏浚物倾倒后迅速形成高浓度悬浮物水团，5 min 之后两中心水团汇合成较大范围的水团并且整体往下游移动，水团的移动路径基本沿东南方向，此后维持该形态并逐步往南侧长兴岛靠近，约 60 min 时 10 mg/L 包络线形态发生变化，呈中间小两头大的形状并且一部分已靠近岸边，到 120 min 时水团分裂成两部分，随时间推移，下游的水团也逐渐靠近岸边，此时 10 mg/L 外缘包络线明显减小，到 180 min 后下游的 10 mg/L 包络线首先消失，此后上游的 10 mg/L 外缘线也逐渐消失。

涨潮时刻倾倒，以洪季、舱容 900 m^3 为例，疏浚物倾倒后迅速形成水团，5 min 之后两中心水团汇合成较大范围的水团并且整体往上游移动，经过 15 min 以后，10 mg/L包络线最上游已到达新浏河沙护滩堤下边界，此时超三类（增量 100 mg/L）的影响水体仍未消失，随后继续往上游扩散，水团的浓度逐渐减小，10 mg/L 包络线形态也逐渐扁平，运动路径基本沿新浏河沙护滩堤北侧向上，大约在 150 min 时整个包络线完全超出新浏河沙护滩堤范围，到 180 min 后 10 mg/L 包络线开始显著减小并最终消失。双船一次性倾倒，相比单船影响区域显著增大，往下游最远到长兴岛中下部，并且影响到长兴岛的南侧岸线处，往上游最远到新浏河沙护滩堤以上。

双船倾倒相对于单船倾倒，悬浮物扩散影响的范围和程度均有所增大，但对青草沙水库而言，由于新浏河沙护滩堤的阻隔作用，涨潮时悬浮物的扩散路径达不到水库敏感区，而是沿新浏河沙护滩堤北侧往上游扩散，因此双船倾倒不会对青草沙水库敏感区造成影响。

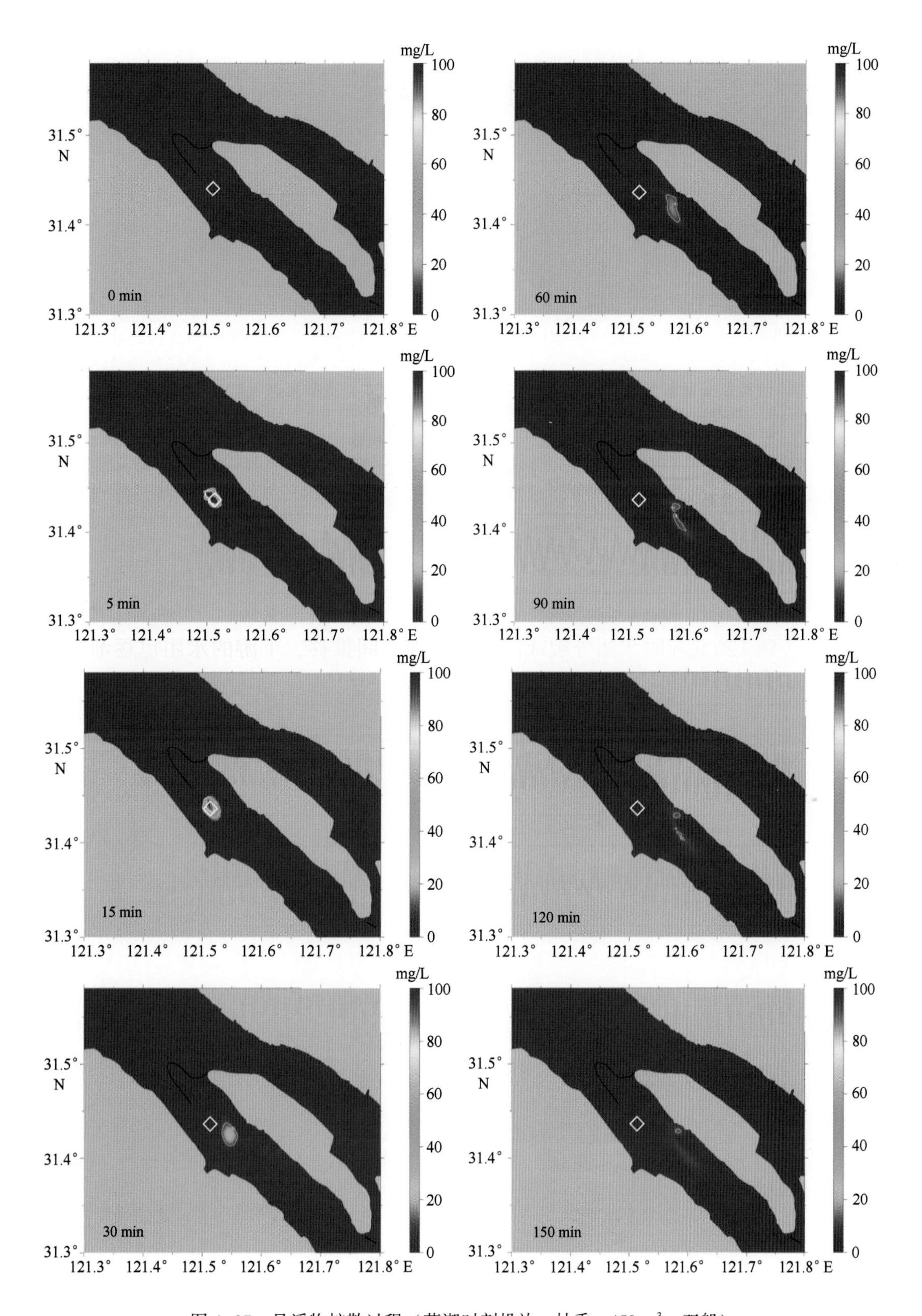

图 4-37 悬浮物扩散过程（落潮时刻投放，枯季，450 m³，双船）

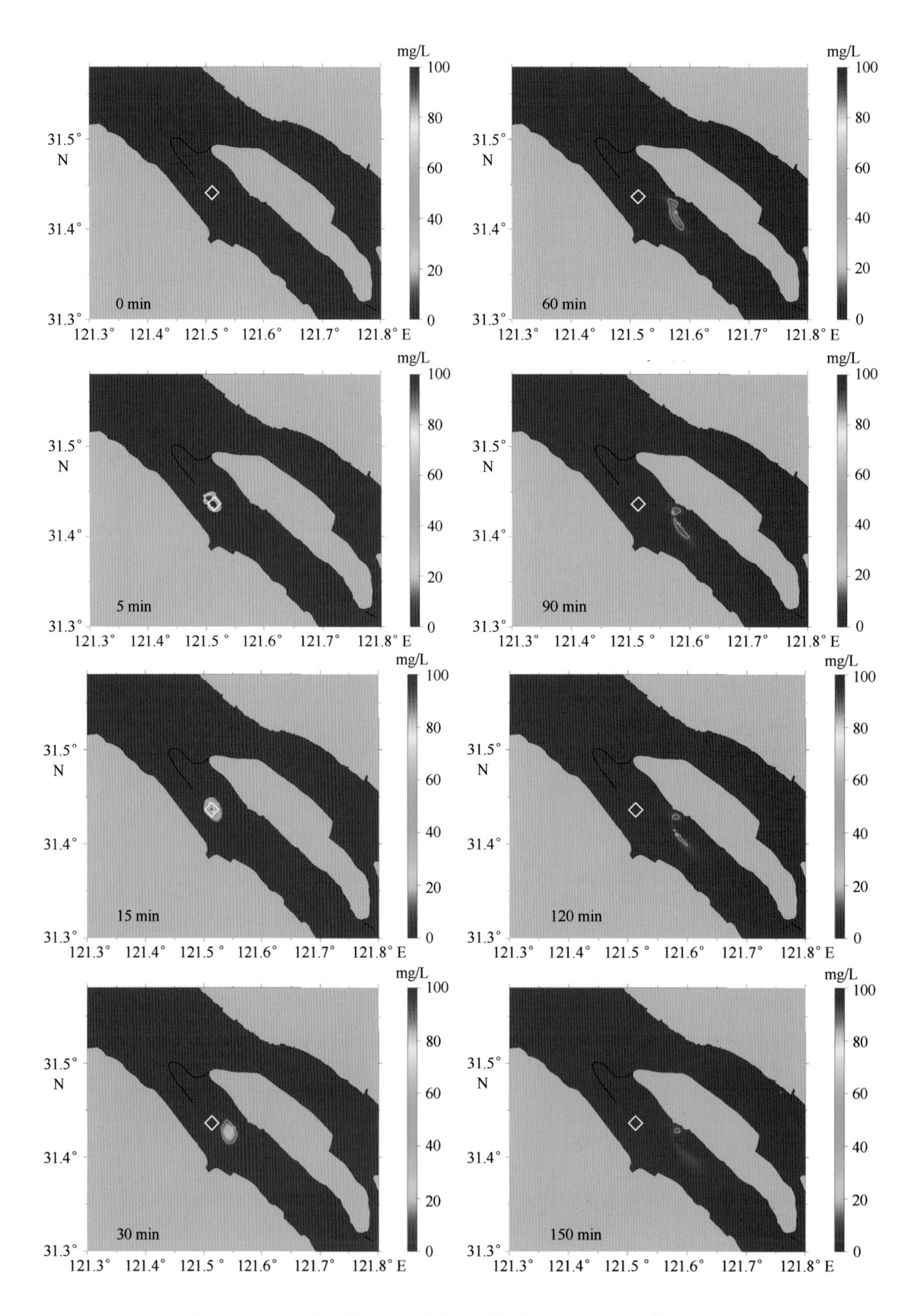

图 4-38 悬浮物扩散过程（落潮时刻投放，洪季，450 m^3，双船）

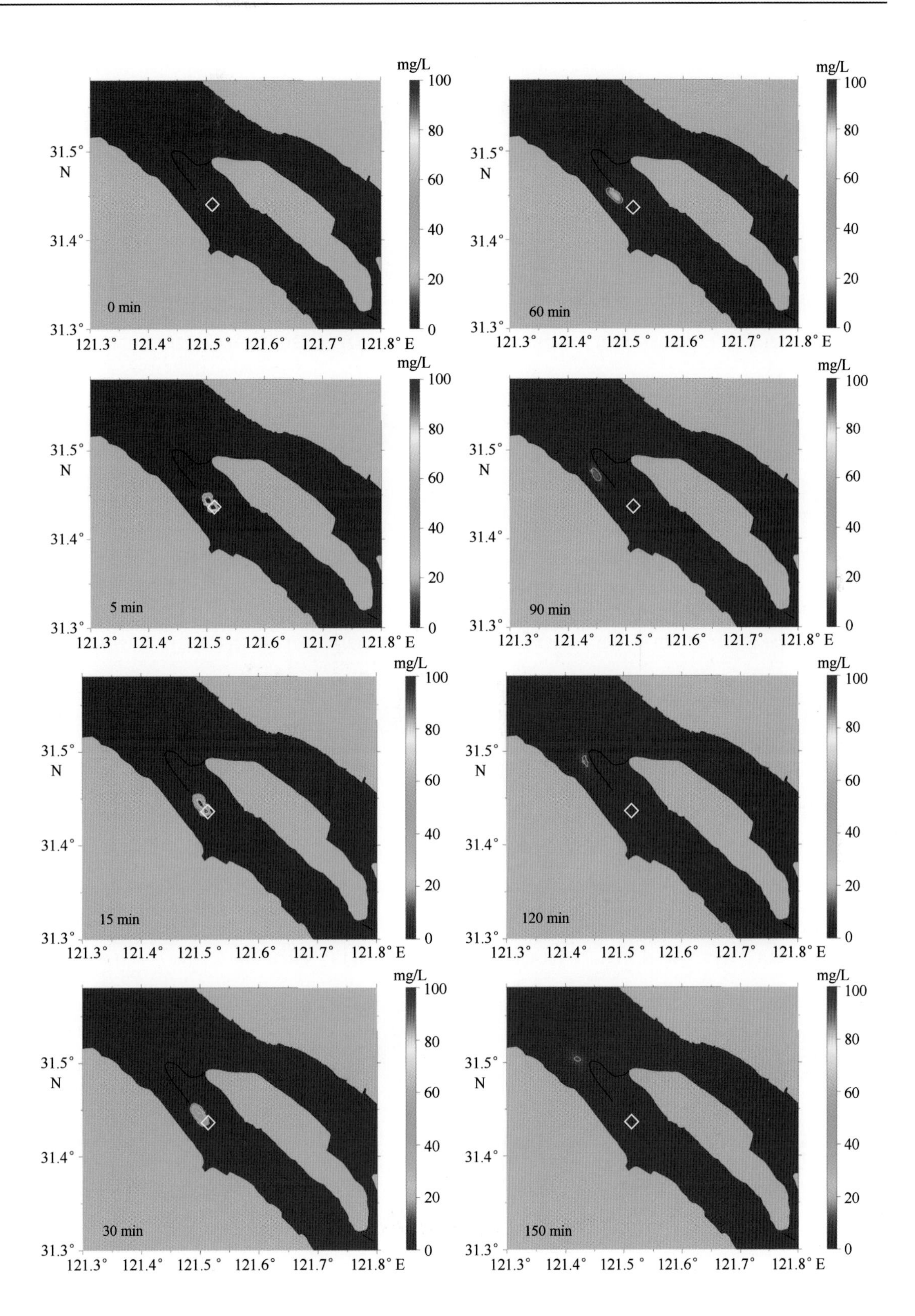

图 4-39 悬浮物扩散过程（涨潮时刻投放，枯季，450 m³，双船）

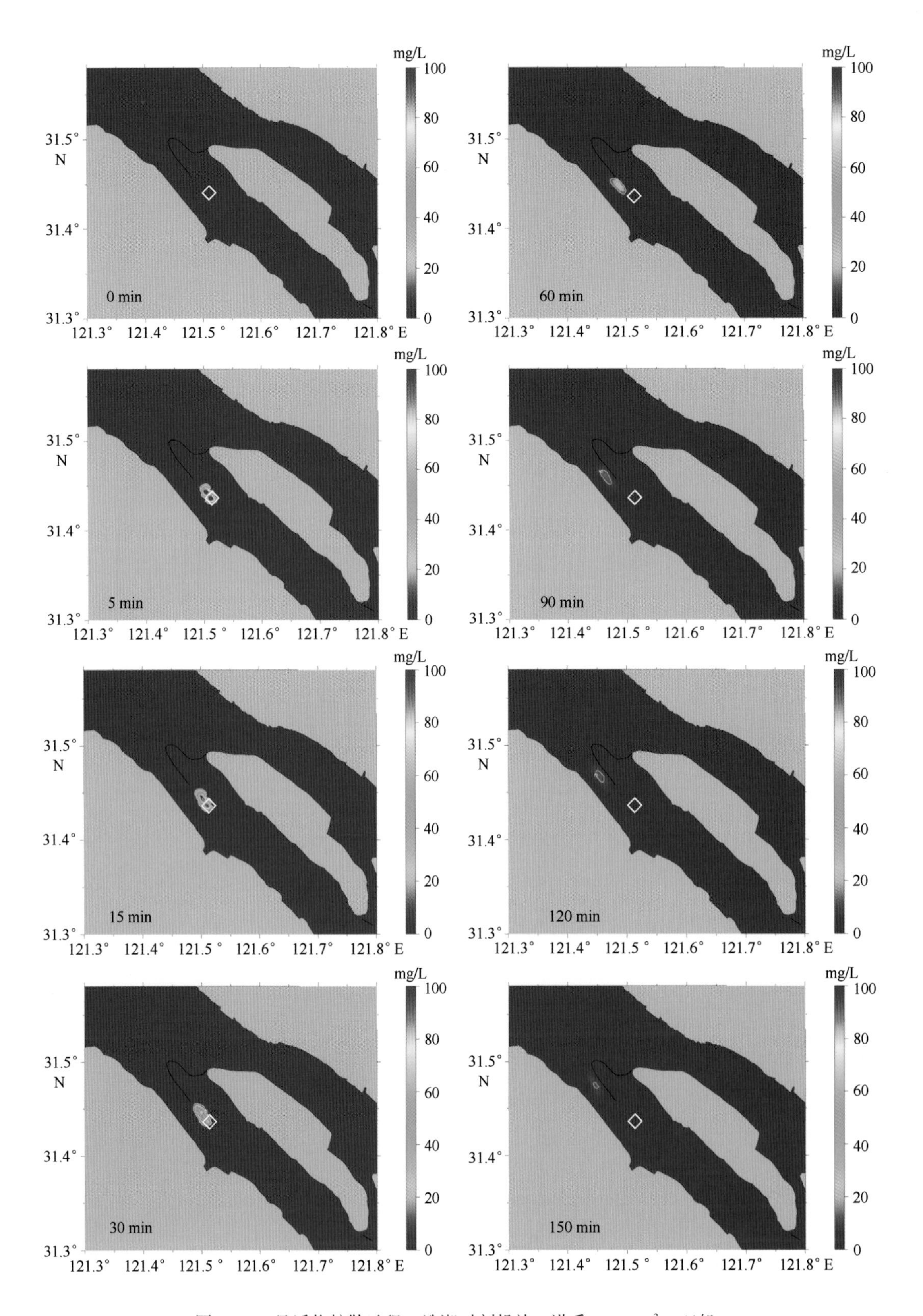

图 4-40　悬浮物扩散过程（涨潮时刻投放，洪季，450 m³，双船）

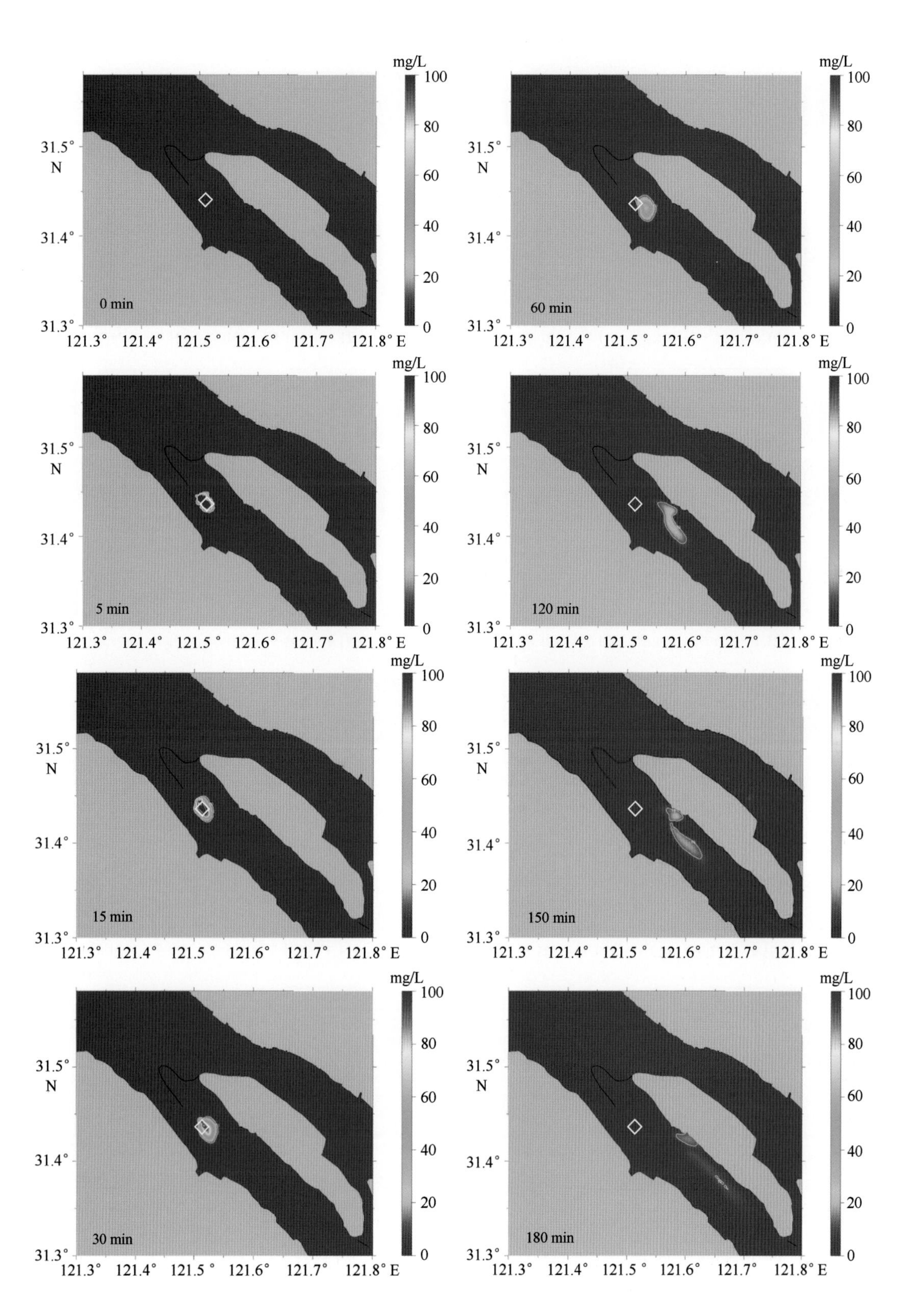

图 4-41 悬浮物扩散过程（落潮时刻投放，枯季，900 m³，双船）

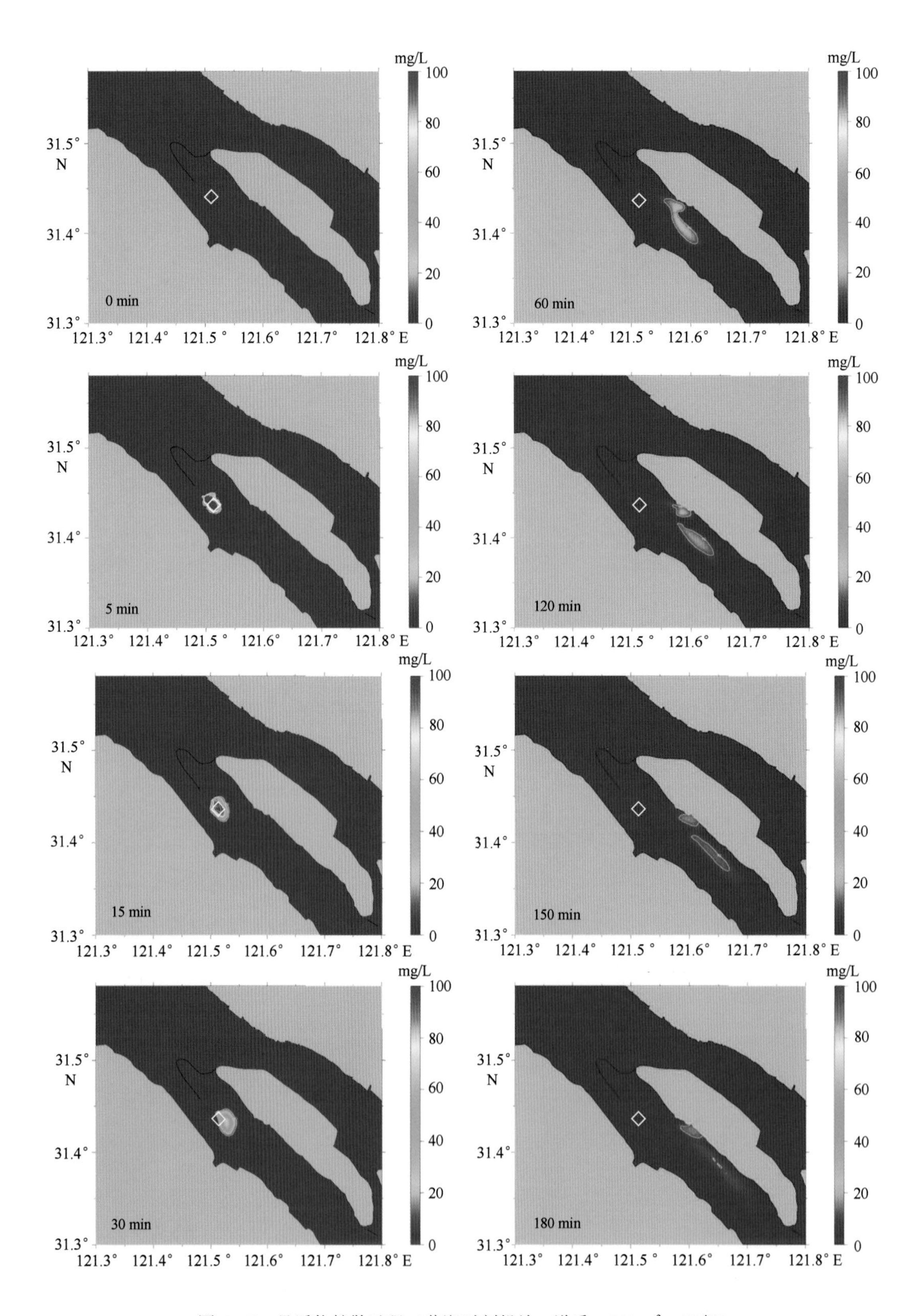

图 4-42 悬浮物扩散过程（落潮时刻投放，洪季，900 m^3，双船）

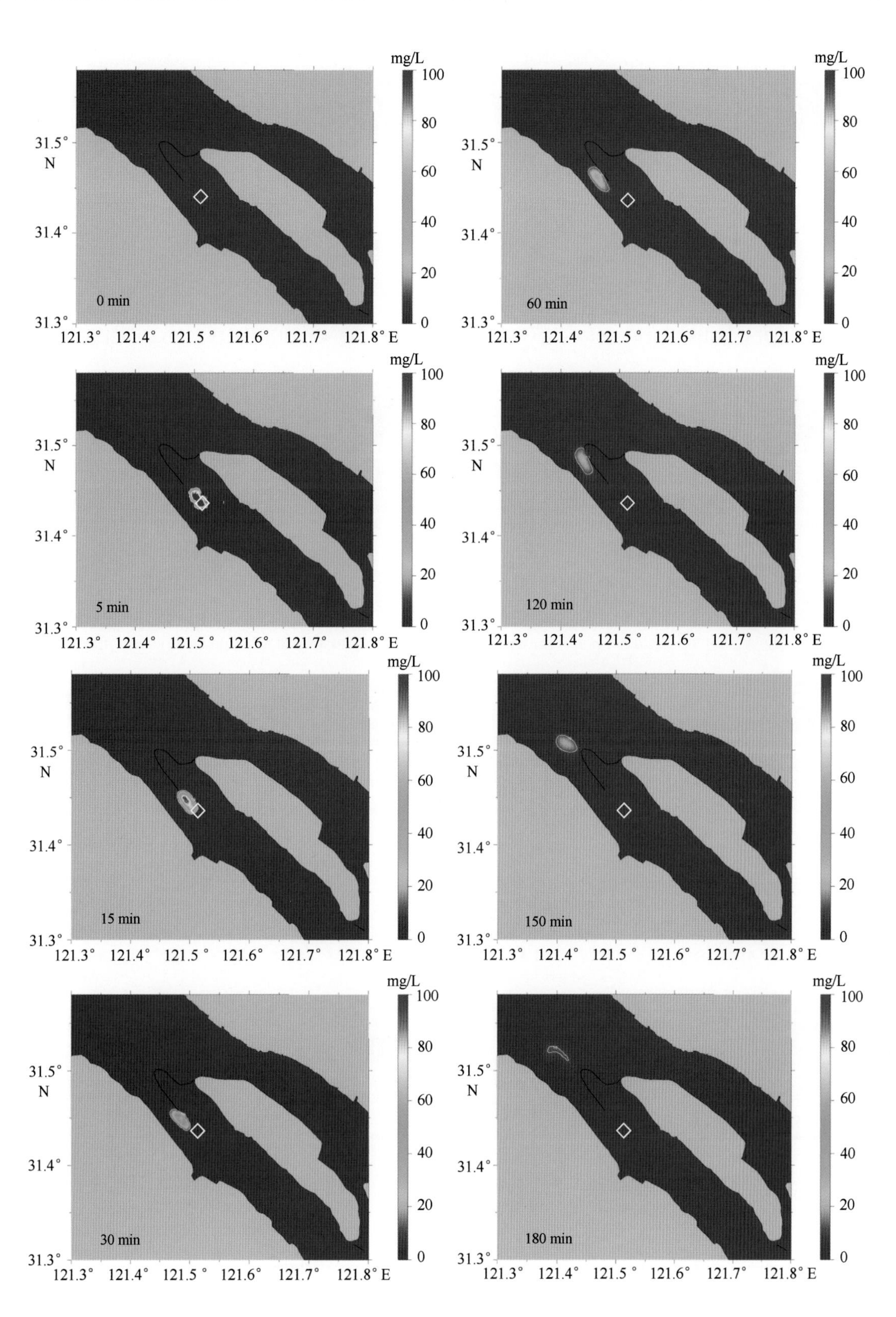

图 4-43 悬浮物扩散过程（涨潮时刻投放，枯季，900 m^3，双船）

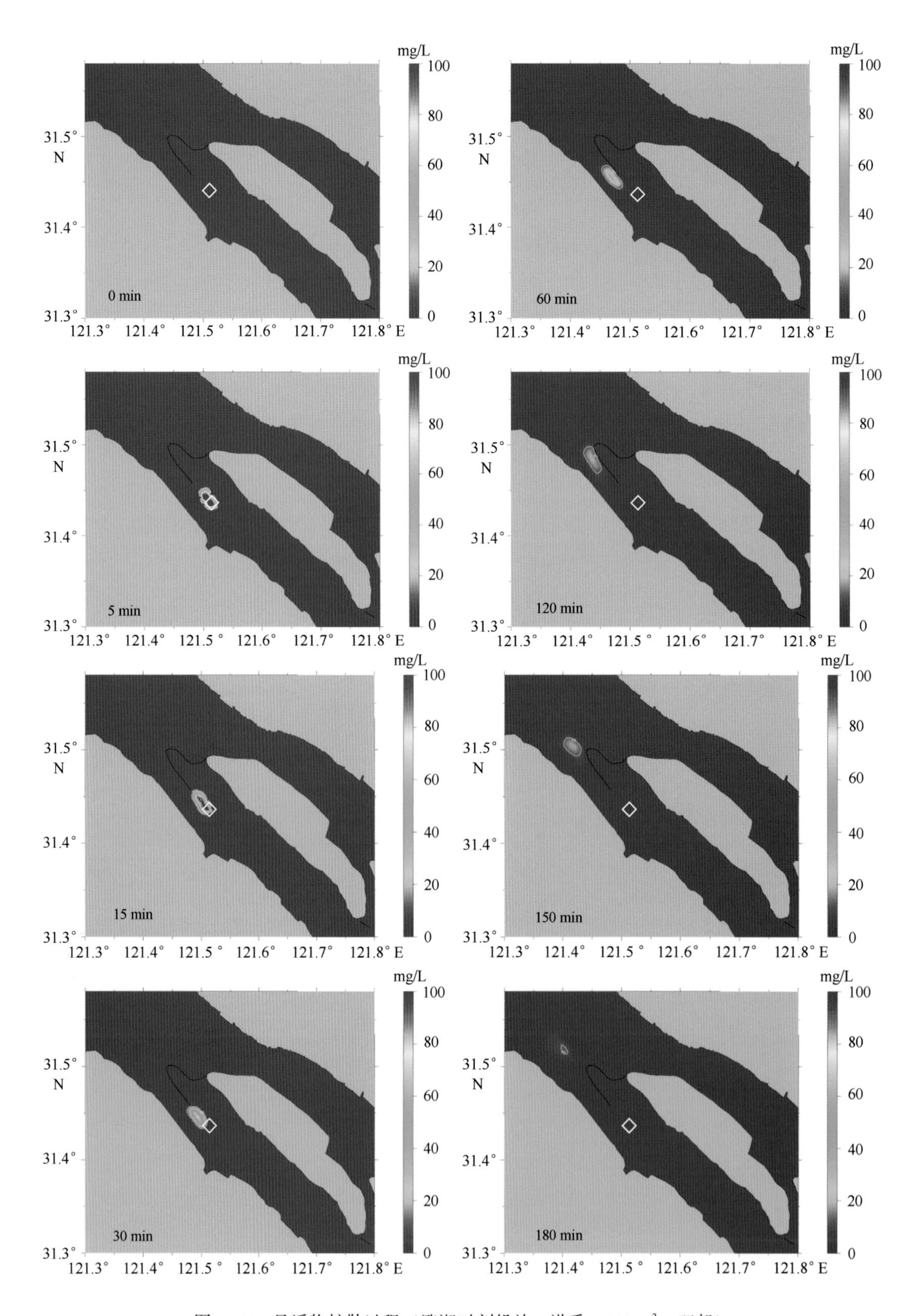

图 4-44 悬浮物扩散过程（涨潮时刻投放，洪季，900 m^3，双船）

4.4 本章小结

（1）从水文泥沙调查的结果来看，吴淞口北倾倒区及附近海域有如下特征：该区域潮流为非正规半日浅海潮流，潮流流向为典型往复流。流速上，全潮平均流速约为78 cm/s，落潮最大流速为195 cm/s，涨潮最大流速为157 cm/s，落潮平均流速为81 cm/s，涨潮平均流速为36 cm/s，大潮期间平均流速67 cm/s，小潮期间平均流速50 cm/s，流速从表层到底层，基本逐渐减小，WSD01站和WSD02站流速较小，WSD03站和WSD04站流速较大；流向上，涨潮期间表层平均流向为291°，指向西北方向，落潮期间表层平均流向为119°，指向东南方向，大潮期间与小潮期间基本一致，表层与底层相差不大；落潮历时显著大于涨潮历时，WSD01站涨、落潮历时差最长，WSD04站涨、落潮历时差最短，WSD02站和WSD03站涨、落潮历时差基本相同；各站点余流平均大小40 cm/s，平均流向121°，指向东南方向。

从平均含沙量来看，4个测站的大、小潮平均含沙量基本相当，均在0.091 kg/m^{3}到0.162 kg/m^{3}之间，大潮含沙量约为小潮含沙量的1.5倍，底层含沙量基本为表层含沙量的2倍左右，含沙量分布从上游到下游有逐步增大的趋势。观测区域悬沙基本为粉砂或黏土质粉砂，其中粒径小于4 μm的悬沙占19.29%~31.80%，粒径在4~63 μm的悬沙占56.0%~84.9%。

（2）采用FVCOM数学模型对吴淞口北倾倒区及附近海域的流场进行了模拟，对2015年7月12—24日吴淞口和堡镇潮位数据进行了验证、对2015年7月15—16日（大潮）和2015年7月22—23日（小潮）WSD01站、WSD02站、WSD03站、WSD04站实测潮流数据进行了验证，结果表明，该模型模拟精度较高，模拟结果与实际的潮位、潮流相吻合，适用于该海域的流场模拟。

从模型模拟的2015年7月吴淞口北倾倒区及附近海域的流场结果来看，落潮流在长兴岛分流后，进入南港的水流，受新浏河沙护滩堤束窄影响，流速显著增大，大潮时在倾倒区南侧主航道内最大流速达到2.5 m/s，倾倒区内平均流速约为1.0 m/s，且倾倒区北侧小于倾倒区南侧；涨潮时，由于倾倒区下游地形相对开阔，潮流未受上游新浏河沙护滩堤影响，倾倒区内流速大小较为均匀，大潮时倾倒区内落潮流速最大约为2.0 m/s，小潮时则相对较小，最大流速为1.0 m/s。就青草沙水库附近而言，落潮时，青草沙水库北侧北港航道流速较大，最大流速达到2.5 m/s以上，青草沙水库南侧流速则较小，为1.0 m/s左右；涨潮时，青草沙水库南侧和北侧流速基本沿岸线方向，大小介于1.0~1.5 m/s之间。

（3）根据疏浚物倾倒模拟结果，无论是单船还是双船的一次性倾倒，在一定时间后浓度场均会到达收敛并稳定，并且不会形成第二个高浓度区，短时间内将会扩散至增量小于10 mg/L；从影响的范围来看，单船或双船一次性倾倒也非常有限，尤其是单船一次性抛泥，影响范围仅限于倾倒区两侧很小区域；单船（900 m^3）间隔1 h倾倒会形成两个较为明显的悬浮物水团，其中单个水团的扩散形态、扩散范围、扩散时间基本与一次性倾倒时相同，两个水团随潮流同时往上游或下游扩散，两者并未在某一时刻汇合到一起形成更大范围水团，影响范围很有限。

在吴淞口北倾倒区，无论是单船还是双船的一次性倾倒，均不会对青草沙水库造成影响，而短期多次倾倒会产生一定的影响。在落潮时对吴淞口北倾倒区进行单次倾倒，悬浮物往下游扩散，不会对青草沙水库敏感区造成影响；在涨潮时倾倒，由于新浏河沙护滩堤的阻隔作用，扩散路径达不到水库敏感区，而是沿新浏河沙护滩堤北侧往上游扩散，也不会对青草沙水库敏感区造成影响。短时间内高强度的连续倾倒，会在青草沙水库西侧头部与新浏河沙护滩堤交界处局部区域形成高浓度的水团，以900 m^3舱容为例，连续倾倒26 h以上，会产生增量大于100 mg/L的水团。

第5章 上海市疏浚物采样与检测以及评价技术研究

5.1 我国疏浚物采样与检测以及评价技术现状

5.1.1 现有疏浚物采样标准

我国制定了一套通用的疏浚物采样、运输及存储、分析方法，并制定了相应的技术标准规范，即《海洋倾倒物质评价规范　疏浚物》(GB30980—2014)。这套技术规范对疏浚物的采样计划（疏浚工程背景材料收集、采样站位设计、采样站位数量）、样品采集（采样设备、样品采集方法、采样数量）、样品运输和样品存储、样品分析方法等方面均做出详细规定。详细请参照本书第1章1.2.2小节。

5.1.2 现有疏浚物检测标准

疏浚物作为一种人类干预程度较高的海洋沉积物，在具有一般海洋沉积物的自然属性外，同时表现出人类活动的诸多特点。根据《1972伦敦公约/1996议定书》的要求，各缔约国应制定废弃物海洋倾倒国家行动清单。根据废弃物及其组分对人体健康和海洋环境的潜在影响，该清单可起到筛选的作用。在考虑是否可将某物质列入行动清单时，应当优先考虑那些由于人类活动而引入的、有毒的、稳定的以及生物对其有积累作用的物质（如镉、汞、有机卤化物、石油、烃类化合物，必要时，包括砷、铅、铜、锌、铍、铬、镍、钒、有机硅类化合物、氰化物、氟化物和杀虫剂、非卤化有机物及其它们的副产品）。行动清单还可以作为进一步地减少废物防止对策的启动机制。

依据1980—1986年进行的全国海岸带和海涂资源综合调查、1998年进行的全国第二次海洋污染基线等调查结果，综合分析沉积物中有机碳、硫化物、石油类、重金属类以及持久性有机污染物类的含量，结果显示我国海洋沉积物中主要污染物呈现以下特征：主要污染海域大多集中分布于近岸重点海区，石油类、硫化物和重金属类（如 Cd、Hg、As 等）污染指标均有一定比例超出沉积物一类质量标准。石油类、硫化物和重金属类是我国海域沉积物的典型污染物种类。在《海洋倾倒物质评价规范　疏浚物》（GB30980—2014）中，将粒度、砷、镉、铬、铜、铅、汞、锌、有机碳、硫化物、油类列为必测项目，

而将六六六、滴滴涕、多氯联苯、总氮、总磷和三丁基锡等列为选测项目。依据《海洋倾倒物质评价规范　疏浚物》（GB30980—2014）。现行疏浚物评价标准，疏浚物理化性质的测定项目分为必测项目和选测项目 2 类，所有拟倾倒入海的疏浚物必须检测必测项目，选测项目可依据疏浚区域的污染历史，选择相关项目开展检测。必测项目和选测项目分别如下。

必测项目：疏浚物的粒度、铅、铜、铬、锌、镉、砷、汞、有机碳、硫化物、油类。

选测项目：pH、六六六、DDT、PCBs、总磷、总氮、PHA、TBT 等。

三丁基锡和多环芳烃的测定参照 Method8323/SW-846/EPA 和 Method8270D/SW-846/EPA，其他项目的测定方法按表 5-1 所规定的方法进行。

表 5-1　现有疏浚物检测方法（$w/10^{-6}$）

项目	分析方法	检出限	引用标准
砷	原子荧光法	0.06	GB17378.5
汞	原子荧光法	0.002	GB17378.5
镉	无火焰原子吸收分光光度法（仲裁方法）/ 火焰原子吸收分光光度法（推荐方法）		GB17378.5
铅	无火焰原子吸收分光光度法		GB17378.5
铜	无火焰原子吸收分光光度法		GB17378.5
锌	火焰原子吸收分光光度法	6.0	GB17378.5
铬	无火焰原子吸收分光光度法	2.0	GB17378.5
有机碳	重铬酸钾氧化-还原容量法	—	GB17378.5
硫化物	亚甲基蓝分光光度法	0.3	GB17378.5
油类	荧光分光光度法	1.0	GB17378.5
六六六	毛细管气相色谱法	0.129	GB17378.5
滴滴涕	毛细管气相色谱法	0.11	GB17378.5

续表 5-1

项目	分析方法	检出限	引用标准
多氯联苯	毛细管气相色谱法	0.461	GB17378.5
总磷	分光光度法	—	GB17378.5
总氮	凯式滴定法	—	GB17378.5
多环芳烃	气相色谱-质谱法		SW-846/EPA
六六六、滴滴涕和多氯联苯的检出限单位为 10^{-9}；			
a　六六六的检出限是指其 4 种异构体 α-666、β-666、γ-666、δ-666 检出限之和；			
b　滴滴涕的检出限是指其 3 种异构体 pp′-DDE、pp′-DDD、pp′-DDT 检出限之和			

5.2 制定上海市疏浚物采样与检测以及评价技术标准的必要性

5.2.1 我国疏浚物采样与检测技术中存在的不足

我国的疏浚物来源复杂，各类港口、码头和航道疏浚工程中产生的废弃物所含污染物种类较多，现有的疏浚物采样、分析技术标准越来越难以满足倾废管理的需求，主要表现在如下三个方面。

（1）按照《海洋倾倒物质评价规范　疏浚物》（GB30980—2014），仅对疏浚物的采样站位和采样方式提出技术方法，在实际工作中，可操作性不强，且采样站位的位置确定缺乏依据，代表性不强，往往造成所采集的疏浚物并不能很好地代表整个疏浚区域的疏浚物实际情况。详例请参见第 1 章 1.2.2.3 小节。

（2）现有的疏浚物筛分标准中，检测指标并不能完全反映我国疏浚物的污染特征。现有的疏浚物筛分标准，仅对重金属（铜、铅、锌、铬、镉、汞、砷）、油类、农残（六六六、DDT、PCBs）硫化物、有机碳、pH 和相关物理性质指标（粒度、含水率、相对密度）的筛分水平做出规定，但对于一些化工码头等污染等级相对较高的疏浚区域，缺乏针对性的检测指标，而这类疏浚物中可能含有的有机污染物往往对海洋环境具有更高的污染风险，针对这类疏浚物，有必要开展疏浚物的有机污染物定性、定量排查，并依据其可能产生的环境危害，确定科学合理的筛分标准，改善现有的疏浚物理化性质筛分标准中存在的缺陷。详例请参见第 1 章 1.2.2.3 小节。

近来石油泄漏事件频发，由石油烃类（如多环芳烃，Polycyclic Aromatic Hydrocarbons，PAHs）等引起的持久性有机物污染由于其半衰期长、亲脂疏水性及“三致”效应，能够通过食物链进行生物累积，其危害比常规污染物更为严重。PAHs 来源广泛，可分为天然源（石油组分、火山爆发、植被燃烧等）与人为源（尾气排放、化工生产等），且其具有一定的半挥发性，能够轻易附着在大气颗粒物、土壤、倾废物和水体沉积物上，从而在全球环境中进行传输、转化。沉积物作为 PAHs 的最终归宿地之一，在一定条件下又可以对水体造成二次污染，因此，关于沉积物中 PAHs 的污染研究已成为国际上研究的热点。在高度城市化、工业化的沿海地区，发现 PAHs 污染均较为严重。表 5-2 总结了我国主要河口及海区沉积物有机污染物的含量，认为大部分 PAHs 的含量均大于生物影响效应低值（Effects Range Low，ERL），属于高生态风险状态，可能对环境产生严重影响。同时文献表明，长江口作为商业、运输枢纽，PAHs 含量虽处于低至中等水平，但个别 PAHs 化合物（蒽和芴）含量已超过基于生物毒性试验的沉积物质量标准。因此，对于长江口沉积环境中的 PAHs 监测、检测亟待解决。

表 5-2　我国主要河口及海区表层沉积物中多环芳烃污染水平

单位：ng/g

主要河口及海区	PAHs
长江口	22~182
东海	8.50~932
珠江口	323.07~14811.54
珠江三角洲海岸	94~4300
大亚湾	115~1134
大连湾	32.7~3559
杭州湾	45.80~849.90
渤海	28~1081.90
黄海	24.6~8294
南海	2.30~2657

（3）疏浚物的分类筛分标准并不适应疏浚物的实际现状。上海市疏浚码头和港口航道状况复杂，疏浚区域分布松散，且各工程的疏浚量普遍较小，因此疏浚物的理

化性质评价结果各不相同。近年来，在实际工作中，往往出现同一个疏浚区域的不同采样点中疏浚物的分类评价结果不一致的现象，多个采样点中个别站位为沾污疏浚物，其余大部分为清洁疏浚物。详例请参见第1章1.2.2.3小节。

5.2.2 我国疏浚物评价工作中存在的不足

我国部分疏浚码头和港口航道状况复杂，疏浚区域分布松散，且各工程的疏浚量普遍较小，因此疏浚物的理化性质评价结果各不相同。近年来，在实际工作中，往往出现同一个疏浚区域的不同采样点中疏浚物的分类评价结果不一致的现象，多个采样点中个别站位为沾污疏浚物，其余大部分为清洁疏浚物。依据目前的管理要求，出现超标的疏浚物不被允许倾倒入海，不能获得倾废许可。但由于现行的倾废许可是针对倾废工程的，而并非针对某个疏浚物样品，因此对于这类同时出现多种类型疏浚物的疏浚工程，则难以判定是否应予以批准倾倒入海。

针对《海洋倾倒物质评价规范　疏浚物》（GB30980—2014）中个别污染物指标，随着该污染物被禁止生产，其在环境中的含量也日趋降低，然而其毒性确具有富集性、持续性的特点，本着环境管理从严、地方标准严于国标的原则，我们认为，该类污染物筛分限值应适当降低。

针对六六六这一指标，在《海洋倾倒物质评价规范　疏浚物》（GB30980—2014）中筛分下限为 0.50×10^{-6}，本标准的编制中，我们将六六六的下限值进行了更加严格的限定，原因如下：① 六六六是一种理化性质稳定，难降解的有毒有机污染物，进入环境中的六六六易于在沉积物中积累，可通过生物累积和生物放大对生态系统和人体健康造成广泛而持久的影响；② 通过对黄浦江海域多年来沉积物的分析，得出六六六浓度水平呈现降低的趋势，并通过对六六六4种同分异构体组分的分析，证明六六六的来源可能与早期土壤的残留或是大气远距离输送有关，因此可以预测黄浦江六六六含量应该呈现降低的趋势。在对2010—2015年黄浦江疏浚物中六六六的检测后得出，其浓度变化也确实呈现降低的趋势；③ 倾倒区六六六的背景值低于疏浚泥中六六六的浓度；④ 倾倒区位置敏感，附近的保护区有：九段沙湿地自然保护区、东滩鸟类自然保护区、长江口中华鲟自然保护区以及青草沙水库水源地保护区等。根据中华人民共和国国家标准土壤环境质量标准，GB15618—1995，该区域沉积物环境质量标准应采用一类标准，其中，六六六为 0.050×10^{-6}；⑤ 生物毒性效应方面，六六六对大型溞 NOEC 的最高浓度为 150 ppb，LOEC 为 200 ppb，慢性毒性阈限在 150～

200 ppb 范围之内，如用更为敏感的指标如内禀增长能力（r）及其周限速率和世代平均周期为毒性标准的话，则毒性阈限在 50~100 ppb 之间。

针对 PAHs 这一指标：① PAHs 来源广泛，可分为天然源（石油组分、火山爆发、植被燃烧等）与人为源（尾气排放、化工生产等），且其具有一定的半挥发性，能够轻易附着在大气颗粒物、土壤、倾废物和水体沉积物上，沉积物作为 PAHs 的最终归宿地之一，在一定条件下又可以对水体造成二次污染，因此，关于沉积物中 PAHs 的污染研究已成为国际上研究的热点。在高度城市化、工业化的沿海地区，发现 PAHs 污染均较为严重。② 黄浦江干流表层沉积物中 PAHs 浓度范围为 1.684×10^{-6}~17.064×10^{-6}，均值为 5.914×10^{-6}。而倾倒区 PAHs 含量为 0.341×10^{-6}~0.684×10^{-6}。③ 环境中的 PAHs 浓度若低于 ERL（4.02×10^{-6}），则对生物的毒副作用不明显，其风险几率小于 10%，PAHs 浓度若高于 ERM（44.8×10^{-6}），则对生物会产生毒副作用，其风险几率大于 50%；若环境中的 PAHs 浓度处于二者之间，则有可能对生物产生毒副作用，其风险几率为 10%~50%。因此开展黄浦江疏浚泥中 PAHs 的评价显得非常重要。

5.3 上海市采样与检测技术标准的制定

5.3.1 标准适用范围

本标准规定了海洋倾倒疏浚物的采样与检测要求。

本标准适用于本市所有行政管辖区域疏浚物的海洋倾倒活动。

5.3.2 标准的编制引用文件

GB17378.3 海洋监测规范 第 3 部分：样品采集、贮存与运输

GB17378.5 海洋监测规范 第 5 部分：沉积物分析

GB30980—2014 海洋倾倒物质评价规范 疏浚物

5.3.3 前期工作基础

（1）从 2014 年开始，以多年疏浚物采样检测工作为基础，上海市疏浚物倾

倒管理部门从管理层面提出了很多新的需求，尤其是对疏浚物检测标准方面，并将其作为一项研究内容纳入《海洋倾废对上海海域生态环境影响及对策措施研究》课题中。

（2）2015年9—12月，组织调研上海市疏浚物来源、采样与检测方法，了解到目前上海市采样与检测过程中存在的问题。

（3）2015年12月，赴国家海洋环境监测中心调研，咨询编制《海洋倾倒物质评价规范　疏浚物》（GB30980—2014）的专家老师，了解其中关于疏浚物站位设计、检测指标选取时的主要依据。

（4）2016年7月，赴天津海洋与渔业局调研，了解天津市的海洋倾废办事流程，以及疏浚物的采样和分析要求。

（5）2016年1—7月，结合上海市疏浚物采样与倾倒的特点，本着严于国标的原则，编制此标准草案。

（6）2016年7月，组织专家对标准初稿进行评审，并按照评审意见对初稿进行了修改补充。

5.3.4　技术路线

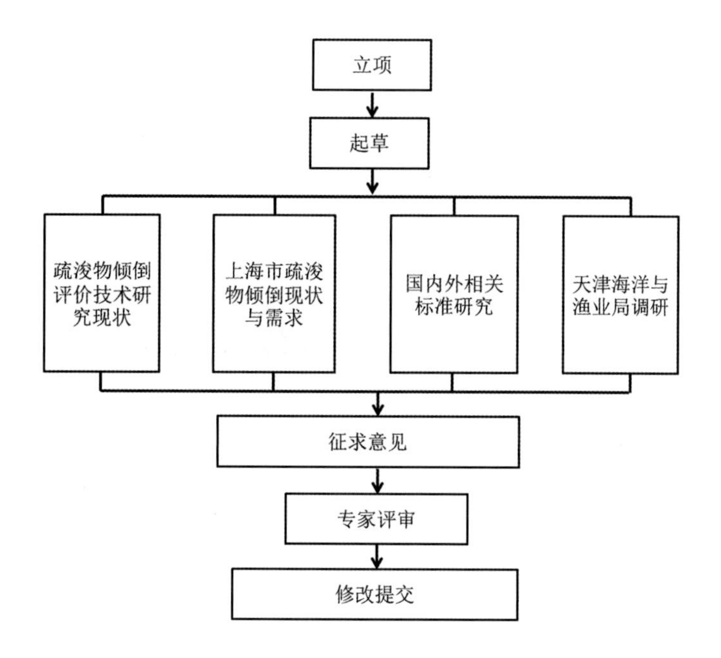

图5-1　上海市地方标准起草技术路线

5.3.5 标准的主要内容

5.3.5.1 采样站位设计

码头疏浚：此类疏浚区域的采样点宜沿码头均匀布设，对于同一个码头，应将每个采样点的样品混匀后分装。若疏浚区附近存在污染源，或现有的调查资料显示在疏浚区域存在明显的污染物浓度梯度，则应随着污染浓度梯度由高到低方向，由密渐疏地设计采样站位。当样品检测结果为污染疏浚物时，应进行第二次采样。在二次采样时，将每个采样点单独检测，不做混匀处理，以确定污染站位。

航道疏浚：由于航道疏浚面积大，疏浚量较大，此类疏浚采样宜在航道中心线均匀布点，每个采样点单独检测分析。若疏浚区附近存在污染源，或现有的调查资料显示在疏浚区域存在明显的污染物浓度梯度，则应随着污染浓度梯度由高到低方向，由密渐疏地设计采样站位。当一次采样不能明确划分污染区域时，应进行二次采样。当进行二次采样时，应将污染站位作为中心点，在中心点的四周布设一定数量的站位，以确定污染范围。

5.3.5.2 样品采集

定位设备：应选择合适的采样站位定位设备，如用手持 GPS，定位精度为 5 m。

采样设备：采集疏浚物样品时，可使用抓斗式采样器，采样器应由强度高、耐磨性好的材料组成，使用前应确保采样器干净无沾污。

采样时条件：样品采集按照 GB17378.3 规定的要求进行。采集的疏浚物样品应符合下列条件：

（1）疏浚物表面应完整无损，相对平坦，没有开凿、受海水严重冲刷或渗透的痕迹；

（2）为防止样品丢失，抓斗式采样器应避免倾斜嵌入或倾斜收回，抓斗式采样器在采集样品时还应注意完全合拢；

（3）应避免海况恶劣，沉积环境受到剧烈扰动及无法正常采样时采集样品。

样品采集数量如表 5-3 所示。

表 5-3 疏浚物采样数量

检测分析项目		质量（湿重/g）
理化检验	砷、镉、铬、铜、铅、汞、锌	100
	六六六、滴滴涕、多氯联苯、多环芳烃	250～220
	粒度、有机碳、硫化物、油类、总氮、总磷	280～1200
生物学检验	生物毒性检验	1100～3300
	生物累积检验	3300～7000

样品保存与运输：用于贮存疏浚物样品的容器应为广口硼硅玻璃和聚乙烯袋。聚乙烯袋不能用于湿样测定项目和硫化物等样品的贮存，应采用不透明的棕色广口玻璃瓶做容器。用于分析有机物的疏浚物样品应置于棕色玻璃瓶中，聚乙烯袋要用新袋，不得印有任何标志和字迹。

凡装样品的样品瓶和样品袋应密封好，运输过程尽量冷藏保存，尽快送至实验室处理分析。

5.3.5.3 检测项目

疏浚物海洋倾倒前应进行必测项目的分析检测，同时，可根据污染区的污染历史，选择与污染相关的选测项目进行分析检测。

必测项目：粒度、砷、镉、铬、铜、铅、汞、锌、有机碳、硫化物、油类、多环芳烃。

选测项目：六六六、滴滴涕、多氯联苯、总氮、总磷和三丁基锡等。

5.3.5.4 疏浚物生物学检验

通则：沾污疏浚物和污染疏浚物，应做生物学检验。生物学检验包括如下3类。

（1）水相疏浚物生物毒性检验：确定在疏浚物海上倾倒初始混合时，溶解和悬浮污染物对水体中生物的潜在影响。

（2）固相疏浚物生物毒性检验：确定倾倒后沉积的疏浚物对倾倒区及其周围底栖生物的潜在影响。

（3）疏浚物中化学组分的生物累积检验：评估底栖生物从拟倾倒的疏浚物中累积相关污染物的潜力。

对于沾污疏浚物和污染疏浚物样品，应同时做3种生物学检验。

5.3.5.5 检验样品制备

1）水相检验样品制备

取疏浚物与洁净海水，按体积1∶4比例混合，激烈振荡或搅拌30 min后，静置1 h。用虹吸法取出上层液体（液体加悬浮颗粒），即为水相检验样品。如果上层液体过于浑浊，则用0.45 μm滤膜过滤，或将上层液体离心，取上清液，即为水相检验样品。

2）固相检验样品制备

取疏浚物与洁净海水，按体积1∶4比例混合，激烈振荡或搅拌30 min，使混合物被充分搅匀后，静置1 h。取沉降到底的全部物质，即为固相检验样品。

5.3.5.6 实验装置

（1）生物培养设施培养架，培养盘或盆，充气泵、管、调节阀。

（2）毒性实验设施，包括：

———实验台，内建有水浴槽、照明设备、控温设备和充气设备；

———水浴槽，可容纳60个左右的1 L烧杯；

———实验容器，一般采用1 L烧杯；

———照明设备，应保证沉积物表面光照强度达到100 lx；

———控温设备，由加热线和控温仪等组成，也可通过使实验室保持恒温来完成；

———充气设备，对于底栖生物培养和实验，充气设备应保证在充气过程中不扰动沉积物或疏浚物。

（3）实验保护设备，包括：护镜，面罩，实验服，手套。实验室应建有排气设备。

（4）其他设备，包括：冷冻冷藏设施，通风橱，应备有发电机。

5.3.5.7 水相疏浚物生物毒性检验

1）受试生物的选择原则

水相疏浚物生物毒性检验使用的受试生物应具备以下条件：

（1）受试生物应在甲壳动物、鱼类和双壳类或棘皮动物幼虫中任选一种；

（2）易获得且敏感性高的幼虫或幼体；

（3）对有毒物质的反应具有一致性和可重复性；

（4）具有较重要的生态学或经济学意义；

（5）受试生物可常年在实验室培养或自然海区采供。

2）检验类型

水相疏浚物生物毒性检验类型和推荐受试生物见表5-4。

表5-4　水相疏浚物生物毒性检验类型和推荐受试生物

检验类型	受试生物
96 h 糠虾毒性实验	近霍糠虾　*Holmesiella affinis*
	黑褐新糠虾 a　*Neomysis awatschensis*
96 h 鰕虎鱼毒性实验	短吻栉鰕虎鱼　*Ctenogobius brevirostris*
	乳色阿匍鰕虎鱼 a　*Aboma lactipes*
	大弹涂鱼 a　*Boleophthalmus pectinirostris*
96 h 端足类毒性实验	日本大螯蜚 a　*Grandiderella japonica*
	隐居蜾蠃蜚　*Corophium insidiosum*
	博氏双眼钩虾　*Ampelisca bocki*
	短角双眼钩虾　*Ampelisca brevicornis*
48~96 h 双壳类或棘皮类幼虫毒性实验	紫贻贝 b　*Mytilus edulis*
	长牡蛎 b　*Crassostrea gigas*
	近江牡蛎 b　*Crassostrea rivularis*
	紫海胆 c　*Anthocidaris crassispina*

a 优先推荐使用的受试生物；b 从受精卵到D形幼虫；c 从受精卵到长腕幼虫。

3）检验实验

水相疏浚物对糠虾和鰕虎鱼的毒性检验实验见GB30980—2014附录B。水相疏浚物对其他受试生物的毒性检验实验参考水相疏浚物对糠虾和鰕虎鱼的毒性检验实验进行。乳色阿匍鰕虎鱼和黑褐新糠虾简介参见GB30980—2014附录C。

4）检验结果判定

水相疏浚物生物毒性检验结果判定见表5-5。

表 5-5 水相疏浚物生物毒性检验结果判定

检验类型	终点判据	未通过检验依据
96 h 糠虾毒性实验	死亡率	疏浚物检验组的平均死亡率与空白对照组的平均死亡率差异显著（$p \leq 0.05$）a；或者疏浚物检验组的平均死亡率大于50%
96 h 鱼类毒性实验		
96 h 端足类毒性实验		
48~96 h 双壳类或棘皮类幼虫毒性实验	死亡率或不正常发育率	疏浚物检验组的平均死亡率或不正常发育率与空白对照组的平均死亡率或不正常发育率差异显著（$p \leq 0.05$）a；或者疏浚物检验组的平均死亡率或不正常发育率大于50%
a 显著差异（$p \leq 0.05$）通过统计学方法，例如t-检验来确定		

5.3.5.8 固相疏浚物生物毒性检验

1）受试生物的选择原则

固相疏浚物生物毒性检验使用的受试生物应具备如下条件：

（1）受试生物应在管栖动物和埋栖动物中任选一种；

（2）能够耐受较宽沉积物粒径变化范围的影响；

（3）对有毒物质的反应具一致性和可重复性；

（4）易获得且敏感性高的幼虫或幼体；

（5）具有较重要的生态学或经济学意义；

（6）受试生物可常年在实验室培养或自然海区采供。

2）检验类型

固相疏浚物生物毒性检验类型和推荐受试生物如表5-6所示。

表 5-6 固相疏浚物生物毒性检验类型

检验类型	受试生物
10 d 端足类毒性实验	日本大螯蜚 a
	隐居蜾蠃
	博氏双眼钩
	短角双眼钩虾

续表 5-6

检验类型	受试生物
20 d 多毛类毒性实验	日本刺沙蚕 *Neanthes japonica*
	多齿沙蚕 *Nereis multignatha*
	长吻吻沙蚕 *Glycera chirori*
	加州卷吻沙蚕 *Nephtys californiensis*
10 d 双壳类毒性实验	薄云母蛤 *Yoldia similis*
	菲律宾蛤仔 a *Ruditapes philippinarum*
	缢蛏 *Sinonovacula constricta*
a 优先推荐使用的受试生物	

3）检验实验

固相疏浚物对端足类生物的毒性检验实验见 GB30980—2014 附录 D；固相疏浚物对双壳类生物的毒性检验实验见 GB30980—2014 附录 E。固相疏浚物对其他受试生物的毒性检验实验参考固相疏浚物对端足类或双壳类生物的毒性检验实验进行。日本大螯蜚和菲律宾蛤仔简介参见 GB30980—2014 附录 C。

4）检验结果判定

固相疏浚物生物毒性检验结果判定见表 5-7。

表 5-7 固相疏浚物生物毒性检验结果判定

检验类型	终点判据	未通过检验依据
10 d 端足类动物毒性实验	死亡率	疏浚物检验组的平均死亡率与空白对照组的平均死亡率差异显著（$p \leq 0.05$）a；或者疏浚物检验组的平均死亡率大于 50%
20 d 多毛类动物毒性实验	生长（干重）b	疏浚物检验组的平均干重与空白对照组的平均干重差异显著（$p \leq 0.05$）a；或者疏浚物检验组的平均干重与空白对照组的平均干重之差大于 30%
10 d 双壳类动物毒性实验	死亡率	疏浚物检验组的平均死亡率与空白对照组的平均死亡率差异显著（$p \leq 0.05$）a；或者疏浚物检验组的平均死亡率大于 50%

a 显著差异（$p \leq 0.05$）应通过统计学方法，例如 t-检验来确定。

b 干重是指扣除死亡和失踪动物后的总干重

5.3.5.9 疏浚物中化学组分的生物累积检验

1）受试生物的选择原则

疏浚物中化学组分的生物累积检验使用的受试生物应具备如下条件：

（1）受试生物应在管栖动物和埋栖动物中任选一种；

（2）能够提供足够的生物组织用于污染物分析；

（3）不能有效地代谢污染物，尤其是有机污染物；

（4）具有较重要的生态学或经济学意义；

（5）受试生物可常年在实验室培养或自然海区采供。

2）检验类型

疏浚物中化学组分的生物累积检验类型和推荐受试生物见表5-8。

表5-8　疏浚物中化学组分的生物累积检验类型

检验类型	受试生物
8 d 双壳类累积实验	薄云母蛤
	菲律宾蛤仔 a
	缢蛏
28 d 多毛类累积实验	日本刺沙蚕
	多齿沙蚕
a 优先推荐使用的受试生物	

3）检验实验

双壳类生物对疏浚物中化学组分的累积检验实验见GB30980-2014附录E。

4）检验结果判定

疏浚物中化学组分的生物累积检验结果判定见表5-9。

表5-9　疏浚物中化学组分的生物累积检验实验结果判定

检验类型	终点判定	未通过检验依据
28 d 双壳类累积实验	体内污染物累积量	实验组贝类体内一种或多种污染物浓度大于GB18421中规定的海洋贝类生物质量标准值 a

续表 5-9

检验类型	终点判定	未通过检验依据
28 d 多毛类累积实验	体内污染物累积量	疏浚物检验组的体内污染物累积量与空白对照组的体内污染物累积量差异显著（$p\leq0.05$）b
a 海洋贝类生物质量标准值类别按照倾倒区所在海域的使用功能和环境保护的目标确定； b 显著差异（$p\leq0.05$）应该通过统计学方法，例如 t-检验来确定		

5.3.6 本标准与 GB30980—2014 的比较

本标准与 GB30980—2014 的比较如表 5-10 所示。

表 5-10 本标准与 GB30980—2014 的比较与联系

要素	GB30980—2014	本次编制	解释
适用范围	中华人民共和国管辖的所有相关区域	上海市管辖的区域	
采样站位设计	如果疏浚区的地质结构相对呈均匀分布，且不存在明显的污染源，则应采取网格布点，将采样站位均匀地分布在整个疏浚区域，而不仅是在码头或岸边。疏浚区附近存在污染源，或已往的采样资料证实在疏浚区内曾检测到疏浚物为沾污或污染的，则应随着污染物浓度梯度由高向低方向，由密渐疏地设计采样站位。采用上述布站方法，均应在疏浚区附近，且其底质结构与疏浚区相同（或相近）、相对清洁的区域，选择 1~2 个站位，作为参考对应站。 当一次采样不能明确划分污染区域时，应进行二次采样。进行二次采样时，应将污染（或沾污）站位作为中心点，在中心点的四周布设一定数量的站位，以确定污染（或沾污）范围	码头疏浚：由于此类疏浚区域一般以码头为中心，呈扇形或圆形分布，并且疏浚区域面积不大，疏浚量小，故此类疏浚区域的采样点宜沿码头均匀布设，对于同一个码头，应将每个采样点的样品混匀后分装；当样品检测结果为污染疏浚物时，应进行第二次采样。在二次采样时，将每个采样点单独检测，不做混匀处理，以确定污染站位； 航道疏浚：由于深水航道疏浚面积大，疏浚量较大，此类疏浚采样宜在航道中心线均匀布点，每个采样点单独检测分析。当一次采样不能明确划分污染区域时，应进行二次采样。当进行二次采样时，应将污染站位作为中心点，在中心点的四周布设一定数量的站位，以确定污染范围	考虑到上海市疏浚区域的不一致性，采样站位尽可能地反映疏浚物的真实情况并具有代表性

续表 5-10

要素	GB30980—2014	本次编制	解释
采样数量		在 GB30980-2014 的基础上，对于已往的采样资料证实在疏浚区内曾检测到疏浚物为沾污或污染的，定义为重点区域，此区域的疏浚物采样数量要比普通区域的采样点多 2~5 个	按照有无污染源区别对待疏浚区域，使样品更能真实反映采样区域的情况
检测项目		(1) 将选测项目中的多环芳烃列为必测项目； (2) 其他项目继续检测	(1) PAHs 的毒性；PAHs 在沉积物中容易造成水体的二次污染； 上海市疏浚区域 PAHs 含量较高，处于高生态风险状态。基于已知调查数据，疏浚物中检测出的远高于倾倒区本底，易对倾倒区及其周边敏感区域造成污染； (2) 虽然国标方法中检测元素已执行多年，但每个元素都有其环境代表性或者危害性较大，故之前的分析项目继续严格执行
检测方法		针对镉的分析检测方法，在原来无火焰原子吸收分光光度法的基础上增加火焰原子吸收分光光度法	相较于无火焰原子吸收分光光度法，火焰原子吸收分光光度法操作更加简便稳定，并且基于疏浚物历史数据中镉的含量较高，因此推荐此方法

5.4 上海市疏浚物分类评价标准的制定

5.4.1 标准适用范围

本标准规定了海洋倾倒疏浚物的评价要求、评价限值、分类等。

本标准适用于本市所有行政管辖区域疏浚物的海洋倾倒活动。

5.4.2 标准的编制引用文件

GB17378.3 海洋监测规范 第1部分：总则

GB17378.3 海洋监测规范 第2部分：数据处理与分析质量控制

GB17378.3 海洋监测规范 第3部分：样品采集、贮存与运输

GB17378.3 海洋监测规范 第5部分：沉积物分析

GB30980—2014 海洋倾倒物质评价规范 疏浚物

5.4.3 前期工作基础

（1）2014年开始，以多年疏浚物检测评价工作为基础，上海市疏浚物倾倒管理部门从管理层面提出了很多新的需求，在疏浚物评价方面，将其作为一项研究内容纳入《海洋倾废对上海海域生态环境影响及对策措施研究》课题中。

（2）2015年12月，赴国家海洋环境监测中心调研，咨询编制《海洋倾倒物质评价规范 疏浚物》（GB30980—2014）的专家老师，了解其中关于疏浚物评价中筛分水平制定的主要依据。

（3）2016年7月，赴天津海洋与渔业局调研，了解天津市的海洋倾废办事流程，以及疏浚物的评价工作。

（4）2016年1—7月，根据国际上疏浚物海洋倾倒评价程序以及我国《海洋倾倒物质评价规范 疏浚物》（GB30980—2014）标准中的评价指标体系，综合我国近岸海域疏浚物样品的化学和生物污染状况分析结果，并在考虑我国相关污染物分析方法水平和可操作性的基础上，建立疏浚物海洋倾倒评价指标体系。

（5）2016年7月，组织专家对标准初稿进行评审，并按照评审意见对初稿进行了修改补充。

5.4.4 技术路线

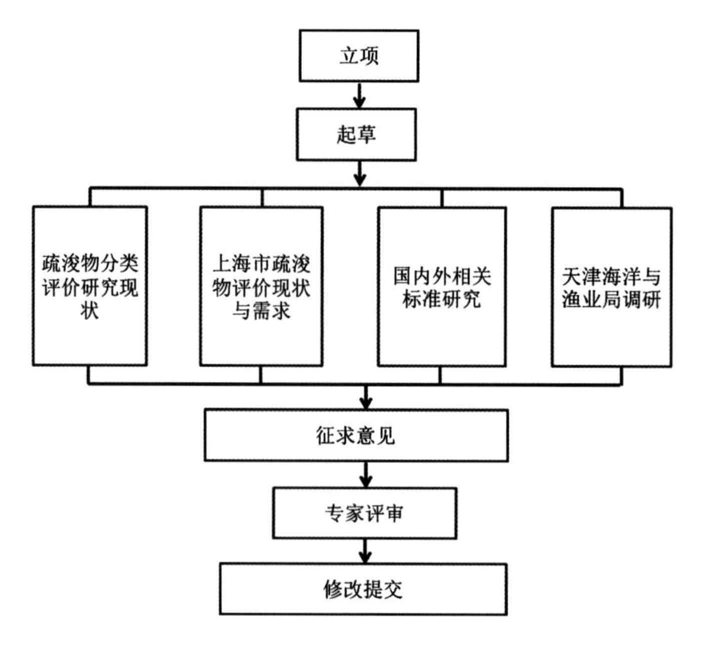

图 5-2 技术路线图

5.4.5 分类评价标准的主要内容

疏浚物倾倒评价指标筛分水平如表 5-11 所示。

表 5-11 疏浚物类别化学评价限值

评价指标	下限限值	上限	化学组分	下限限值	上限
砷（As）（$\times10^{-6}$）	20.0	100.0	六六六（$\times10^{-6}$）	0.05	1.50
镉（Cd）（$\times10^{-6}$）	0.80	5.0	滴滴涕（$\times10^{-9}$）	20.0	100.0
铬（Cr）（$\times10^{-6}$）	80.0	300.0	多氯联苯总量（$\times10^{-9}$）	20.0	600.0
铜（Cu）（$\times10^{-6}$）	50.0	300.0	总多环芳烃（$\times10^{-9}$）	500.0	1000.0
铅（Pb）（$\times10^{-6}$）	75.0	250.0	有机碳（$\times10^{-6}$）	2.0	4.0
汞（Hg）（$\times10^{-6}$）	0.30	1.0	锌（Zn）（$\times10^{-6}$）	200.0	600.0
硫化物（$\times10^{-6}$）	300.0	800.0	油类（$\times10^{-6}$）	500.0	1500.0

5.4.6 疏浚物海洋倾倒评价要求

疏浚物在进行海洋倾倒前应进行理化检验，将疏浚物中主要化学组分的浓度值与疏浚物类别化学评价限值进行比较，按照疏浚物分类方法，对疏浚物进行分类。疏浚物分为3类：清洁疏浚物、沾污疏浚物和污染疏浚物。确定为沾污疏浚物和污染疏浚物的疏浚物应进行3项生物学检验，包括水相疏浚物生物毒性检验、固相疏浚物生物毒性检验和疏浚物中化学组分的生物累积检验。根据疏浚物的类别和生物学检验结果，确定疏浚物的海洋处置方式。疏浚物海洋倾倒分类和评价工作流程见图1-1。

5.4.7 疏浚物分类

5.4.7.1 清洁疏浚物（Ⅰ类）

符合下列条件之一的疏浚物为清洁疏浚物：

（1）疏浚物中所有化学组分的含量都不超过化学评价限值的下限；

（2）疏浚物中镉、汞、六六六、滴滴涕、多氯联苯总量不超过化学评价限值的下限，疏浚物中砷、铬、铜、铅、锌、有机碳、硫化物、油类，其中不多于两种的含量超过化学评价限值的下限，但不超过上限与下限的平均值，且其小于4 μm的粒度组分含量不大于5%，小于63 μm的粒度组分含量不大于20%。

5.4.7.2 沾污疏浚物（Ⅱ类）

疏浚物中主要化学组分含量均不超过化学评价限值的上限，且符合下列条件之一的疏浚物为沾污疏浚物：

（1）疏浚物中镉、汞、六六六、滴滴涕、多氯联苯总量等一种或一种以上的含量超过化学评价限值的下限；

（2）疏浚物中砷、铬、铜、铅、锌、有机碳、硫化物、油类的物理化学组分含量不满足Ⅰ类（2）规定的要求。

5.4.7.3 污染疏浚物（Ⅲ类）

疏浚物中一种或一种以上化学组分含量超过化学评价限值的上限为污染疏浚物。

5.4.8 疏浚物的处置

5.4.8.1 疏浚物处置方式

疏浚物处置方式包括：直接倾倒；有限制的倾倒；经过特殊处置后的有限制倾倒；陆上或其他特殊处置方式。

1）清洁疏浚物的处置

对于清洁疏浚物，可在指定区域直接倾倒。

2）沾污疏浚物的处置

对于沾污疏浚物，水相、固相生物毒性检验和生物累积检验全部通过，可在指定区域直接倾倒。

3种生物毒性检验中如有1种检验未获通过，可在指定区域有限制地倾倒。3种生物毒性检验中有2种（包括2种）以上不通过，此类疏浚物应经过特殊处置，可在指定区域进行有限制的倾倒。

3）污染疏浚物的处置

对于污染疏浚物，水相、固相生物毒性检验和生物累积检验全部通过，或只有1种检验未获通过，此类疏浚物应经过特殊处置，可在指定区域进行有限制的倾倒。污染疏浚物水相、固相生物毒性检验和生物累积检验中有2种（包括2种）以上检验未获通过，此类疏浚物原则上不应向海洋倾倒，应陆上处置。若因不可抗拒的原因确需进行海洋处置的，应经过特殊处置，在指定区域进行有限制的倾倒。

5.4.8.2 特殊处置和限制方法

为防止、控制和减少沾污疏浚物和污染疏浚物海洋倾倒的环境影响，可采取特殊处置和限制方法，包括：

（1）减少疏浚物倾倒量；

（2）间歇性倾倒疏浚物；

（3）选用绞吸式挖泥船；

（4）挖泥船满仓时施用快速絮凝剂；

（5）停船定点倾倒；

（6）采用防帘技术；

（7）行进时关闭溢流孔；

（8）选择最安全的倾倒区：远离环境敏感区、港口作业区、锚地、停泊区、航道（包括规划中的）、负地形低能海区、海洋废料场，多处倾倒区交替使用，并对倾倒区实施严格管理，提高跟踪监测频率，发现问题及时关闭倾倒区；

（9）疏浚区清洁疏浚物覆盖污染疏浚物；

（10）陆上处理：分层疏浚，先将污染疏浚物泵入高潮线以上洼地，再用清洁疏浚物覆盖。

以上方法可根据实际情况选择一种或数种。

5.4.8.3 复合疏浚物的处置

在同一工程项目中，不同站位采集的疏浚物样品，出现属于不同类别疏浚物的情况时，应确定沾污或污染疏浚物的体积，并按照本标准所规定的方法区别对待，进行相应的处理和处置，不应取各站位的算术平均值作为整个疏浚区域疏浚物类别判定的依据。

5.4.9 本标准草案与GB30980—2014的区别

本标准与GB30980—2014的区别如表5-12所示。

表5-12 本标准与国家标准的主要区别

要素	GB30980—2014	本次编制
适用范围	中华人民共和国管辖的所有相关区域	上海市管辖的区域
评价指标体系		增加了多环芳烃总量这一指标
筛分限值	六六六的评价下限值为 0.50×10^{-6}	六六六的评价下限值为 0.05×10^{-6}；PAHs的限值为 4.0×10^{-6}

5.5 本章小结

（1）在对我国现行疏浚物采样及评价标准（GB30980—2014）研究以及大量生物毒性实验的基础上，本书重点针对现行标准中采样站位的设计不能很好地代表上海市的地域特点、部分化工码头等污染等级相对较高的疏浚区域缺乏针对性的检测指标、对部分评价指标的限值更加严格化，制定了《海洋倾倒疏浚物采样和检测标准》以及《海洋倾倒疏浚物分类评价标准》。

（2）疏浚物采样与检测标准主要内容包括采样站位设计、采样站位数量，并增加了 PAHs 这一检测指标，推荐了镉的另一种检测方法等；疏浚物分类评价标准主要包括六六六筛分下限的重新限定，以及多环芳烃筛分下限的确定。两个标准的制定，能为上海市疏浚物的倾倒提供更有针对性、更科学的标准，也能为管理层的决策提供支撑。

第6章 海洋倾废管理对策措施研究

6.1 上海市海洋倾废管理现状

2009年以来，上海市海洋局从健全组织机构、贯彻依法行政、完善审批流程、明确监管分工四个方面开展了海洋倾废管理工作，初步形成了具有本市特色的海洋倾废管理模式。

6.1.1 搭建了较完备的组织机构

上海市海洋局与上海市水务局自2009年合署办公以来，在海洋倾废等涉及海洋环境管理工作方面，已建立了三级管理模式。在国家层面，东海分局代表国家海洋局对上海市海洋倾废等海洋环境管理工作进行指导；在省级层面，上海市海洋局按权限统一负责全市的海洋倾废管理工作；在地市（县）级层面，区（县）海洋局按照《关于进一步加强本市区（县）海洋管理工作的若干意见》等文件要求，在上海市海洋局的指导下，开展海洋环境监测与监督管理工作。

6.1.2 具备了较充分的法律依据

6.1.2.1 国内外海洋倾废立法现状

长期以来，我国各级海洋行政主管部门主要依据《中华人民共和国海洋环境保护法》、《中华人民共和国海洋倾废管理条例》、《中华人民共和国海洋倾废管理条例实施办法》及《委托签发废弃物海洋倾倒许可证管理办法》，对倾废活动实施管理，取得了一定的成效。包括香港特别行政区，其海洋倾废行为的规范均为法律层次。

西方发达国家，比如美国早在1972年就制定了《海洋倾废法》，英国在1974年制定了《控制海洋倾废法》，加拿大也通过专门的《海洋倾废法》对海洋倾废活动进行监督管理。

6.1.2.2 国内近期海洋倾废立法成果及趋势

目前实行的《中华人民共和国海洋倾废管理条例》是1985年3月6日由国务院发布的，且在2011年1月8日进行了修订。而且，在《中华人民共和国环境保护法》2015年1月1日正式施行的背景下，经修改的《中华人民共和国海洋环境保护法》也已在2016年11月7日颁布施行。

当前由于海洋倾废需求多样化，是否严格限制倾废物质种类或者根据生态环境变化、科技发展以及海洋环境保护的需要制定并适时修订海洋倾倒物质名录也是当前立法修订中应着重研究的内容。

6.1.3 形成了较规范的审批流程

上海市海洋局按照《委托签发废弃物海洋倾倒许可证管理办法》和《上海市海洋局行政许可办事指南》的要求，对海洋倾废活动依法进行审批（表6-1）。

表6-1 2011—2015年上海市海洋倾废审批情况

审批年份	2011	2012	2013	2014	2015
审批数量（件）	192	214	203	272	229

根据《中华人民共和国海洋环境保护法》第五十五条规定，任何单位未经国家海洋行政主管部门批准，不得向中华人民共和国管辖海域倾倒任何废弃物。海洋倾废许可证制度是海洋倾废管理的核心内容，是海洋倾废管理的一项基本制度，也是维护合法的海洋倾废秩序，防止影响和损害海洋环境的重要措施。

上海市海洋局依据《委托签发废弃物海洋倾倒许可证管理办法》的有关规定，依法受理、初审海洋倾废申请，并根据东海分局的审查意见做出签发决定。在申请海洋倾废之前，应当按照相关规定的要求，在有监管部门的人员在场的情况下，对拟疏浚区域进行采样检测。在由有资质单位分析检测形成报告后，按照本市现行审批流程，海洋倾废审批由废弃物所有者或疏浚工程单位依法向市海洋局提出申请。实施倾废作业单位与废弃物所有者或疏浚工程单位有合同约定的，也可依合同规定向市海洋局提出申请。对一般的倾废申请，只要申请材料齐全、形式合法、符合规定要求的，市海洋局根据东海分局的审查意见在15个工作日内做出许可决定。倾废许可证分为紧急许可证、特别许可证和普通许可证。紧急许可证由国家海洋局签发或者经国家海洋局批准，由海区主管部门签发；特别许可证、普通许可证由海区主管部门签发。

6.1.4 构建了较清晰的监管模式

为了加强海洋倾废监管工作，上海市海洋局明确了海洋倾废工作的监管分工。由市海洋管理事务中心负责本市海洋倾废的日常监督管理；由市海洋业务受理中心负责海洋倾废审批及相关信息的发布；由中国海监上海市总队负责海洋倾废的批后监管。

自1996年8月国家海洋局下发了《关于在自航式倾倒船上安装航行数据记录仪的通知》以来，倾废记录仪在我国海域内，已推行使用近20年时间，倾废记录仪的安装推行对加强海上倾废活动的管理，以及提高倾废船到达指定倾倒区比率和降低违法倾倒率，服务经济建设以及海域环境管理均起到了较好的效果。市海洋管理事务中心已于2012年开始选定倾废记录仪型号，并选择部分倾倒单位船只进行倾废记录仪的试点安装，已经积累了相关使用、管理等经验，逐步形成适应本市实际情况的倾废活动监管模式。

为了给批后监管工作提供技术支撑，市海洋业务受理中心自2011年开始对海洋倾废审批事项开展批后复测工作。通过对码头疏浚前后的水下地形测量，将复测疏浚量与申请疏浚量进行比对，将出现超挖现象的申请事项信息及时反馈给中国海监上海市总队。

中国海监上海市总队结合日常巡查和审批信息，对未经批准实施倾倒、不按批准的条件实施倾倒、不按照规定记录倾倒量等行为进行执法。

6.2 目前海洋倾废管理中存在的问题

6.2.1 海洋倾废法制建设有待完善

上海市海洋倾废管理、审批、执法的主要法律依据为《中华人民共和国海洋环境保护法》、《中华人民共和国海洋倾废管理条例》、《中华人民共和国海洋倾废管理条例实施办法》和《委托签发废弃物海洋倾倒许可证管理办法》，以上 4 部法律法规最早的制定于 20 世纪 80 年代，最晚的制定于 2004 年，之后再未出台新的法条。

随着我国及上海市经济的迅猛发展，海洋倾废管理工作所面临的环境和形势都发生了巨大的变化，随之而来也产生了诸多的问题，如现行法条适用性不强、法条的内容滞后，甚至针对一些违规倾废的新情况找不到法律依据等。现行的法条仅在 1999 年和 2013 年对《中华人民共和国海洋环境保护法》、2011 年对《中华人民共和国海洋倾废管理条例》进行了修订，但是在目前上海市海洋倾废管理中，遇到的如倾倒区容量较小、倾倒区综合利用协调性较差、违法倾废成本低、倾废审批流程较复杂、缺少破坏或者恶意干扰海洋倾废记录仪的罚则等问题、难题，现行法条中未明确具体的解决途径。因此，需要对现行法律、法规进行修订，甚至制定新的规章制度来规范海洋倾废行为。

6.2.2 废弃物的资源化利用有待引导

目前，在上海市倾倒区内倾倒的废弃物大部分为疏浚泥。对于大量的疏浚泥而言，除长江口深水航道疏浚泥大部分用于圈围工程外，本市黄浦江、外高桥及杭州湾地区的码头前沿疏浚泥基本都采取海洋倾倒的方式进行处理，对海洋环境造成了一定的影响。对于上海市海洋局审批的年均 500 多万方的疏浚泥，缺乏有效的引导机制和处置手段，使疏浚泥的资源化利用之路举步维艰。

其实，之所以难以对疏浚泥进行统一回收再利用的原因在于：其一，当前的疏浚泥资源化技术不成熟；其二，投入与产出不成比例，资源化的产品价值比投入进行资源再利用的费用还要低得多，这是制约疏浚泥利用的最大瓶颈。而政府部门在这方面需要开展的工作周期长，涉及部门多，无法在短时间内收到效益。目前，有关政府部门缺少一个可行的疏浚泥再利用实施计划，用以引导相关处理疏浚泥的企业与高校实验室合作，再由政府适当拨款加以扶持，支持相关疏浚泥的资源化利用技术突破，并对技术进行严格考核。

6.2.3 海洋倾倒活动控制有待优化

目前上海市可用疏浚物倾倒区为 12 个，市海洋局倾废审批涉及倾倒区为 4 个，分别为长江口 1#、2#、3#倾倒区和金山疏浚物临时海洋倾倒区。在审批过程中，市海洋局一般按照疏浚码头离倾倒区的距离来确定该码头疏浚泥的去向。由于本市疏浚码头大部分位于内河、黄浦江和外高桥水域，一般而言，市海洋局首先将疏浚泥批至离吴淞口较近的1#倾倒区，在每年的10月、11月前后，由于频繁倾倒导致1#倾倒区水深变浅，故年底的海洋倾废申请一般都批至离吴淞口较远的2#、3#倾倒区。位于杭州湾北岸的码头疏浚泥一般都批至金山疏浚物临时海洋倾倒区。在倾倒区容量范围内，对于目前这种单纯按照码头位置来确定疏浚泥去向的做法，就其合理性与科学性而言，有待商榷和研究。

从多年海洋倾倒频率来看，春季和冬季签发的倾废许可证数量与疏浚物倾倒量比其他季度要高，造成这种情况的原因：一是与码头业主单位的倾倒需求有关；二是与上海水文、气候条件相关。因此，在水文条件较差的春冬两季，疏浚船舶大频次集中倾倒更易造成对海洋环境的破坏。

根据年底对1#倾倒区的水下地形测量报告可知，该倾倒区内部底泥较薄，而离岸较近侧则底泥较厚，说明该倾倒区的容量未得到充分利用，造成资源的浪费。因此，如何科学、合理地控制海洋倾废，最大化地利用倾倒区容量并最小化地减少倾废对海洋环境的影响，有必要对海洋倾倒活动控制进行研究与优化。

6.2.4 疏浚物采样检测及分类评价标准有待细化

在实际的海洋倾废审批工作中，经常遇到样本成分超标的疏浚泥经过重复采样直至得出清洁疏浚泥的结论这种现象，对此必须建立更加科学、合理的疏浚物采样和检测评价标准。另外，现行技术标准中提出的“网格布点”和“由疏渐密”的布站方式实际难以执行，加上现场采样人员的技术能力限制，采样站位实际的代表性并不高。疏浚物采样工作中，采样站位的个数基本均能符合技术标准的要求，而采样点的布设则相对随意，部分疏浚工程的疏浚物采样点甚至可能不完全分布在疏浚区域内。对于样本的采集数量，应当根据现行规范，结合疏浚现场的情况进行细化。

现行的疏浚物成分分类和检测标准是由国家统一制定实施的。由于沿海各地海洋环境状况不一，水域流动性极易受到上游水质的影响，疏浚物来源日趋多样化，故现行的标准已不适应目前的环境现状和审批要求。比如，当码头疏浚泥样品中出现沾污指标时，按照国家标准，即判定其为沾污疏浚泥。但目前码头作业频繁，船舶溢油、上游来水污染都可能造成泥样指数超标，由此影响了泥样指标的准确判断。因此，目前的检测标准在样品数量的选择及综合判定的条件都有待完善。由于检测周期较长，如果按现行标准判定为沾污，就不予倾倒许可，严重影响码头作业，给企业造成不必要的经济损失。因此，根据上海码头及水域的实际情况，有必要对疏浚物成分检测标准进行进一步的细化，更加科学、合理地判定疏浚物的化学特性。

另外，现阶段的疏浚物成分检测费用由倾废业主自行承担，检测单位在一定程度上也会受制于倾废业主，这在一定程度上会造成重复采样的现象和使用相对宽松的标准。因此，审批部门应当探索将检测费用纳入政府财政预算，通过招标来确定检测单位，确保检测结果的公正性。

6.2.5 审批效能有待提高

改革行政审批制度，规范行政审批行为，优化行政审批流程，提高行政审批效能，是深化行政管理体制改革的内在要求，是完善社会主义市场经济体制的客观需要，是从源头上预防和治理腐败的重要举措。近年来，上海市的行政审批制度改革工作，以建设人民满意政府为目标，切实贯彻实施《行政许可法》，推进法治政府、服务政府、责任政府和廉洁政府建设，不断推进行政审批制度改革，先后多次对行政审批和收费项目进行了清理，在方便企业、群众办事方面取得了一定成效：一是各级领导对行政审批改革工作的认识不断提高；二是行政审批事项日趋集中规范；三是批管分离的行政审批工作机制初步形成；四是行政审批工作规范化程度不断提高；五是行政审批工作平台建设得到了逐步加强。

海洋倾废审批是为了规范申请单位的倾倒行为，保护海洋环境，防止出现乱倾倒的现象。上海市海洋局在不断深化审批制度改革的同时，对海洋倾废审批流程进行优化，进一步提高政府效能，方便申请人。但是，仍然存在两个方面的问题：一是从采样检测到编制完成检测报告等前期工作所需的时间较长；二是在海洋倾废审批项目的动态管理、审批流程的简化、审批方式的完善等方面，与上海市经济社会发展的要求相比，与企业和群众不断提高的服务需求相比，还存在着不少差距和问题。目前从申请人递交申请到领取《许可证》一般需要 8~10 个工作日，虽然比法定的 15 个工作日已有所压缩，但是从提交申请到领取许可证需流转的部门、单位有 4 个，复杂的流程影响了审批效率。

6.2.6 倾废监管机制有待完善

目前，海洋倾废活动存在多头管理的现象，行政管理、行政审批和行政执法三方协同配合不够紧密，监管信息沟通不及时、不充分、不全面，导致对海洋倾废活动的监管未形成合力，给一些不诚信的倾废单位以可乘之机。

倾废监管一般由采样、检测、审批、监督、执法5个环节组成，其中，采样和检测工作目前由国家海洋局东海环境监测中心负责；审批工作由国家海洋局东海分局和上海市海洋局负责；监督工作由市海洋管理事务中心和市海洋业务受理中心负责；执法工作由中国海监上海市总队负责。但是，在实际监管过程中存在以下6个方面的问题：① 对于采样的准确性，是否存在采样点位相距过近和采样地点错误的情况；② 对于检测分析报告的精确性，是否存在多次采样检测直至合格的情形；③ 对于审批工作的合理性，是否存在对疏浚申请单位和作业单位的信息掌握不全面的现象；④ 对于执法工作的时效性，是否存在申请单位拿到倾倒许可证后，执法工作未及时巡查和检查的情况；⑤ 对于日常监管工作的常态性，是否存在对疏浚及倾倒作业的监管不及时的情况；⑥ 对于监管工作的协调性，各单位之间对于海洋倾废活动是否存在信息共享不及时、监管缺失脱节的现象。

6.3 海洋生态环境保护工作目标

6.3.1 国家海洋生态环境保护工作目标

2016年6月，国家海洋局印发《关于全面建立实施海洋生态红线制度的意见》（以下简称《意见》），并配套印发《海洋生态红线划定技术指南》（以下简称《指南》），指导全国海洋生态红线划定工作，标志着全国海洋生态红线划定工作全面启动。

《中共中央国务院关于加快推进生态文明建设的意见》提出“严守资源环境生态红线，科学划定森林、草原、湿地、海洋等领域生态红线”。根据中共中央关于2016年划定海洋生态红线的要求，在系统总结渤海生态红线制度试点工作的基础上，国家海洋局印发《意见》和《指南》，旨在通过建立实施海洋生态红线制度，牢牢守住海洋生态安全根本底线，建立起以红线制度为基础的海洋生态环境保护管理新模式，逐步推动海洋生态环境起稳转好。

针对管控目标，《意见》提出，海洋生态红线区面积占沿海各省（区、市）管理海域总面积的比例不低于30%，全国大陆自然岸线保有率不低于35%，全国海岛保持现有砂质岸线长度，到2020年，近岸海域水质优良（一类、二类）比例达到70%左右。

2016年11月7日，第十二届全国人民代表大会常务委员会第二十四次会议表决通过了关于修改《中华人民共和国海洋环境保护法》的决定。新修改的《中华人民共和国海洋环境保护法》第三条明确规定，国家在重点海洋生态功能区、生态环境敏感区和脆弱区等海域划定生态保护红线，实行严格保护。第二十四条规定，国家建立健全海洋生态保护补偿制度。

6.3.2 上海市海洋生态环境保护工作目标

上海市位于我国大陆海岸线中部，长江入海口和东海交汇处，北接江苏、南临浙江，海陆交通便利，内陆腹地广阔，是我国经济中心城市，国际著名港口城市，长三角城市群的核心。上海海域面积10 754.6 km^2，岸线总长628.5 km，其中大陆岸线213.1 km，海岛岸线415.4 km（有居民岛岸线307.0 km，无居民岛岸线108.4 km）。拥有崇明、长兴和横沙3个有居民岛以及大金山岛、小金山岛、佘山岛和九段沙等无居民岛屿（含沙洲）23个。

根据《国家海洋局关于全面建立实施海洋生态红线制度的意见》（国海发〔2016〕4号），以海洋功能区划范围作为管理海域分界线划定海洋生态红线区，海洋生态红线控制指标包括海洋生态红线区面积比例、大陆自然岸线保有率、海岛自然岸线保有率和海水质量共4项。按照《意见》要求，上海市海洋生态红线区面积占海域总面积的比例不低于15%，大陆自然岸线保有率不低于12%，海岛自然岸线保有率不低于20%。海水质量控制指标待国家海洋局确定后另行公布。

上海市海洋局根据《全国海洋生态红线划定技术指南》，结合上海实际，确定上海海洋生态红线区主要包括自然保护区、特别保护海岛、重要滨海湿地和重要渔业海域、重要滨海旅游区共5类。海洋生态红线区面积1 682.7 km^2，占上海海域面积的15.65%。其中禁止类面积626.4 km^2，限制类面积1 056.3 km^2。

大陆自然岸线包括吴淞炮台湾湿地森林公园、滨江森林公园、奉贤海湾旅游区和金山城市沙滩等滨海旅游区岸线以及南汇嘴岸线共5段，岸线长度分别为2.7 km、3.4 km、14.2 km、2.1 km和5 km，共27.4 km，占大陆岸线总长度比例的12.86%。

海岛自然岸线包括崇明东滩鸟类国家级自然保护区岸线和九段沙湿地国家级自然保护区岸线，长度分别为42.3 km、43.6 km，共85.9 km，占海岛（包括有居民岛和无居民岛）岸线长度比例的20.68%。

6.4 海洋倾废管理对策与措施

6.4.1 加快推进海洋倾废管理法制建设

6.4.1.1 积极配合国家法律法规的修改、修订

上海作为全国经济发展的龙头，在海洋环境治理方面也承担了重要责任。因此，一方面，在全国人大到上海就修改《中华人民共和国海洋环境保护法》进行的调研过程中，上海市海洋局主动配合、献言献策，积极、及时、全面地将本市海洋生态环境保护经验和需求反馈给调研组，配合做好本法的修改工作。另一方面，上海市海洋局作为本市海洋行政主管部门，将继续配合国家做好关于海洋环境保护法律法规的制定与修订工作。

6.4.1.2 加快上海市海洋倾废立法进度

为了适应目前海洋倾废管理工作形势，上海市海洋局将在现行国家法律法规的基础上，结合上海市的实际情况，拟从以下4个方面制定上海市海洋倾废管理、审批、执法规范性文件：① 加强倾倒区的选化及日常管理；② 加强审批流程的优化；③ 加强倾废记录仪的管理；④ 加强倾废活动监管效能。

为了加强倾倒区的选化及日常管理，在国家海洋局东海分局的指导下，上海市海洋局将结合本市海洋倾废管理工作实际，积极参与倾倒区选划工作，提出可行的选化建议。

为了加强审批流程的优化，上海市海洋局主动与国家海洋局东海分局进行沟通，从简化流程和压缩时限两个方面，对《业务手册》和《办事指南》进行修订。

为了加强倾废记录仪的管理，上海市海洋局将借鉴外省市的先进工作经验，适时制定本市的倾废记录仪管理办法。

为了加强倾废活动监管效能，上海市海洋局已出台《上海市海洋倾废失信信息归集和使用管理办法》，进一步规范了疏浚业主和疏浚作业单位倾倒行为，提高涉事企

业的海洋环保意识，保护海洋环境。

6.4.2 加强市场引导，促进疏浚泥的资源化利用

目前，上海市码头前沿疏浚泥虽然有海洋倾倒、固化法、加热处理法等多种处理方式，但是由于海洋倾倒处理方法简单方便、成本较低，已经成为这些疏浚泥的最主要处理方式。疏浚泥倾倒入海不可避免地对海洋生态环境产生影响，政府部门可以从以下三个方面采取措施，加快疏浚泥资源化利用的进程。

6.4.2.1 加强政府管理与政策扶持

一方面，通过制定地方管理条例，对上海市现有的相关法律、法规体系进行梳理，对已经不能适应上海当前经济形势和环境保护的条款进行修订，制定适应当今环境保护要求的地方管理条例。通过地方管理条例的形式控制上海疏浚泥的倾倒量，同时在地方管理条例中明确监测、考核、经济补偿和处罚办法，切实解决“违法成本低、守法成本高”的问题。

另一方面，加强各管理部门的联动协调，主要是为了改变目前体制中多头管理、互不协调的现状。以疏浚泥在圈围造地工程中的运用为例，目前，上海圈围造地工程对于吹填材料的需求量很大，疏浚泥作为一种较理想的吹填材料，由于缺乏政策引导与扶持，上海市每年约600万 m^3 的码头疏浚泥和航道每年约6 500万 m^3 疏浚泥只能倾倒入海，造成资源浪费。建议由上海市发改委牵头，上海市水务局配合，联合上海市交通委、长江口航道管理局、地产集团等部门，研究疏浚泥综合利用的技术方案和扶持政策，大力推广疏浚泥的合理利用。

税收优惠政策是对疏浚泥综合利用产业的一种鼓励和照顾。在企业发展初期，可以免除其应缴的全部或部分税款，或者按照其缴纳税款的一定比例给予返还，从而减轻其税收负担，促进产业结构的调整和社会经济的协调发展。政府引导和鼓励商业银行加大对疏浚泥综合利用项目的信贷支持，加强和完善疏浚泥综合利用企业贷款担保支持政策，鼓励融资租赁机构参与疏浚泥综合利用项目。政府采购是政府支持企业发展的一种重要方式和途径。政府作为企业的重要客户，它对所需产品的需求变化信号可以迅速地传导给企业，企业为了在市场竞争中占据更好的地位、赢得更多来自政府的订单，就会在这种需求变化信号的引导下开展疏浚泥的综合利用。政府采购不仅为企业的发展提供了支持，也为企业开展技术研发及创新活动奠定了基础。

6.4.2.2 提高海洋倾废成本支出

1）提高海洋倾倒费收费标准

疏浚泥的海洋倾倒最终会影响海洋环境，政府可以通过以下政策来减少疏浚泥的海洋倾倒行为，以达到节约资源、保护环境的目的。适当提高倾倒收费标准，一方面倾倒单位为了减少成本支出，被迫减少了疏浚泥的海洋倾倒量，而选择较为环保的回收方式；另一方面所收缴的倾倒费入缴国家环保治理基金，将资金集中利用治理环境污染，可以发挥较大的作用。海洋倾倒收费标准的提高，通过压低疏浚企业的利润、提高对疏浚泥综合利用企业的财政支持，凸显环境保护在可持续发展战略中的重要地位。

根据2005年国家发改委、财政部联合发布的《关于重新核定废弃物海洋倾倒费收费标准的通知》，本课题所研究的疏浚物，在近岸倾倒费为0.3元/m³，远岸倾倒费为0.15元/m³，有益处置为0.05元/m³，详见表6-2。

表6-2 废弃物海洋倾倒收费标准

单位：元/m³

<table>
<tr><th colspan="3">废弃物种类</th><th>近岸倾倒A</th><th>远岸倾倒B</th><th>有益处置C</th></tr>
<tr><td rowspan="6">疏浚物</td><td colspan="2">清洁疏浚物</td><td>0.30</td><td>0.15</td><td>0.05</td></tr>
<tr><td rowspan="3">沾污疏浚物</td><td>通过全部生物学检验</td><td>0.40</td><td>0.20</td><td>0.10</td></tr>
<tr><td>1种生物未通过生物学检验</td><td>0.80</td><td>0.40</td><td>0.15</td></tr>
<tr><td>2种或3种生物未通过生物学检验</td><td>1.50</td><td>0.60</td><td>0.20</td></tr>
<tr><td rowspan="2">污染疏浚物</td><td>1种生物未通过生物学检验</td><td>1.50</td><td>0.60</td><td>0.20</td></tr>
<tr><td>2种或3种生物未通过生物学检验</td><td>3.00</td><td>1.00</td><td>-</td></tr>
<tr><td colspan="3">城市阴沟淤泥</td><td>6.00</td><td>2.00</td><td>-</td></tr>
<tr><td colspan="3">渔业加工废料</td><td>0.40</td><td>0.20</td><td>-</td></tr>
<tr><td colspan="3">惰性无机地质材料</td><td>0.50</td><td>0.20</td><td>0.10</td></tr>
<tr><td colspan="3">天然有机物</td><td>0.40</td><td>0.20</td><td>0.10</td></tr>
<tr><td colspan="3">岛上建筑物料</td><td>0.40</td><td>0.20</td><td>0.10</td></tr>
<tr><td colspan="3">船舶、平台或其他海上人工构造物</td><td colspan="3">国家海洋行政主管部门根据废弃物的性质、原地弃置或异地弃置、弃置区的环境敏感性、废弃物的体积、占海面积、倾倒前的拆解情况，采取有别于海洋弃置的其他有益处置方式等情况进行个案处理，一次性收费，收费标准报国务院价格主管部门、财政部门备案</td></tr>
</table>

随着国家对海洋环境保护的要求逐渐提高，我国现行的海洋倾倒费征收标准已不适合我国现在的经济发展的需要。解决这一问题，必须根据海洋环境承载力及物价水平，提出科学合理的收费标准，加大调整收费标准的力度，提高海洋倾倒的成本。

建议下一步经过充分研究和论证后，建立与地方经济发展水平相适宜的、灵活的海洋倾倒费征收标准。建议对取得倾倒许可证的单位进行倾倒规模评估，在建立倾废阶梯收费的基础上，一对一地针对倾废单位完成倾废后的倾倒区进行监测，依据监测结果适当调整该次倾废的费用，并对存在超标倾废等问题的企业进行警告加罚，特别严重的可以暂扣吊销许可证。

2）建立生态补偿机制

生态补偿机制是对生态环境功能或生态环境价值的补偿，包括对为保护和恢复生态环境及其功能而付出代价、做出牺牲的区域、单位和个人进行经济补偿，对因开发利用自然资源而损害环境能力，或导致生态环境价值丧失的单位和个人收取经济补偿等。另一方面，通过建立生态补偿机制，鼓励倾倒者选择较为环保的回收方式，提高生产效率，逐步形成产业化发展。

6.4.2.3 加大科研扶持力度，加快科研成果的转化

加大对疏浚物回收工作的科研扶持力度。鼓励科研机构、大专院校、企业和个人研究开发科技含量高、拥有自主产权、有利于节约能源和保护环境的疏浚物综合利用相关技术、设备和工艺。通过政府牵头、企业出资、高校立项的途径，构建产、学、研相结合的疏浚物综合利用科学体系。对疏浚物综合利用方面的发明专利进行重点保护，切实保障专利发明人的利益，提高企业和个人的科研创新积极性，使疏浚物综合利用产业良性发展。鼓励有条件的地区，通过政府的倡导和支持，探索充分利用疏浚物的方法和措施，既有利于降低成本，又有利于保护环境和节约资源，实现可持续发展。

1）疏浚物应用于圈围造地

疏浚物在圈围工程中的应用，在国外拥有配套的政策法规、技术标准和管理机构，已形成了相对科学、合理的利用体系。在国内，疏浚物在圈围造地利用方面也取得了一定的成果。我国沿海地区的疏浚物以淤泥和黏性土为主，而长江干线的内河疏浚物以砂土和黏土为主，湖泊疏浚物则以淤泥土为主。沿海地区的疏浚物目前主要用于吹填造陆，而内河及湖泊的疏浚物利用率较低，基本被抛弃或掩埋。

由于上海地区石方供应紧缺，因此圈围工程基本采用充泥管袋工艺进行堤身的构筑，筑堤砂料常用砂土或粉砂土。圈围工程内部吹填用砂，则一般结合土地后期的使用规划进行合理选用。若为工业性用地，吹填土宜以粉质和砂质为主，可结合碎石、岩土类和惰性垃圾进行填埋，以为后期的开发建设提供相对有利的地质条件。若为农耕、养殖、高新农业基地进行吹填，地下水位以上部分宜以淤泥土、黏性土和粉土为主，不应采用有毒有害的污染土。本课题研究采集的疏浚物粒径分析结果显示上海市疏浚物中粉粒含量占70%~80%，黏粒含量在15%~20%之间。因此，此类疏浚物可以作为圈围工程内部吹填土使用，根据具体的土地使用性质还应进行适当处理。

2）疏浚物应用于农用绿地

根据2011年开展的《上海市废弃物分类及综合利用研究》课题成果可知，所采集的疏浚物样品理化性质显示：黄浦江、内河航道、外高桥3个采样区域底泥的pH值为偏中性，大部分属于粉质黏土，适合大多数植物生长。疏浚物中有机质含量不是很高，但达到绿化土壤质量标准。疏浚物中总氮、总磷基本能达到我国土壤的一般水平，但全钾含量稍微偏低。疏浚物中氯离子含量较高，若将疏浚物作为农用绿地，可能会对植物的生长产生抑制作用。因此，从养分的角度分析，对疏浚物进行简单处理即可作为绿化土地利用。

从疏浚物中重金属等具有毒性作用物质的角度分析，清洁疏浚物均可用于公园、学校、居住地等与人接触较密切的绿地，也可以用于道路绿化带、防护林、安全防护隔离带绿地等人类活动较少的绿地。部分沾污疏浚物可以用于道路绿化带、防护林、工厂附近绿地等有潜在污染源或与人接触较少的绿地。

3）疏浚物应用于建材制造

结合疏浚物中化学组分含量特征情况以及我国制陶、制砖、制水泥等建筑材料的物质成分情况，对将疏浚物作为建筑材料资源化利用可行性进行分析。上海市疏浚物中Al_2O_3、Na_2O和K_2O等化学成分含量稍微偏低（尤其是黄浦江码头的疏浚物），部分内河航道的SiO_2含量也偏低，在将疏浚物作为陶粒原材料时，应当对其化学组分进行适当的改良。对照一般制砖原料的要求，在所采集的疏浚物的化学成分中，仅有小部分疏浚物样品中的SiO_2未达到要求，其余指标均能达到其标准范围。根据我国水泥原材料之一的黏土的物质组成情况，由于疏浚物中Al_2O_3的含量普遍比较低，若将此疏浚物作为水泥原材料，应当进行改良处理。

4）推行疏浚物综合利用的产业化运营

由政府部门在技术可行的基础上进行立法引导，制定相关奖励政策，视情况给予疏浚物利用企业一定的优惠政策，引导企业资源化利用后的二次产品产业发展，以让企业真正做到资源化利用后再倾废，将倾倒物对海洋环境的影响降到最低。

将疏浚物处理技术产业化，并推向市场，催生一批以处理疏浚物为经营项目的中小企业发展。这些企业主要靠投资回收利用疏浚物生产新型材料来获得赢利和发展。当前，疏浚物的综合利用产业需要先期投入较多的资金，且存在生产工期长、经济利润不高等问题，政府可以通过以下政策来激励投资者进入此类行业，拉动疏浚物综合利用产业化的发展。

6.4.3 科学调控海洋倾废活动

6.4.3.1 加大对各倾倒区的科学管理

上海海域内目前有10个海洋倾倒区，其中吴淞口北倾倒区和鸭窝沙北倾倒区已限制使用或关闭，实际可能用的倾倒区为8个，即长江口1#至3#倾倒区、上海金山疏浚物临时海洋倾倒区和C1至C4吹泥站。吴淞口北倾倒区于1990年4月批准，面积为1.5 km^2，为保证航道安全，于2013年暂停使用。鸭窝沙北倾倒区于1990年4月批准，面积为0.79 km^2，水深10 m，靠近长兴岛造船基地，近年来很少使用。长江口1#倾倒区于2010年11月2日批准，面积为0.5 km^2，年倾倒量1 000万 m^3 以内，2013年调整为年倾倒量800万 m^3。吴淞口北倾倒区关闭暂停使用后，部分疏浚物被调配至1#倾倒区。长江口2#倾倒区于2010年11月2日批准，面积为2.4 km^2，年倾倒量800万 m^3 以内，日倾倒量控制在2.9万～3.1万 m^3 以内。长江口3#倾倒区于2010年11月2日批准，面积为9.0 km^2，实行分区作业，采用轮流倾倒方式，年倾倒量控制在2 000万 m^3 以内。长江口1#、2#、3#倾倒区主要用于倾倒深水航道，疏浚物容量很大。长兴岛和外高桥港区也有部分疏浚物倾倒在长江口1#倾倒区，但数量较少，2#、3#倾倒区尚无近岸疏浚物倾倒。上海金山疏浚物临时海洋倾倒区于2015年8月17日批准设立，年最大倾倒量为200万 m^3。

根据上海市海洋局2009年至2011年期间签发的三类疏浚物普通许可证数量和倾倒数量统计情况（表6-3）可以发现，签发的倾废许可证数量与疏浚物倾倒量在每年的春季和冬季均比其他季度要高。究其原因，这可能与在春季和冬季时间段倾倒企业签订的合同较多有关。与此同时在每年的春季和冬季，上海长江口及附近海域处于枯水期，长江径流的冲刷作用减弱，而海洋潮流的回淤能力显著增强，码头以及深水航道的泥沙淤积量会较丰水期多，这造成两个季度的疏浚物倾倒量较其他季度要多。

表 6-3　2009—2011 年上海市各季度许可证签发数量及疏浚物倾倒量

年份	许可证签发数量（份）				疏浚物倾倒量（万 m^3）			
	春季	夏季	秋季	冬季	春季	夏季	秋季	冬季
2009	34	35	32	30	98.3	89.3	68.6	58.6
2010	33	26	34	34	88.4	68	112.3	116.8
2011	63	38	36	55	166.8	108.1	105.1	129.4
总计	130	99	102	119	353.5	265.4	286	304.8

目前正在使用的 1#、2#、3#倾倒区均位于上海海域深水航道区域内，短期内大规模地集中倾倒疏浚物可能会使海水中悬浮物浓度显著增加、海底疏浚物沉积而增厚海底地形，从而对往来船只航行安全造成隐患。针对目前上海海域疏浚物倾倒现状以及趋势，针对各倾倒区我们建议分别从时间和空间上对疏浚物的倾倒活动进行引导控制。对各倾倒区内倾倒疏浚物的倾倒频率和倾倒量进行控制，实行定期定量、均匀分散倾倒，避免集中时间连续、大量倾倒。根据不同倾倒单位及倾倒量的大小，做好倾倒工作计划，做到定期定量倾倒。

长江口倾倒区拥有面积规则、区域宽广等优势，但是在倾倒船只倾倒废弃物时，往往是集中在靠岸一侧进行作业。为了合理、充分使用倾倒区，可根据水深、水流条件等特点，制定倾倒区分小区管理制度，将现行的倾倒区划分为几个小的倾倒区，综合调控倾倒量的分布情况。

6.4.3.2　合理控制倾废活动频率及时间空间分布

在时间上进行控制。将各个倾倒区年倾倒总量转变为季度总量控制。例如，长江口 1#倾倒区面积 0.5 km^2，年倾倒量小于 800 万 m^3。在年控制总量不变的情况下，将年度倾倒总量初步根据丰水期和枯水期情况，分配到每个季度内再进行控制。例如，即在春季和冬季倾倒量适当增加，分别为 250 万 m^3，以适应上海航道淤积的实际情况；在夏季和秋季，倾倒量则分别为 150 万 m^3。在每个季度核定的倾倒总量范围内，实行“先申请先倾倒”的原则，倾倒量按照申请时间顺序进行审批、批准。根据疏浚物多种倾倒方案模拟结果，近距离的倾倒区同时倾倒随着潮流的扩散作用会产生比较显著的叠加影响，例如1#倾倒区和C1吹泥站会产生叠加影响，因此建议相邻倾倒区之间应当尽可能避免同时大量倾倒。

在空间上进行控制。疏浚物倾倒船舶集中定点进行倾废作业是造成海底地形变化的主要原因。一些倾倒船舶只要到达倾倒区边缘线就开始倾倒，难以合理控制，造成不均匀倾倒。由于海洋水动力条件有限，长期集中倾倒造成海底局部隆起。长江口2#倾倒区面积为2.4 km^2，为1#倾倒区面积的近5倍。2011年至2014年各倾倒区疏浚物倾倒总量显示，长江口2#倾倒区（倾倒总量3 168.1万 m^3）为1#倾倒区（倾倒总量2 320.75万 m^3）的1.37倍。若倾废船一进入2#倾倒区边界就开始进行倾倒作业，长期集中倾倒必然会比1#倾倒区海底地形隆起显著，对航道航行安全构成更大的危险。因此建议在2#倾倒区内采取与3#倾倒区类似的倾倒管理方式，进行分区控制倾倒（如可以分成3个亚倾倒区），以便能够在该倾倒区内分散均分地倾倒，最大限度地发挥倾倒区在经济建设中的作用。

为更加提高倾倒区使用的科学性以及管理的高效性，疏浚物在倾倒区内进行时间、空间上控制，除应考虑上海枯水期的淤砂堆积实际情况外，还应当根据进一步的疏浚物倾倒对海域造成的叠加影响结果，确定更加科学合理的时空控制目标值。

6.4.4 制定疏浚物采样及成分检测评价新标准

6.4.4.1 进一步细化疏浚物采样检测标准，合理界定疏浚物环境影响

1）科学细分采样点位个数

上海海域的疏浚物来源复杂，各类港口、码头和航道疏浚工程中产生的废弃物所含污染物种类较多，现有的疏浚物采样技术标准难以满足本市倾废管理的需求，需要对疏浚物采样点站位个数进行适当细化补充。

按照我国现行疏浚物采样技术标准，对采样站位的设置以及采样站点数量进行了较“粗”的规定（表1-2），在实际疏浚物采样工作中，可操作性、代表性不强，往往造成所采集的疏浚物并不能很好地代表整个疏浚区域的疏浚物实际情况。例如，在我国现行疏浚物采样技术标准中规定“采样站位应尽可能反映疏浚物的真实情况并具有代表性”，只是指出了原则并未给出具体操作规范。当疏浚区的地质结构相对均匀

时，采用网格布点方式均匀布设采样站位；当疏浚区的污染物存在明显的污染物浓度梯度，则应随着污染物浓度梯度高低由疏渐密布设站位。在相对清洁区域，还应选择1~2个站位作为参考站位。而疏浚物采样站位个数的确定，则依据所需要疏浚的疏浚物总体积，具体如表6-4所示。由表可看出，当疏浚量在2.5万m^3以内时，采样站位数量应当设置为1~3个。在倾废许可审批实际工作中，上海市海洋局发现有相当大比例的疏浚量在此之间，具体操作中缺乏更加细化、直观的指导。例如，若某项目疏浚量为1.5万m^3，在该疏浚工程中设立1个或3个采样点进行分析均符合法律规定。当定为3个采样点时，疏浚倾倒企业会觉得在某种程度上增加了其经济负担，而当设置为1个采样点时，又难以真实地反映该疏浚物的理化、毒性特征，难以判断其是否真正符合倾倒入海要求。

在上海市海洋局批准的倾废疏浚物中，大多数疏浚工程集中在黄浦江和吴淞口附近海域的港口、码头和航道，小部分来自于杭州湾北岸的金山化工区附近码头、航道。黄浦江和吴淞口附近海域的港口、码头和航道的疏浚量小，码头分布松散，地质状况复杂，各区域的底质污染状况差异较大，污染特征不明显。结合上海市范围内港口、码头和航道等疏浚工程所在地实际情况，建议建立适应上海市疏浚物特点的采样规范标准，对疏浚物采样站点的设置适当细化、分类。经过本课题研究，建议采样点位如表6-4所示。将相对小规模范围的疏浚工程（疏浚量<2.5万m^3）采样点位数量由1~3个，进一步细分为：疏浚量<0.7万m^3时，采样点位数量为1个；疏浚量处于（0.7~1.5）万m^3之间时，采样点位数量为2个；疏浚量处于（1.5~2.5）万m^3之间时，采样点位数量为3个。类似地，将标准中各个疏浚量区间，有针对性地进一步划分，较大规模疏浚工程也相应地变更疏浚物站点的数量。此外，还应采集占总采样站位数量10%的平行样，以供质量控制时使用。通过对疏浚物规范中点位设置的细化，以使疏浚物采样技术标准更好地为上海市的经济发展及海洋环境保护服务。

表6-4 上海市采样站位的数量要求

疏浚总体积（万m^3）	采样站位数量（个）
[0, 0.7)	1
[0.7, 1.5)	2
[1.5, 2.5)	3

续表 6-4

疏浚总体积（万 m^3）	采样站位数量（个）
[2.5，5)	5-6
[5，10)	6-8
[10，20)	8~10
[20，50)	10-12
[50，120)	12~16
[120，200)	16~20
[100k，100k+100）*	（12+4k）~（16+4k）*

* k 为大于或等于 2 的整数

2）合理制定成分检测新标准

本课题参照《海洋监测规范第 5 部分：沉积物分析》（GB17378.5），并结合疏浚物样品的特殊性，规定了疏浚物样品检测的方法。镉的检测方法：相较于无火焰原子吸收分光光度法，火焰原子吸收分光光度法操作更加简便稳定，并且基于疏浚物历史数据中镉的含量较高，因此推荐此方法。

现有的疏浚物检测指标，并不能完全反映上海市疏浚物的污染特征。对于该问题，本课题针对倾倒疏浚物的分析与评价过程中的采样与检测，制定了适用于上海市疏浚区域多类化标准的《海洋倾倒疏浚物采样与检测技术标准》。疏浚物海洋倾倒前应进行必测项目的分析检测，同时，可根据污染区污染历史，选择与污染相关的选测项目进行分析检测。

6.4.4.2 进一步完善疏浚物分类评价标准，科学判定疏浚物化学特性

本课题依据《海洋监测规范》（GB17378.3）和《海洋倾倒物质评价规范 疏浚物》（GB30980—2014），向上海市质量技术监督局申报了推荐性标准——《海洋倾倒疏浚物分类评价标准》。通过对黄浦江海域多年来沉积物的分析，得出六六六浓度水平呈现降低的趋势，并通过对六六六 4 种同分异构体组分的分析，证明六六六的来源可能与早期土壤的残留或是大气远距离输送有关，因此可以预测黄浦江六六六含量应该呈现降低的趋势。在该标准中，经过多次试验，对六六六评价指标限值做了修改，

并增加了多环芳烃的评价筛分限值。

在同一工程项目中，不同站位采集的疏浚物样品，出现属于不同类别疏浚物的情况时，应确定沾污或污染疏浚物的体积，并按照本标准所规定的方法区别对待，进行相应的处理和处置，不应取各站位的算术平均值作为整个疏浚区域疏浚物类别判定的依据。

6.4.5 以审批标准化为依托，进一步提高审批效率

标准是经济社会活动的技术依据，是国家治理体系建设的重要组成部分和助推国家治理能力的提升的有效工具，习近平总书记指出："加强标准化工作，实施标准化战略，是一项重要和紧迫的任务，对经济社会发展具有长远的意义"。"标准决定质量，有什么样的标准就有什么样的质量，只有高标准才有高质量"。标准化有利于行政服务标准化，提高政府行政服务的效率。当前，行政审批制度进入深水区，"以标准化促进行政审批规范化"，是行政审批制度改革的一项重要内容。

6.4.5.1 修订完善海洋倾废审批业务手册及办事指南

海洋倾废审批工作人员根据《业务手册》办理海洋倾废申请，申请人则根据《办事指南》将申请材料送交窗口受理、审批。同时，申请人根据规定的时限对审批流程进行监督，在审批业务办理标准化的框架内，从事项受理到审批办结，整个流程公开、透明、高效运转，提高申请人的满意度。

6.4.5.2 完善网上审批流程，提高服务效能

结合市政府网上政务大厅建设，对于海洋倾废审批等事项已重新梳理审批流程，进一步明确了8个审批环节，17个办理状态，强化了审批时效性，实现了网上政务大厅的全程流转。今后，申请人在电脑上就能通过网上政务大厅上传资质证明和各种申请材料在线审核，审核通过后再由申请人到市海洋局窗口直接领取海洋倾废许可证，大大缩短了办理时间，提升了审批效率和服务质量。

6.4.5.3 探索建立审批效能后评估制度

目前，评估制度已经广泛覆盖到国企、私企以及众多电商的客服服务中，包括银行网点的柜员客户评价体系，为提高行业的服务质量提供了保障。

针对线上审批平台可以充分利用微信公众号平台，办理业务的用户如果在网上审批进程中碰到某些技术性问题或者人机交互不明确的问题，可以很方便地利用手机将界面拍摄回馈给后台进行报错，促进相关部门对网上平台进行完善。针对线下的业务办理工作，可以借鉴银行网点模式设立专门的柜台和排队机制，并将柜台人员实名牌公开给客户，添加服务后评价工具，对柜台人员服务实时打分。最关键的是要做到评分的绩效考核，对评分高低有相应的奖惩，不断督促提高工作人员的服务态度与工作热情。

6.4.6 建立海洋倾废综合监管机制

6.4.6.1 加强疏浚物采样现场监督

在实际采样过程中，申请倾倒单位通知检测单位进行采样时，应当通知海洋管理部门的相关人员现场监督。按照技术规定的要求，经过现场管理部门人员确认，对拟疏浚码头进行采样，避免出现一个采样点位相距过近和采样地点错误的问题。最后，采取的泥样应当由管理部门的人员签字确认。

6.4.6.2 规范检测分析报告的管理

海洋倾废审批部门在对检测分析报告进行审核时，要求检测单位提供分析泥样个数的证明文件，而且，分析的泥样个数应当与检测分析报告的点数一致。同时，为了防止多次采样检测直至合格情形的出现，加强倾废管理和审批的合理性，将疏浚物成分检测费用纳入政府预算也是势在必行。

6.4.6.3 加强审批工作的全面性

在明确各部门、单位的职责权限的前提下，充分利用政府数据共享平台建立两个方面的沟通渠道：一是海洋倾废审批部门与工商等管理部门的沟通平台，及时掌握疏浚业主、疏浚作业单位的资信及信用情况；二是海洋审批部门与管理、执法的三方沟通渠道，及时了解与审批相关的信息。比如，执法部门在执法中发现相关违规行为时，应当将信息在第一时间与管理、审批部门对接，由管理部门将违规企业列入黑名单，今后，审批部门将对其的申请材料进行严格审核。沟通平台的发起人和负责人协调各相关部门在工作过程中的配合，整合监管信息，以便发挥更大的协同工作效能。

6.4.6.4 提升执法工作的时效性

1）建立信息快速反馈机制

海洋倾废审批、管理部门应当将审批信息及日常监管情况及时反馈给执法部门，便于执法部门有重点地监督倾倒行为。遇到突发情况时，由发现人第一时间通知执法部门现场执法，并召集管理、审批、执法三方部门共同协商后期处置方案。在此基础上，制定日常例会制度和突发情况应急处置方案，逐步建立信息快速反馈机制。

2）加大执法工作的投入

选派业务娴熟、素质过硬的执法人员参与现场执法；加强对执法人员的业务培训力度，提升业务技能；采购适用的执法船只等设备，为现场执法提供保障。

3）加强对倾废单位的监管

执法人员采用不定期、有重点的执法方式，对一些列入黑名单的不诚信单位进行重点执法检查，对不法分子形成威慑。同时，行政执法部门必须及时将执法信息向行政管理和行政审批部门进行反馈，便于多方形成监管合力，达到监管效果的最大化。例如，在条件允许的前提下，对废弃物运输船舶的行驶轨迹进行全程跟踪与记录。当在某个时间段内发现倾倒区的环境状况发生突变时，立即调取跟踪记录，定位可疑船舶，结合倾废记录仪等其他相关记录，固化证据，为监管执法提供依据。

6.4.6.5 强化日常监管工作的常态性

1）建立海洋倾废环境跟踪监测制度

对于某次倾倒活动，海洋行政主管部门可采用环境跟踪监测的方法对倾倒作业进行监控（具体流程如图6-1所示），对倾倒船只从疏浚码头到倾倒区倾倒过程中进行跟踪管理，对倾倒全过程进行跟踪监测的方法提升确定废弃物扩散影响的精确度，提高海洋环境管理水平。

在倾倒作业过程中，要求倾倒单位定期报告工程进度，倾倒完成后，对工程是否结束进行核实，及时掌握疏浚工程的信息并注销许可证。防止倾倒单位使用已完成码头的倾倒许可证去倾倒其他码头的疏浚物。通过管理与跟踪监测技术结合的方式，有效地规范倾倒单位的作业行为，以达到保护海洋环境的目的。

2）加强监管工作的日常协调

充分发挥各海洋管理部门、单位的职能和业务优势，对海洋倾废活动提前介入，

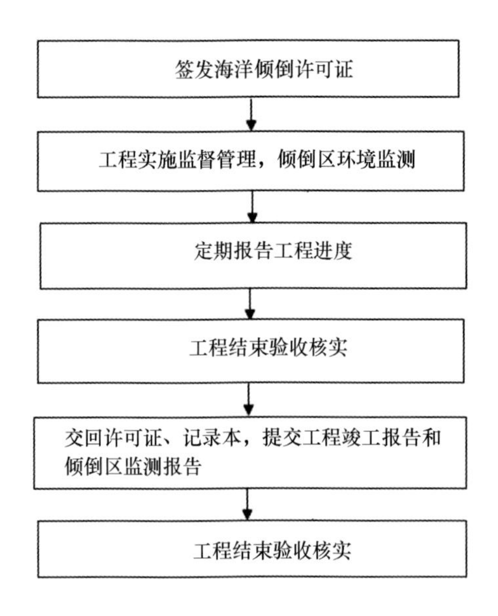

图 6-1　海洋倾废环境跟踪监测流程

如在年末对每个疏浚码头的来年疏浚计划进行摸底统计，防止疏浚企业瞒报现象的发生。在审批阶段，应加强现场核查，对审批材料进行严格审查，对虚报方量、材料造假等现象，及时告知行政执法部门便于批后监管。建立海洋倾倒活动定期抽查制度，及时核查倾倒记录，必要时派员随航。

针对海洋倾废各监管部门之间对于海洋倾废活动存在信息沟通不畅、监管缺失脱节的情况，应当建立合理的沟通协调制度，形成完善的沟通反馈体系，形成监管闭环。

3）加强海洋倾废记录仪的使用

为了便于全面开展海洋倾废批后监管工作，上海市海洋局应当规定在上海海域范围内进行倾倒作业的船只全部限期进行倾废记录仪的安装，以形成公平、公正的竞争环境。对于超过期限未安装倾废记录仪的倾倒船，可以暂停为其办理倾倒许可证，禁止其倾倒作业。

对于倾废记录仪的安装管理，市海洋局应当在前期试点安装过程中积累的经验的基础上，参照以下程序进行：倾倒前，倾倒企业申请、安装倾废记录仪；行政管理技术部门指导监督倾倒船只倾废记录仪的安装、调试；行政管理部门根据倾废记录仪的在线数据进行倾废活动的指导监督。

具体使用倾废记录仪时，可探索建立相关制度，如果发现作业船只未打开仪器，可先进行短信提醒。经提醒无效的，进行核实，若核实属于有意不打开倾废记录仪的，可采取回收许可证并将倾倒企业纳入海洋倾废管理黑名单等措施。

4）建立海洋倾废失信信息的归集和使用管理制度

上海市海洋局于2016年底出台《上海市海洋倾废失信信息归集和使用管理办法》（以下简称本办法），本办法明确了海洋行政管理部门在本市管辖海域范围内，实施行政许可、行政处罚以及其他行政监督管理过程中产生的，可用于判定申请倾倒许可证的建设单位和违法倾倒废弃物的单位或者个人信用状况不良的数据和资料作为失信信息，明确了东海分局和上海市海洋局“两局共管，地方归口”的管理体制。

此外，本办法还对严重失信行为规定了特别的惩戒措施：一是按照《行政许可法》的规定，可责令失信责任人在规定的期限内不得再次提出海洋倾废申请；二是规定了6种严重违法违规情形，将特别严重的失信情况予以记录，并报送市信用信息平台，供本市各行政管理部门作为实施市场禁入或者强制退出措施的依据。

6.5 本章小结

（1）在对上海市海洋倾废管理现状研究的基础上，结合近几年来的管理经验，梳理了日常海洋倾废管理工作中在法制建设、资源化利用、倾倒活动控制、采样检测及分类评价标准、审批效能及倾废监管机制等方面存在的问题。

为了落实国家对上海海洋环境保护的生态红线要求，上海市海洋局根据国家海洋局印发了《关于全面建立实施海洋生态红线制度的意见》和《海洋生态红线划定技术指南》，并结合新修改的《中华人民共和国海洋环境保护法》与上海实际情况，确定了“十三五”期间上海市海洋生态红线区面积占海域总面积的比例不低于15%，大陆自然岸线保有率不低于12%，海岛自然岸线保有率不低于20%的考核指标。

（2）针对梳理出的问题，结合上海市海洋生态环境保护目标，提出了加快推进海洋倾废管理法制建设、引导促进疏浚泥的资源化利用、科学调控海洋倾废活动、制定废弃物采样及成分检测评价新标准、通过审批标准化提高审批效率、建立海洋倾废综合监管机制6个方面的对策与措施，从管理、审批、执法3个环节对海洋倾废活动实施全方位、全覆盖、全过程监管，为上海市的海洋环境综合管理提供了制度与措施保障。

（3）今后，上海市海洋局将在国家海洋局的指导下，将进一步完善法制保障机制，加强部门协同，积极落实各项对策措施，合法、合理地调控海洋倾倒量，不断提高海洋倾废管理水平，减轻海洋环境污染，为实现上海市“十三五”期间各项海洋生态环境指标而努力。

第7章 研究结论与展望

7.1 主要研究结论

本项目“海洋倾废对上海海域生态环境影响及对策措施研究”由上海市水务业务受理中心（上海市海洋业务受理中心）牵头负责实施，联合上海交通大学、国家海洋局东海环境监测中心共3家单位共同完成。在开展过程中，各单位充分发挥出管理、科研、监测等领域优势，在规范化疏浚物采样技术与评价标准、疏浚物倾倒产生的叠加生态环境影响及总量控制与分配技术、海洋倾废管理措施等方面均取得了一定的研究成果，得到的主要结论如下。

（1）系统梳理了国内外疏浚物的采样与评价技术、倾倒历史、对海域造成的生态环境影响以及倾倒管理措施，并重点对上海市疏浚物的来源、理化生性质、历年倾倒量以及倾倒海域生态环境近10年的变化情况进行了回顾分析。

（2）在对2005—2014年上海市内河航道等疏浚物理化生性质的统计分析，指出上海海洋倾倒疏浚物主要来源于吴淞口码头疏浚区、黄浦江疏浚区、深水航道、芦潮港港区与南槽北港航道附近等区域；各主要码头产生的疏浚物大多数为清洁疏浚物，且通过对近10年倾倒海域内水质、沉积物以及底栖生物的调查监测结果，发现上海市疏浚物的倾倒对相关倾倒海域的生态环境没有造成显著的影响。

（3）基于FVCOM模型，对上海市3个典型倾倒区在单个倾倒区单独倾倒、2个倾倒区同时倾倒以及3个倾倒区同时倾倒等7种方案下，倾倒疏浚物对海域内悬浮物扩散增量的结果显示：疏浚物倾倒后，无论是单个倾倒区还是2个或3个倾倒区同时倾倒，在一定时间后悬浮物浓度场均会达到收敛并稳定；产生的悬浮物增量云团超过10 mg/L的最大扩散距离或面积均远大于超过三类或四类水质标准的距离或面积；底层水体中受悬浮物影响的距离与面积均较表层水体中要大；受倾倒区区位影响，各倾倒区的潮流流向、流速、海水盐度等条件不同，悬浮物的絮凝、沉降、再悬浮及迁移的活动水平不一致，引起各倾倒区倾倒疏浚物后影响程度不一致；且不同的水动力条件下，影响程度差异也较大：无论大潮与小潮情况，多倾倒区同时倾倒与单个倾倒区单独倾倒相比，低浓度悬浮物增量（10 mg/L）的云团影响距离与面积没有得到显著的增加；1#与 C1 倾倒区同时倾倒时，悬浮物扩散的影响最大距离与面积，在较高浓度云团区域（>100g/L 或 150 mg/L）时会产生显著的叠加现象，其影响面积低于单独倾倒面积线性相加的情况；疏浚物沉降导致的海底增厚区主要在航道导堤堤坝附近，伴随潮流及风浪水动力条件，随着倾倒区倾倒的增多引起的变化主要为增厚区域面积的增加而非增厚高度的增加。

类似地，对吴淞口北倾倒区不同数目船只倾倒方案中，模拟倾倒疏浚物对吴淞口水源地保护区影响，结果显示无论是单船还是双船的一次性倾倒，不会对青草沙水库敏感区造成影响；短时间内高强度的连续倾倒，会在青草沙水库西侧头部与新浏河沙护滩堤交界处局部区域产生一定的悬浮物云团。

（4）在对上海市常用倾倒区历年倾倒量梳理的基础上，以疏浚物倾倒后产生的潜在生态环境风险最小，模型模拟对周边敏感目标的影响最小，疏浚物倾倒后产生的海底增厚对航道通行影响最小等条件作为约束，以最优化方法获得了适宜倾倒量及其在各个倾倒区的分配方案。

（5）在对我国现行疏浚物采样及评价标准以及大量生物毒性实验的基础上，本项目重点针对现行标准中与上海市地方实际实施方面存在的主要问题，制定了《海洋倾倒疏浚物采样和检测标准》以及《海洋倾倒疏浚物分类评价标准》。制定的上海地方标准中，对采样站位布置及数量以及检测指标等进行了细化规定。

（6）在对上海市海洋倾废管理现状研究的基础上，结合近几年来的管理经验，梳理了日常海洋倾废管理工作中在法制建设、资源化利用、倾倒活动控制、采样检测及分类评价标准、审批效能及倾废监管机制等方面存在的问题。结合本市海洋生态环境保护目标，提出了加快推进海洋倾废管理法制建设、引导促进疏浚泥的资源化利用、科学调控海洋倾废活动、制定废弃物采样及成分检测评价新标准、通过审批标准化提高审批效率、建立海洋倾废综合监管机制 6 个方面的对策与措施，从管理、审批、执法 3 个环节对海洋倾废活动实施全方位、全覆盖、全过程监管，为上海市的海洋环境综合管理提供了制度与措施保障。

7.2 展望

“海洋倾废对上海海域生态环境影响及对策措施研究”项目课题，在开展过程中针对“规范化疏浚物采样技术与评价标准”、“疏浚物倾倒产生的叠加生态环境影响及总量控制与分配技术”、“海洋倾废管理措施”等方面均取得了一定的研究成果。但是，也应该看到，在有限的两年课题研究中，课题研究仍然存在许多不足，仍需进一步研究和改善。

（1）在上海市疏浚物的“信息链”中，疏浚物的“源”信息（地理位置、污染物组成以及疏浚量）与疏浚物的“汇”信息（倾倒区、倾倒量）难以一一匹配，这也直接导致了疏浚物中的有毒有害污染物难以“物料平衡”，统计不出因疏浚物的倾倒将有多大量的污染物从陆地迁移到了海洋，难以进一步评估对海域生态环境的长期影响。

（2）在疏浚物倾倒扩散模拟过程中，尽管潮流潮位等验证结果均较好，但是疏浚物的三维扩散过程中，未对疏浚物倾倒过程中悬浮物扩散影响进行实际监测测量验证，在以后的相关研究中应当进行；此外，在本课题项目模拟中，仅选择了3个典型倾倒区7种不同方案下的模拟，由于地理区位会影响其受水动力潮汐扩散影响，在以后的研究中应当尽可能地对上海市全部倾倒区中更多的倾倒区倾倒疏浚物进行同步模拟，涵盖各种可能的实际方案。

与此同时还应当清晰地认识到，疏浚物倾倒入海的模型模拟过程及结果未进行悬浮物扩散的实际数据监测，没有进行悬浮物扩散过程距离、影响面积以及沉积厚度等方面的验证工作，模型模拟的可靠性以及模拟结果的数据精确度、不确定性难以定量地进行评估；也因此，当前模型模拟的数据结果仍难以替代实际的监测结果，有关管理部门在实际制定措施建议时，还应当偏重于实际监测数据。

（3）在上海市地方疏浚物的采样技术与评价标准设置中，主要依据毒性毒理实验，在以后的研究中还应当进一步根据大量的不同污染物的复合暴露毒性实验结果，更加合理地对上海市地方标准进行细化与完善。

（4）针对上海市倾废管理中存在的海洋倾废法制建设有待完善、废弃物的资源化利用有待引导、海洋倾倒活动控制有待优化、疏浚物采样检测及分类评价标准有待细化和倾废监管机制有待完善等关键问题，市海洋局将在东海分局的指导下，积极与市法制办、市财政局、市交通委、市质监局、市绿化局等部门进行沟通、协调，通过完善地方性规章、有序引导疏浚泥利用、制定符合上海市疏浚泥特性的检验标准、加强部门间的协同合作，找准问题，凝心聚力，进一步规范海洋倾废管理，提高海洋倾废管理水平。

参考文献

鲍建国．疏浚物处理的技术管理对策：污染物检查及控制［J］．交通环保，1992（5）：46-52.

蔡萌，沈盎绿，徐兆礼，等．疏浚物海洋倾倒对海洋生物的毒害效应［J］．农业环境科学学报，2007，26（增刊）：519-523.

陈静生，陶澍，邓宝山，等．水环境化学［M］．北京：高等教育出版社，1987.

陈卓敏，高效江，宋祖光，等．杭州湾潮滩表层沉积物中多环芳烃的分布及来源．中国环境科学，2006，26（2）：233-237.

程祥圣，刘汉奇，张昊飞，等．黄浦江沉积物污染及潜在生态风险评价初步研究［J］．生态环境，2006，15（4）：682-686.

范志杰，宋春印．我国海洋倾废活动的发展历程［J］．交通环保，1994，15（5）：22.

范志杰，宋春印．我国海洋倾废活动的发展历程［J］．交通环保，1994，15（5）：19-24.

范志杰．疏浚物海洋倾倒几个问题的探讨［J］．交通环保，1990，11（1）：79-84.

范志杰．我国琉浚物海洋倾倒状况及其分类方法标准的探讨［J］．海洋环境科学，1990，9（2）：25-30.

高健，林捷敏，杨斌．我国海岸带经济管理领域的研究方向与进展［J］．上海海洋大学学报，2012，21（5）：848-856.

苟英英．我国海洋倾废管理现状与改进对策研究［D］．青岛：中国海洋大学，2011：7-23.

谷河泉，陈庆强．中国近海持久性毒害污染物研究进展．生态学报，2008，28（12）：6243-6251.

国家海洋局．关于颁布《疏浚物海洋倾倒分类和评价程序》和《疏浚物海洋倾倒生物学检验技术规程》的通知（国海环字〔2002〕398号）［EB/OL］．http：//www.soa.gov.cn/soa/ governme-ntaffairs/guojiahaiyangjuwenjian/hyhjbh/webinfo/2009/09/1270102488679610.htm.

国家海洋局．疏浚物海洋倾倒分类标准和评价程序［M］．北京：海洋出版社，2003.

海洋倾倒物质评价规范 疏浚物 GB30980—2014. 北京：中国标准出版社．

韩德明，程金平，江漩，等．吴淞口倾倒疏浚物对青草沙水源地的影响［J］．2015年度东海区海洋科学技术与应用学术交流会论文集，2015，10：480-486.

韩德明，胡险峰，蒋真毅，等．长江口海域重金属分布及生态风险［J］．上海交通大学学报，2017，35（3）：50-55.

韩庚辰，闫启仑，韩建波，等．海洋倾倒物质评价规范 疏浚物．2014.

何东海，何琴燕，吴光荣．苍南海域疏浚物倾倒悬浮物扩散特征现场试验分析［J］．海洋工程，2013，31（3）：101-106.

何云峰，朱广伟，陈英旭，等．运河（杭州段）沉积物中重金属的潜在生态风险研究［J］．浙江大学学报（农业与生命科学版），2002，28（26）：669-674.

胡雄星，韩中豪，周亚康，等．黄浦江表层沉积物中有机氯农药的分布特征及风险评价［J］．环境科学，2005，26（3）：44-48.

胡雄星，韩中豪，张进，等．黄浦江表层沉积物中重金属污染的潜在生态风险评价［J］．长江流域资源与环境，2008，17（1）：109-112.

霍文毅，黄风茹，陈静生，等．河流颗粒物重金属污染评价方法比较研究［J］．地理科学，1997，17（1）：81-86.

纪灵，王荣纯．烟台海洋倾倒区环境监测及对比评价［J］．海洋通报，2003，22（2）：53-59.

贾宁．基于 SWAN 和 ECOMSED 模式的三维近岸泥沙输运数值研究［D］．青岛：中国海洋大学，2011：6-28.

江志华，蔡伟叙，胡希声，等．长期倾倒疏浚物对珠江口内伶仃岛东南倾倒区环境的影响［J］．广州环境科学，2007，22（4）：24-32.

姜万钧．日照港 30 万吨原油码头工程倾倒区海洋环境影响研究［D］．青岛：中国海洋大学，2012：31-74.

黎晓霞，张珞平，蔡河．厦门西海域拟疏浚物中多氯联苯含量分布及生态风险评价［J］．环境监测管理与技术，2008，20（6）：30-32.

李洪，付宇众，周传光，等．大连湾和锦州湾表层沉积物中有机氯农药和多氯联苯的分布特征［J］. 海洋环境科学，1998，17（2）：73-76.

李守俊．疏浚工程对碣石湾环境影响评价研究［D］．青岛：中国海洋大学，2011：39-48.

李幼萌．国际疏浚物污染研究进展［J］．China Harbour Engineering，2000：54-57.

李真．海洋疏浚物生物毒性检测技术的研究［D］．中国海洋大学，2014.

李正保，等．中国海洋倾废历史，现状及对策研究．国家海洋局海洋环境保护研究所，1987.

梁广龙．阳西海域疏浚物倾倒对海洋环境影响的研究［D］．青岛：中国海洋大学，2006：30-89.

林晓峰，蔡兆亮，胡恭任．土壤重金属污染生态风险评价方法研究进展［J］．环境与健康，2010，27（8）：749-751.

刘成，王兆印，何耘，等．环渤海湾诸河口潜在生态风险评价［J］．环境科学研究，2002，15（5）：33-37.

刘国东，丁晶．水环境中不确定性方法的研究现状与展望［J］．环境科学进展，1996，4（4）：46-53.

刘洁平，蓝东兆．厦门海域废弃物倾倒区表层沉积物重金属富集特征及其生态危害评价［J］．亚热带资源与环境学报，2009，4（2）：68-73.

刘文刚．论海洋环境管理与海洋经济可持续发展［D］．青岛：中国海洋大学，2004：66-74.

刘现明，徐学仁，张笑天，等．大连湾沉积物中的有机氯农药和多氯联苯到［ J］．海洋环境科学，2001，20（4）：40-44.

刘毅，陈吉宁，杜鹏飞．环境模型参数识别与不确定性分析［J］．环境科学，2002，23（6）：6-10.

吕建华 郑洁．论我国海洋倾废管理中的激励问题［J］．行政与法，2014，2：1-6.

吕建华．中国海洋倾废管理及其法律规制研究［D］．青岛：中国海洋大学，2013：5-73.

麦碧娴，林峥，张干，等．珠江三角洲河流和珠江口表层沉积物中有机污染物研究——多环芳烃与有机氯农药的分布特征［J］．环境科学学报，2000，20（2）：192-197.

麦碧娴，林峥，张干，等．珠江三角洲河流和珠江口表层沉积物中有机污染物研究——多环芳烃和有机氯农药的分布及特征．环境科学学报，2000，20（2）：192-197.

潘峰，付强，梁川．模糊综合评价在水环境质量综合评价中的应用研究［J］．环境工程，2002，20（2）：58-61.

上海市水务业务受理中心（上海市海洋业务受理中心），上海交通大学．上海市典型倾倒区入海废弃物总量控制与管理研究［R］．2013，12.

上海市水务业务受理中心，上海市水利工程设计研究院，上海交通大学．上海市海洋主要废弃物分类及综合利用研究［R］．2012，04.

孙平峰．我国海洋倾废活动的发展历程［D］．杭州：浙江大学，2006：30-37.

孙雪涛．百余专家共同参与中国可持续发展水资源战略研究．中国水利，1999（3）：5-8.

王超，张伶．航道疏浚对珠江口附近海洋生态环境影响及预防措施［J］．海洋环境科学，2001，20（4）：58-61.

王红莉，姜国强，陶建华．海岸带污染负荷预测模型及其在渤海湾的应用［J］．环境科学学报，2005，25（3）：307-312.

王金辉，沈庆红，雒伟民．关于黄浦江水系表层沉积物的现状研究［J］．上海环境科学，2001，20（1）：11-15.

王静芳，孙茜，韩庚辰．我国四个港湾疏浚物石油污染［J］．海洋环境科学，1996（1）：47-52.

王玲杰，孙世群，田丰．不确定性数学分析方法在河流水质评价中的应用［J］．合肥工业大学学报，2004，27（11）：1425-1429.

王琪，孙真真．论我国海洋政策运行现状及其完善策略［J］．海洋管理，2005，5：51-56.

王新红，徐立，陈伟琪，等．厦门西港沉积物中多环芳烃的垂直分布特征与污染追踪［J］．中国环境科学，1997，17（1）：19-22.

王云，魏复盛．土壤环境元素化学［M］．北京：中国环境科学出版社，1995.

夏家淇，蔡道基，夏增禄，等．GB15618—1995 土壤环境质量标准［S］．北京：中国标准出版社，1995：2-4.

邢可霞，郭怀成．环境模型不确定性分析方法综述［J］．环境科学与技术，2006，29（5）：112-114.

邢云青，尹方，黄宏，等．吴莹长江口及东海近岸表层沉积物中有机氯农药赋存特征［J］．海洋环境科学，2011（1）：65-72.

徐恒振，周传光，马永安，等．中国近海近岸海域沉积物环境质量．交通环保，2000，21（3）：16-18，46.

杨静，韩保新，翁士创，等．水环境数学模型的不确定性定量研究进展［J］．环境科学与技术，2009，32

（12），210-212.

尹方，黄宏，刘海玲，等．长江口及毗邻海域沉积物中多环芳烃分布、来源及风险评价．安全与环境学报，2010. 10（3）：94-98.

尹雄锐，夏军，张翔，等．水文模拟与预测中的不确定性研究现状与展望［J］．水力发 电，2006，32（10）：27-31.

虞志英，张勇．疏浚物倾抛对海洋环境影响的研究述评［J］．海洋与湖沼，1999，30（4）：460-46.

远航，于定勇．潮流与泥沙数值模拟回顾及进展［J］．海洋科学进展，2004，22（1）：97-107.

张国安，虞志英．连云港疏浚工程的环境效应：以羊窝头抛泥区为例［J］．黄渤海洋，2001，19（2）：45-56.

张和庆，谢健，朱伟，等．疏浚物倾倒现状与转化为再生资源的研究——中国海洋倾废面临的困难和对策［J］．海洋开发与管理，2004，6：18.

张和庆．中国海洋倾废历史与管理现状［J］．湛江海洋大学学报，2003，23（5）：16，19-20.

张敬怀，李小敏，方宏达，等．珠江口海洋疏浚物倾倒区及附近海域大型底栖生物群落健康评价［J］. 热带海洋学报，2010，29（5）：119-124.

张丽旭，蒋晓山，赵敏，等．长江口洋山海域表层沉积物重金属的富积及其潜在生态风险评价［J］. 长江流域资源与环境，2007，16（3）：351-356.

张亮，曹丛华，任荣珠，等．岚山港海洋临时倾倒区表层沉积物重金属污染、潜在生态风险评价及变化趋势分析［J］．海洋通报，2011，30（2）：234-239.

张巍，郑一，王学军．水环境非点源污染的不确定性及分析方法［J］．农业环境科学学报，2008，27（4）：1290-1296.

赵一阳，鄢明才．中国浅海沉积物地球化学［M］．北京：科学出版社，1994.

赵云英，马永安．天然环境中多环芳烃的迁移转化及其对生态环境的影响［J］．海洋环境科学，1998，17（2）：68-72.

郑琳，崔文林，贾永刚．青岛海洋倾倒区沉积物重金属污染及其生态风险评［J］．海洋环境科学，2008，27（增刊 2）：45-48.

郑琳，崔文林，贾永刚．青岛海洋倾倒区沉积物重金属污染及其生态风险评价［J］．海洋环境科学，2008，27（a02）：45-48.

中国合格评定国家认可委员会．声明检测或校准结果及与规范符合性的指南 CNAS-GL27. 2015.

中华人民共和国海洋环境保护法［M］．北京：海洋出版社，2014.

中华人民共和国海洋倾废管理条例［M］．北京：海洋出版社，1985.

周鲁闽．区域海洋管理框架模式研究——厦门新一轮海岸带综合管理的理论与实践［D］．厦门：厦门大学，2006：33-54.

邹建军，李双林，程新民．近岸海域的沉积物污染研究．海洋地质动态，2004. 20（8）：5-9.

左其亭，吴泽宁，赵伟，等．水资源系统中的不确定性及风险分析方法［J］．干旱区地理，2003，26（2）：116-121.

Deming Han, Jinping Cheng, Xianfeng Hu, et al. Spatial distribution, risk assessment and source identification of heavy metals in sediments of the Yangtze River Estuary, China [J] . Marine Pollution Bulletin, 2017, 35 (3): 50-55.

Essink, Karel. Ecological effects of dumping of dredged sediments; options for management [J] . Journal of Coastal Conservation, 1999, 5: 69-80.

FungC N, Zheng G J, and C. W, Risks posed by trace organic contaminants in coastal sediments in the Pearl River Delta, China. Marine Pollution Bulletin, 2005 (50): 1036-1049.

Gi Hoon Hong, Young Joo Lee. Transitional measures to combine two global ocean dumping treaties into a single treaty [J] . Marine Policy, 2015, 55 : 47-56.

Gladstone. The ecological and social basis for management of a Red Sea marine-protected area [J] . Ocean & Coastal Management, 2000, 43: 1015-1032.

Graeme K A, Pollack JrC V. Heavy metal toxicity, part I: Arsenic and Mercur y [J] . Emergency Med, 1998, 16: 45-56.

Graeme K A, Pollack JrC V. Heavy metal toxicity, part II: Lead and Metal Fume Fever [J] . J Emergency Med, 1998, 16: 171-177.

Hakanson L. An ecological risk index for aquatic pollution control. a sedimentological approach [J] . Water Research, 1980, 14 (8): 975-1001.

Hilton J, Davison W, Ochsenbein U. A mathematical model for analysis of sediment core data: implications for enrichment factor calculations and trace-metal transport mechanisms [J] . Chemical Geology, 1985, 48 (1-4): 281-291.

Ioanna B, Joelle F, and A. S. , Hydrocarbons in surface sediments from the Changjiang (Yangtze River) Estuary, EastChina Sea. Marine Pollution Bulletin, 2001, 42 (12): 1335-1346.

Lin X M, LiuW X, and C. J. L, Distribution and ecological risk assessment of polycyclic aromatic hydrocarbons in surface sediments from Bohai Sea, China. Acta Scientiae Circumstantiae, 2005, 25 (1): 70-75.

Liu X M, Xu X R, and Z. X. T, A preliminary study on PAHs in the surface sediment samples from Dalian Bay. Acta Scientiae Circumstantiae, 2001. 21 (4): 507-509.

Manuel Alvarez-Guerra, Javier R Viguri, M Carmen Casado-Mart, et al. Sediment Quality Assessment and Dredged Material Management in Spain: Part II, Analysis of Action Levels for Dredged Material Management and Application to the Bay of Ca′diz [J] . Integrated Environmental Assessment and Management, 2007, 3 (4): 539-551.

MARCUS L. Restoring tidal wetlands at Sonoma Baylands, San Francisco Bay, California [J] . Ecological Engineering, 2000, 15: 373-383.

Micha Kowalewski, Jacalyn Wittmer, Troy Dexter, et al. Differential responses of marine communities to natural and anthropogenic changes [J] . THE ROYAL SOCIETY, 2015, 2: 281-288.

Munns, Berry, Dewitt. Toxicity testing, risk assessment, and options for dredged material management [J]. Marine

Pollution Bulletin, 2002, 44: 294-302.

Perrodin Y, Boillot C, Angerville R, et al. Ecological risk assessment of urban and industrial systems: a review [J]. Science of the Total Environment, 2011, 409 (24): 5162-5176.

R. Simonini, I. Ansaloni, Cavallini, et al. Effects of long-term dumping of harbor-dredged material on macrozoobenthos at four disposal sites along the Emilia-Romagna coast (Northern Adriatic Sea, Italy) [J]. Marine Pollution Bulletin, 2005, 50: 1595-1605.

S. G. Bolam, H. L. Rees, P. Somerfield, et al. Ecological consequences of dredged material disposal in the marine environment: A holistic assessment of activities around the England and Wales coastline [J] . Marine Pollution Bulletin, 2006, 52: 415-426.

USACE, USEPA. Guidance for performing tests on dredged material proposed for ocean disposal [R] . New York: US Environmental Protection Agency, 1992.

USEPA Quality assurance guidance for conducting brown fields site assessments [R] . Washington, DC: US Environmental Protection Agency, Office of Solid Waste and Emergency Response, 1998.

Verca P, Dolence T. Geochemical estimation of copper contamination in the healing mud from Makirina Bay, central Adriatic [J] . Environment International, 2005, 31 (1): 53-61.

Yadav A K, Abbassi R, Kuumar N, et al. The removal of heavy metals in wetland microcosms: effects of bed depth, plant species, and metal mobility [J] . Chemical Engineering Journal, 2012, 211-212 (15): 501-507.

Zhou J L and Maskaoui K, Distribution of polycyclic aromatic hydrocarbon in water and surface sediments from Daya Bay, China. Environmental Pollution, 2003 (121): 269-281.

Zhuang Y Y, Allen H E, Fu G M. Effect of aeration of sediment on cadmium binding [J] . Environmental Toxicology and Chemistry, 1994, 13 (5): 717-724.